彩图一　轿车

彩图二 客车

彩图三　货车

彩图四　越野车

高等职业教育改革创新示范系列教材

汽车构造

QICHE GOUZAO

主　编　汪　锐
副主编　宋晓敏
编　者　何　健　刘　庆　李子奇
　　　　黄　波　张小艳　张　建

北京师范大学出版集团
BEIJING NORMAL UNIVERSITY PUBLISHING GROUP
安徽大学出版社

图书在版编目(CIP)数据

汽车构造 / 汪锐主编. —合肥:安徽大学出版社,2012.2
高等职业教育改革创新示范系列教材
ISBN 978-7-5664-0378-0

Ⅰ.汽… Ⅱ.①汪… Ⅲ.①汽车—构造—高等职业教育—教材 Ⅳ.①U463

中国版本图书馆 CIP 数据核字(2012)第 018825 号

汽车构造

汪 锐 主编

出版发行:	北京师范大学出版集团 安 徽 大 学 出 版 社 (安徽省合肥市肥西路 3 号 邮编 230039) www.bnupg.com.cn www.ahupress.com.cn
经　销:	全国新华书店
印　刷:	合肥远东印务有限公司
开　本:	184mm×260mm
印　张:	14.5
字　数:	322 千字
版　次:	2012 年 2 月第 1 版
印　次:	2012 年 2 月第 1 次印刷
定　价:	29.50 元

ISBN 978-7-5664-0378-0

责任编辑:李 梅 武溪溪　　　装帧设计:李 军　　　责任印制:赵明炎

版权所有　侵权必究
反盗版、侵权举报电话:0551—5106311
外埠邮购电话:0551—5107716
本书如有印装质量问题,请与印制管理部联系调换。
印制管理部电话:0551—5106311

前　言

职业教育是现代国民教育体系的重要组成部分,在实施科教兴国战略和人才强国战略中具有特殊的重要作用。为加快我国新型工业化进程,调整经济结构和转变增长方式,我国把发展职业教育摆在了突出的位置上,实施了国家技能型人才培养培训工程,特别是加强了对现代制造业、现代服务业紧缺的高素质、高技能专门人才的培养。

高等职业教育作为目前教育体系的重要组成部分,担负着培养技能型人才的重任,其发展越来越受到社会各界的重视。然而,目前我国高等职业教育还处于初级阶段,教学内容与实际需求不相适应,课程内容过于陈旧,不适应目前社会的发展,阻碍了高等职业教育前进的步伐。因此,高等职业教育必须加速构建以实践操作为本的专业课程体系。

在本书编写过程中,我们按照高等职业教育应用型人才培养的基本要求,结合教学和生产实际的需要,确定了编写的指导思想和教材特色。以应用为目的,突出实用性和针对性。本书主要特色如下。

1. 摒弃陈旧、过时的技术,如化油器等,将目前已实用化的新结构、新技术尽量融入到教材中,以便与飞速发展的汽车技术相适应。

2. 坚持学以致用、理论与实践相结合的原则。各章在结尾部分都辅以实践操作内容课程,让学生具备充分的动手操作能力。

3. 为了能在有限的学时内提高教学效率,本教材选取汽车上的典型零件或总成作为讲解对象,符合"少而精"的原则。

4. 发挥校企合作的优势,依托江淮汽车为平台,充分了解社会、企业的需求,以职业能力为本位,以应用为核心;紧密联系生活、生产实际;加强教学针对性;深浅适度,符合高职学生的实际水平。

在本书的编写过程中得到了许多专家与同行的热情支持,并参阅了许多国内外文献,在此一并表示感谢。由于编者水平有限,书中难免有不足之处,恳请读者批评指正。

汪　锐
2012 年 2 月

目 录

第1章 汽车基础知识 ··· 1
   1.1 汽车发展简史 ··· 2
   1.2 汽车的分类 ·· 5
   1.3 国产汽车型号编制规则 ·· 7
   1.4 车辆识别代号(VIN)的含义 ··· 7
   1.5 汽车总体构造和主要参数 ·· 9
   1.6 汽车行驶基本原理 ·· 12
   思考与练习 ··· 14

第2章 发动机的工作原理与总体构造 ·· 16
   2.1 发动机的基本工作原理 ··· 17
   2.2 发动机的总体构造 ·· 22
   2.3 发动机的主要性能指标与速度特性 ··· 24
   2.4 国产发动机型号编制规则 ·· 26
   思考与练习 ··· 27
   实训项目 发动机结构认识 ·· 28

第3章 曲柄连杆机构 ··· 30
   3.1 概述 ·· 31
   3.2 机体组 ·· 32
   3.3 活塞连杆组 ··· 37
   3.4 曲轴飞轮组 ··· 40
   思考与练习 ··· 44
   实训项目一 机体组的拆装 ·· 45
   实训项目二 活塞连杆组的拆装 ··· 46
   实训项目三 曲轴飞轮组的拆装 ··· 47

第4章 配气机构 ·· 49
   4.1 概述 ·· 50
   4.2 气门组 ·· 50
   4.3 气门传动组 ··· 53
   4.4 配气相位及气门间隙 ·· 57

思考与练习 …………………………………………………………………… 59
实训项目　顶置凸轮轴的拆装 ……………………………………………… 60

第5章　汽油机燃料供给系 …………………………………………………… 63
5.1　概述 ………………………………………………………………………… 64
5.2　可燃混合气浓度对发动机性能的影响 …………………………………… 66
5.3　电控燃油喷射系统部件的结构 …………………………………………… 68
思考与练习 …………………………………………………………………… 82
实训项目一　进、排气管的拆装 …………………………………………… 83
实训项目二　火花塞的拆装 ………………………………………………… 84

第6章　柴油机燃料供给系 …………………………………………………… 86
6.1　概述 ………………………………………………………………………… 87
6.2　柴油机燃料供给系统的主要部件 ………………………………………… 91
思考与练习 …………………………………………………………………… 97
实训项目　柴油机喷油器的拆装 ………………………………………………… 98

第7章　润滑系 ………………………………………………………………… 100
7.1　概述 ………………………………………………………………………… 101
7.2　润滑系的主要部件 ………………………………………………………… 103
7.3　曲轴箱强制通风系统 ……………………………………………………… 107
思考与练习 …………………………………………………………………… 107
实训项目　润滑系的拆装 …………………………………………………… 108

第8章　冷却系 ………………………………………………………………… 110
8.1　概述 ………………………………………………………………………… 111
8.2　水冷系 ……………………………………………………………………… 111
8.3　风冷系 ……………………………………………………………………… 117
思考与练习 …………………………………………………………………… 117
实训项目　冷却系的拆装 …………………………………………………… 118

第9章　传动系 ………………………………………………………………… 121
9.1　概述 ………………………………………………………………………… 122
9.2　离合器 ……………………………………………………………………… 122
9.3　手动变速器 ………………………………………………………………… 128
9.4　万向传动装置 ……………………………………………………………… 135
9.5　驱动桥 ……………………………………………………………………… 143
思考与练习 …………………………………………………………………… 149
实训项目一　离合器的拆装 ……………………………………………………… 151
实训项目二　机械变速器的拆装 ………………………………………………… 153

实训项目三　主减速器的拆装 ………………………………………………………… 155

第 10 章　行驶系 …………………………………………………………………… 158
10.1　概述 ……………………………………………………………………… 159
10.2　车架 ……………………………………………………………………… 159
10.3　车桥及车轮定位 ………………………………………………………… 161
10.4　悬架 ……………………………………………………………………… 165
10.5　车轮和轮胎 ……………………………………………………………… 172
思考与练习 ……………………………………………………………………… 177

第 11 章　转向系统 ………………………………………………………………… 179
11.1　概述 ……………………………………………………………………… 180
11.2　机械转向系 ……………………………………………………………… 182
11.3　动力转向系 ……………………………………………………………… 186
思考与练习 ……………………………………………………………………… 189
实训项目　转向器的拆装 ……………………………………………………… 191

第 12 章　制动系 …………………………………………………………………… 193
12.1　概述 ……………………………………………………………………… 194
12.2　车轮制动器 ……………………………………………………………… 196
12.3　液压制动传动装置 ……………………………………………………… 198
12.4　制动防抱死系统 ………………………………………………………… 201
思考与练习 ……………………………………………………………………… 205
实训项目　车轮制动器的拆装 ………………………………………………… 206

第 13 章　汽车性能与使用 ………………………………………………………… 208
13.1　汽车性能 ………………………………………………………………… 209
13.2　汽车的合理使用 ………………………………………………………… 212
13.3　整车的维护与保养 ……………………………………………………… 214
思考与练习 ……………………………………………………………………… 220
实训项目　汽车首次保养 ……………………………………………………… 221

参考文献 ……………………………………………………………………………… 223

第1章

汽车基础知识

> **知识目标**
>
> 1. 了解汽车工业的发展简史。
> 2. 了解汽车原分类标准,掌握汽车新分类标准。
> 3. 了解国产汽车型号编制规则。
> 4. 了解车辆识别代号(VIN)的含义。
> 5. 掌握汽车总体构造和汽车主要技术参数的含义。
> 6. 掌握汽车行驶的基本原理。
>
> **技能目标**
>
> 能够根据汽车型号编制规则读懂相关信息。

1.1 汽车发展简史

1.1.1 汽车的诞生

1885年,德国工程师卡尔·本茨设计制造出了世界上第一辆装有0.85马力(1000马力=735.5千瓦)汽油机的三轮汽车,并于1886年1月29日获得了专利认证(如图1-1所示)。后来人们将这一天作为世界上第一辆汽车的诞生日。1886年德国的另一位工程师哥特里布·戴姆勒将自制的单缸四冲程内燃机装在马车上,制成了四轮汽车。所以,本茨和戴姆勒被公认为现代汽车的发明者。

图1-1 卡尔·本茨的三轮汽车

1.1.2 世界汽车工业的发展

1. 汽车工业发展初期

汽车起源于欧洲,欧洲是汽车工业的摇篮。在汽车发展初期,法国人也做出了突出的贡献。1889年,法国人标志研制出齿轮变速器和差速器,并在1891年首先推出了发动机前置后轮驱动的汽车总体布置形式;1891年,法国人又研究制成摩擦式离合器,1895年开始采用充气轮胎等。这使早期的汽车性能得到了较大提高。

欧洲早期著名的汽车公司有:奔驰汽车公司(成立于1887年)、戴姆勒汽车公司(成立于1890年)、奥迪汽车公司(成立于1899年)、标志汽车公司(成立于1889年)、雷诺汽车公司(成立于1898年)、菲亚特汽车公司(成立于1899年)和劳斯莱斯汽车公司(成立于1904年)等。

2. 汽车工业迅速发展与美国

1908年10月,在美国底特律,美国人亨利·福特推出了以自己名字命名的福特汽车(著名的T型车,如图1-2所示)。

1913年,福特汽车公司还推出了世界第一条生产线,开辟了汽车大批量生产、流水线生产的新时代,并从此奠定了汽车生产大国的地位。从20世纪初到20世纪70年代,美国的汽车工业一直遥遥领

图1-2 早期的福特T型车

先,产量居世界之首。美国曾经最著名的三大汽车公司为:福特汽车公司(成立于1903年)、通用汽车公司(成立于1908年)和克莱斯勒汽车公司(成立于1925年)。

3. 以欧洲为重心的汽车工业发展时期

欧洲的汽车公司针对美国车型单一、体积庞大、油耗高等弱点,开发了多姿多彩的新车型,实现了汽车产品多样化,如梅赛德斯·奔驰、宝马、雪铁龙、劳斯莱斯、美洲虎、甲

壳虫和法拉利等车型。多样化的产品成为最大优势,效益也得以实现。到1966年,欧洲汽车产量突破1000万辆,超过北美汽车产量,成为世界第二个汽车工业发展中心。

欧洲除早期成立的汽车公司外,又产生了许多著名的汽车公司,如宝马汽车公司(成立于1916年)、雪铁龙汽车公司(成立于1919年)、奔驰—戴姆勒汽车公司(成立于1926年,由原戴姆勒汽车公司和奔驰汽车公司合并而成)、沃尔沃汽车公司(成立于1927年)、法拉利汽车公司(成立于1929年)、保时捷汽车公司(成立于1931年)和大众汽车公司(成立于1937年)等。

4. 日本汽车工业发展

当1973年首次发生石油危机时,美国和欧洲等国家的汽车工业受到很大冲击,而日本大量研制生产了小型节油汽车,各大汽车公司及时推出物美价廉的汽车,使日本汽车产量快速增长,日本汽车产量终于在1980年超过美国,坐上了"汽车王国"的宝座。日本汽车工业的快速发展,创造了世界汽车工业的发展奇迹。日本成为继美国、欧洲之后的世界上第三个汽车工业发展中心。

日本著名的汽车公司有:大发汽车公司(成立于1907年)、马自达汽车公司(成立于1920年)、日产汽车公司(成立于1933年)、丰田汽车公司(成立于1937年)、本田汽车公司(成立于1946年)、日野(成立于1942年)、五十铃(成立于1949年)、铃木(成立于1954年)等。

5. 韩国汽车工业的发展

20世纪70年代,较好的经济基础为韩国汽车工业发展提供了良好的发展环境。1973年,在韩国政府实行"汽车国产化"政策的支持下,国产汽车产业迅猛发展。进入20世纪90年代后期,韩国汽车工业在西欧、美洲、东欧、亚洲和大洋洲建立了生产基地,实现了国内生产本地化,海外生产体系化和全球营销网络,成为世界汽车生产大国。

韩国著名的汽车公司有:起亚汽车公司(成立于1944年)、现代汽车公司(成立于1967年)、大宇汽车公司(成立于1972年)等。

1.1.3 中国的汽车工业

1. 旧中国的汽车工业

1901年,匈牙利人李恩时将两辆汽车带入上海,成为我国最早出现的汽车。1902年,袁世凯从香港弄进一辆奔驰二代车,敬献给慈禧太后。当时,慈禧太后因不满司机坐在他的前方,要求司机跪着开车,这种要求显然是不切实际的,因而慈禧太后也就不再乘坐汽车了。

抗日战争爆发前,我国每年平均进口汽车5000辆,所用燃料、轮胎和维修零件也依靠进口。

1931年,张学良在辽宁筹备造出载重量为3t的民生牌75型载货汽车,这是中国制造的第一辆汽车。由于不久后爆发了"九一八"事变,东北沦陷,工厂便落入日寇之手。

1932年,阎锡山的山西汽车修理厂试制出3辆载重量为3t的山西牌载货汽车,对社会公众影响颇大。

抗日战争期间,国民政府资源委员会也曾筹办并由中央机器厂生产过汽车,成立中

国汽车制造总公司。但由于日本发动侵华战争,使当时的中国从根本上丧失了生产汽车的条件,我国始终没有形成汽车生产能力,累计也没有生产几辆汽车,中国人创建民族汽车工业的夙愿也未能实现。

到解放时,我国共进口汽车7万余辆,能够勉强使用的汽车保有量只有5万辆,相应的汽车配件和燃油也都需要进口。人们编了一首打油诗,"一去二三里,停车四五回,抛锚六七次,八九十人推",这是当时破旧汽车面貌的真实写照。

2. 新中国的汽车工业

我国的汽车工业是在新中国成立后的几十年内才逐步发展起来的。新中国成立后,中央就开始了建设我国汽车工业的筹划工作。从1953年组建第一个汽车制造厂开始,直到今天,我国汽车工业的发展总体上经历了三个阶段。

(1)基本建设阶段(1953—1978年) 这个阶段,我国汽车工业在高度集中的计划经济体制下运行。由于经济薄弱,国家采取了集中力量重点建设的方式,先后建成了一汽和二汽等主机厂及一批汽车零部件厂,为我国汽车工业的发展奠定了基础。当时的汽车产品主要是重型载货汽车,全部由国家计划生产和销售。由于缺乏竞争机制和其他种种因素的影响,在这一时间段内,我国汽车工业的发展一直比较缓慢。

我国汽车工业发展的第一阶段大体上又可分为两个历史时期,即:

① 从1953年至1967年为我国汽车工业的初创时期。

② 从1968年至1978年为我国汽车工业自主建设时期。

(2)结构调整阶段(1979—2001年) 这个阶段也可以分为两个历史时期:

① 从1979年至1993年,我国汽车产业的产量获得极大提高。随着国家经济体制改革的不断深入,计划经济模式被逐步打破,市场配置资源的作用得到加强,竞争逐渐强化。我国汽车工业开始走出自我封闭的发展模式,开始与国际汽车工业合作,汽车产品结构也由单一的中型货车,变为中型货车与重、轻、微型货车以及乘用汽车多品种同时发展,基本上改变了"缺重、少轻"的产品面貌,整个汽车工业在产品种类上有了明显进步。

同时,汽车工业受市场需求的巨大拉动,在中央和地方的积极推动下,一批地方性和行业性的汽车企业应运而生,汽车生产能力获得了快速增长,汽车产量迅速增加。从1978年至1993年,汽车生产以平均15.4%的速度增长,1992年,年产销售量首次突破100万辆大关,我国首次成为世界汽车生产排名前十名的国家。

在这个历史时期,我国汽车产业在产量和产品品种方面获得巨大发展的同时,也产生了投资散乱、生产集中度不高等问题,汽车产业在产品质量、企业综合素质和市场竞争力等方面没有明显提高。

② 从1994年至2001年,我国汽车产业的结构获得极大调整。这个时期,我国宏观经济持续实施"软着陆"的调控政策,即转变经济的增长方式,全面市场经济建设,国民经济逐步实现"两个转变",即国家经济体制由计划经济体制向市场经济体制转变,企业经营从粗放经营向集约化经营转变。

(3)与国际接轨的阶段(2002年至今) 这个阶段,中国经济开始全面参与国际经济

大循环。2006年,中国的汽车进口管理完全达到WTO规定的发展中国家的平均水平,开放了汽车市场,我国汽车工业开始全面面临国际竞争与合作。

这个阶段,我国汽车产业发展具有以下主要特点:汽车产销规模实现快速增长;汽车产品结构发生重大变化;汽车产品质量得到极大提高;企业综合素质得到全面提升。汽车工业成功经受住了入世考验。

1.2 汽车的分类

汽车是指由动力驱动,具有4个或4个以上车轮的非轨道承载的车辆,主要用于载运人员或货物、牵引载运人员或货物的车辆以及特殊用途的车辆。

1. 汽车的原分类标准

依据GB3730.1—88《汽车和半挂车的术语及定义车辆类型》将汽车分类为8类。

(1)载货汽车 载货汽车用于运载各种货物、在驾驶室内可容纳2~6个乘员的汽车。

表1-1 载货汽车的分级

载货汽车分级	微型	轻型	中型	重型
汽车总质量/t	≤1.8	1.8~6.0	6.0~14	>14

(2)越野汽车 越野汽车是可用于非公路或无路地区行驶的高通过性汽车。

表1-2 越野汽车的分级

越野汽车分级	轻型越野汽车	中型越野汽车	重型越野汽车	超重型越野汽车
汽车总质量/t	≤5.0	5.0~13.0	13.0~24	>24

(3)自卸汽车 自卸汽车是载货汽车中货箱能自动举升、货箱栏板能自动打开并倾卸散装货物的汽车。

表1-3 自卸汽车的分级

自卸汽车分级	轻型自卸汽车	中型自卸汽车	重型自卸汽车
汽车总质量/t	≤6.0	6.0~14.0	>14.0

(4)牵引车 牵引汽车是专门或主要用于牵引挂车的汽车,分为半挂牵引汽车和全挂牵引汽车两种。半挂牵引汽车后部设有牵引座,用于牵引和支撑挂车前端。全挂牵引汽车本身独立,带有货箱,其外形与载货汽车相似,但其长度和轴距较短,在其尾部设有拖钩,用来拖带挂车。

(5)专用汽车 专用汽车是用于完成特定作业任务的、根据特殊的使用要求设计或改装而成的汽车,其种类很多,如冷藏车、集装箱车、售货车、检阅车、起重机车、混凝土搅拌车、公安消防车和救护车等。

(6)客车 客车是具有9个以上座位(包括驾驶人座位)、用于载人及行李的汽车。客车可分为单车和铰接式、单层和双层式客车等。

表1-4 客车的分级

客车分级	微型客车	轻型客车	中型客车	大型客车	特大型客车
汽车总长度/m	≤3.5	3.5~7.0	7.0~10	10~12	>12(铰接式) 10~20(双层)

(7)轿车 车型是具有2~9个座位(包括驾驶人座位)、用于载人及行李的汽车。

表1-5 轿车的分级

轿车分级	微型	普及型	中级	中高级	高级
发动机排量	≤1.0	1.0~1.6	1.6~2.5	2.5~4.0	>4.0

(8)半挂车 半挂车是指由半挂牵引车牵引,其部分质量由牵引车承受的挂车。

表1-6 半挂车的分级

半挂车分级	轻型半挂车	中型半挂车	重型半挂车	超重型半挂车
汽车总质量/t	≤7.1	7.1~19.5	19.5~34	>34

2.汽车新分类标准

新国标GB/T3730.1—2001将汽车分为乘用车和商用车。乘用车是指在其设计和技术特性上主要用于载运乘客及其随身行李或临时物品的汽车,包括驾驶人座位在内最多不超过9个座位。它也可以牵引一辆挂车。

商用车是指在设计和技术特性上用于运送人员和货物的汽车,并且可以牵引挂车(乘用车不包括在内)。

乘用车和商用车的详细分类如图1-3所示。

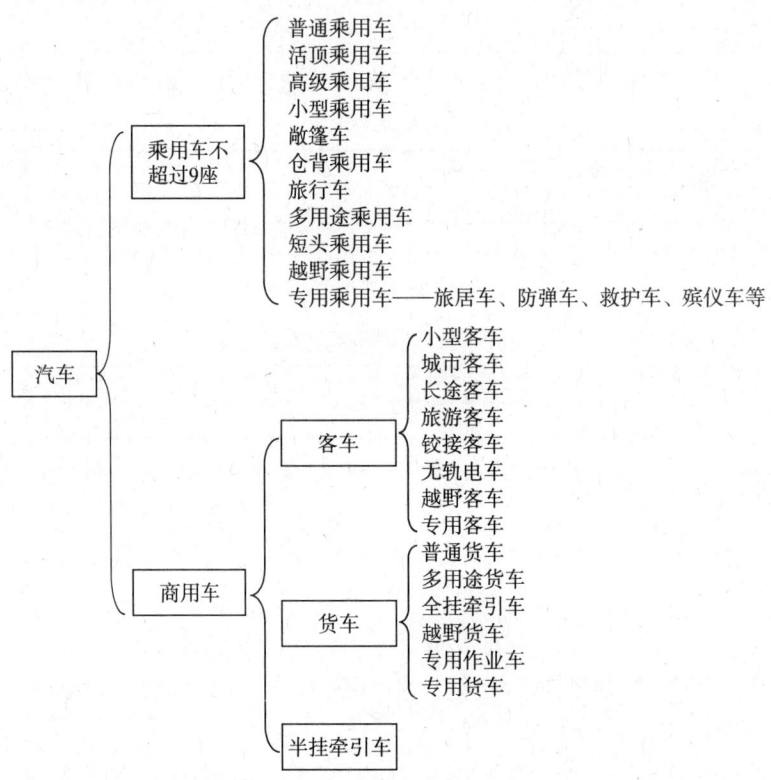

图1-3 新国标汽车分类

1.3 国产汽车型号编制规则

为了标明汽车的生产厂家、汽车类型及主要的特征参数等,1988年,我国颁布了国家标准 GB/T9417-1988《汽车产品型号编制规则》。该标准规定国产汽车型号由汉语拼音字母和阿拉伯数字组成,包括首部、中部、尾部三部分内容。

(1)首部　企业名称代号,由2~3个汉语拼音字母组成。如:CA 代表中国第一汽车集团公司,HFC 代表江淮汽车股份有限公司等。

(2)中部　由四位阿拉伯数字组成。左起首位数字表示汽车类型;中间两位数字是汽车主要特征参数;最末位是产品生产序号。详见表1-7。

(3)尾部　分为两部分:前部分由汉语拼音字母组成,表示专用汽车分类代号,例如:G 代表罐式车,X 代表厢式车,C 代表仓栅式车等。后部分为企业自定代号。

例如:型号 CA1092 表示一汽集团生产的货车,总质量 9t,末位数字 2 表示在原车型 CA1091 的基础上改进的新车型。型号 HFC7240 表示江淮汽车股份有限公司生产的第一代轿车,排量为 2.4L。

表1-7　汽车型号中部四位阿拉伯数字代号含义

首位数字表示汽车类型		中间两位数字表示各类汽车的主要特征参数	末位数字表示企业自定产品序号
载货汽车	1	表示汽车总质量(单位为t)的数值 当汽车总质量小于10t时,前面以0占位 当汽车总质量大于100t时,允许用三位数字表示	以0、1、2、3……依次排列
越野汽车	2		
自卸汽车	3		
牵引汽车	4		
专用汽车	5	表示汽车的总长度(0.1m)的数值 当汽车总长度大于10m时,计算单位为m	
客车	6		
轿车	7	表示发动机的工作容积(0.1L)的数值	
半挂车及专用半挂车	9	表示汽车的总质量	

1.4 车辆识别代号(VIN)的含义

车辆识别代号 VIN,也称十七位编码,是国际上通行的标识机动车辆的代码,是制造厂给每一辆车指定的一组字码,一车一码,具有在世界范围内对一辆车的唯一识别性。

我国于1997年8月1日颁布了国家标准 GB/T16736-1997《道路车辆识别代号(VIN)内容与构成》,此标准于1999年1月1日起正式成为我国汽车生产的强制性标准,每一辆出产的汽车上必须有 VIN 代号。

1.4.1 编码在车辆上所处的位置

1. 美国规定车辆识别代号应安装在仪表板左侧。
2. 欧洲规定安装在车架右侧或印在汽车铭牌上。
3. 也有一些轿车打在发动机舱后面或车架底板上。

1.4.2 车辆识别代号(VIN)的组成

车辆识别代号(VIN)按 GB16735 规定由三部分、共十七位字码位数组成,不能出现空位,如图 1-4 所示。其中,第一部分为世界制造厂识别代号(WMI);第二部分为车辆说明部分(VDS);第三部分为车辆指示部分(VIS)。

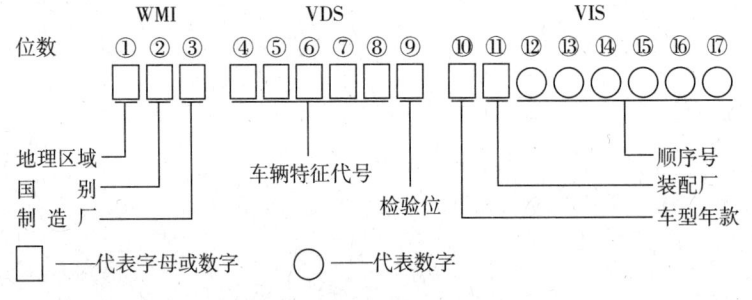

图 1-4 汽车 VIN 码

第一部分:世界制造厂识别代号(WMI)由 3 个字码组成:
① 第一位字码是标明一个地理区域的字母或数字,见表 1-8。
② 第二位字码是标明一个特定地区内的一个国家的字母或数字。
③ 第三位字码是标明某个特定的制造厂的字母或数字。

第二部分:车辆说明部分(VDS)由六位字码组成。此部分能识别车辆的一般特征,其代号顺序由制造厂决定。

第三部分:车辆指示部分(VIS)由八位字码组成,最后四位是数字。

表 1-8 车辆的国家代码

国家	代码	国家	代码	国家	代码
美国	1	德国	W	意大利	I
加拿大	2	韩国	K	泰国	M
墨西哥	3	中国	L	瑞典	S
美国	4	英国	G	日本	J
巴西	5	法国	F	西班牙	E

① 第一位字码指示年份;年份字码按表 1-9 规定。
② 第二位字码可用来指示装配厂或制造厂规定的其他内容。
③ 制造厂的年产量大于等于 500 辆时,此部分的第三至第八位字码表示生产顺序号;制造厂的年产量小于 500 辆时,此部分的第三、四、五位字码与第一部分的三位字码共同表示一个车辆制造厂。

表 1-9 年份字码表

年份	代码	年份	代码	年份	代码	年份	代码
1971	1	1981	B	1991	M	2001	1
1972	2	1982	C	1992	N	2002	2
1973	3	1983	D	1993	P	2003	3
1974	4	1984	E	1994	R	2004	4
1975	5	1985	F	1995	S	2005	5
1976	6	1986	G	1996	T	2006	6
1977	7	1987	H	1997	V	2007	7
1978	8	1988	J	1998	W	2008	8
1979	9	1989	K	1999	X	2009	9
1980	A	1990	L	2000	Y	2010	A

1.4.3 车辆识别代号(VIN)的用途

通过阅读车辆 VIN 码我们大概可以获得以下一些关于此车的信息：
① 生产此车的国家、厂家、车型类别及车型品牌。
② 此车的底盘型号、发动机型号、变速器型号及安全系统状况。
③ 此车的生产年份。

所以 VIN 识别代号可用于车辆管理、车辆检测、车辆防盗、车辆维修、二手车交易、汽车召回、车辆保险等方面。

1.5 汽车总体构造和主要参数

1.5.1 总体构造

汽车是一个由上万个零件组成的结构较复杂的交通工具。汽车总体构造可以有较大的差异，但它们的基本构造基本相同，都是由发动机、底盘、电气与电子设备和车身组成，如图 1-5 所示。

1. 发动机

发动机是为汽车行驶提供动力的装置，其作用是使燃料燃烧产生动力，然后通过底盘的传动系驱动车轮使汽车行驶。发动机主要有汽油机和柴油机两种。

现代汽车广泛采用往复活塞式内燃发动机。它是通过可燃气体在汽缸内燃烧膨胀产生压力，推动活塞运动并通过连杆使曲轴旋转来对外输出功率，主要包括两大机构和五大系

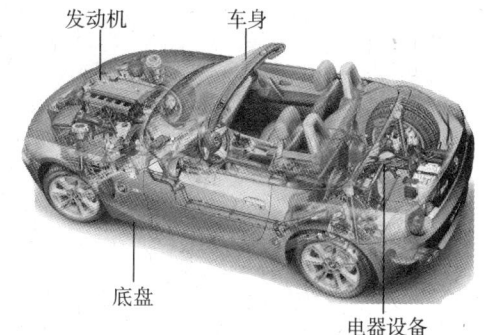

图 1-5 典型轿车总体构造

统，由曲柄连杆机构、配气机构、燃料供给系统、点火系统（汽油发动机）、起动系统、冷却系统和润滑系统组成。柴油发动机的点火方式为压燃式，所以无点火系。

(1)曲柄连杆机构　主要由缸体、活塞环、连杆、曲轴和飞轮等组成。缸体上部为汽缸,下部为曲轴箱。活塞位于汽缸内,活塞环用来填充汽缸与活塞之间的间隙,防止汽缸内的气体泄漏到曲轴箱内。曲轴安装于曲轴箱内。飞轮固定于曲轴后端,伸出到发动机缸体之外,负责对外输出动力。连杆用来连接活塞与曲轴,负责传递两者之间的动力与运动。汽车发动机是多缸发动机,活塞与连杆的数目与缸数相同,但曲轴只有一根。

(2)配气机构　该机构主要由凸轮轴、气门及气门传动件组成。每一个汽缸都有一个进气门和排气门,分别位于进、排气道口,负责封闭和开放进、排气道。凸轮轴通过正时齿轮或者齿型皮带由曲轴驱动而转动,通过气门传动组件定时将气门打开,将新鲜液体充入汽缸或者将燃烧后的废气排除汽缸。

(3)燃料供给系统　主要由空气滤清器、燃油喷射装置、进气管、排气管、消声器、油泵和油箱组成。主要功用是将燃料雾化、蒸发后,与空气混合成不同浓度的可燃混合气,供燃烧使用。同时,将燃烧后的废气排除汽缸。进入汽缸内的气量由驾驶员通过加速踏板控制,以满足发动机不同工况的需要。

(4)点火系统　点火系统为汽油机独有,由蓄电池、点火开关、传感器、控制单元、点火线圈、高压线和火花塞组成。火花塞位于汽缸燃烧室。该系统的主要作用是使火花塞按时产生电火花,将汽缸内的可燃混合气点燃而做功。柴油机的燃烧方式为自燃(压燃),不设点火系。

(5)冷却系　冷却系与润滑系负责保护发动机正常工作,使发动机具有较长的使用寿命。冷却系主要由水泵、散热器、风扇、水套和节温器等组成,负责维持发动机在一个适宜的温度内工作。

(6)润滑系　润滑系由机油泵、机油滤清器、主油道和油底壳组成,在发动机上起润滑、冷却、清洁和密封等作用。

(7)起动系统　主要由蓄电池、起动控制与传动机构和起动机(马达)等组成,用来起动发动机,使其投入运转。

2. 底盘

底盘作用是支撑、安装汽车发动机及其各部件,形成汽车的整体造型,并接受发动机的动力,使汽车产生运动,保证正常行驶。底盘由传动系、行驶系、转向系和制动系组成。

(1)传动系　传动系由离合器、变速器、万向传动装置和驱动桥组成,用来将发动机输出的动力传给驱动轮,并使之适合与汽车行驶的需要。

(2)行驶系　行驶系是汽车的基础,由车架、车桥、车轮与轮胎以及位于车桥和车架之间的悬架装置组成。行驶系除影响汽车的操纵稳定性外,还对汽车的乘坐舒适性起重要影响。

(3)转向系　转向系用来改变或者恢复汽车的行驶方向。它是通过使前轮相对于汽车纵向平面偏转一定的角度来实现转向的。转向系主要由转向操纵机构、转向器和转向传动机构组成。

(4) 制动系

制动系的作用是使行进中的汽车迅速减速直至停车,使停放的汽车靠地驻留,原地不动。行车制动装置由设在每个车轮上的制动器和制动操纵机构组成,由驾驶员通过制动踏板来操纵,驻车制动装置则由手操纵杆来操纵。

3. 车身

车身容纳驾驶员、乘客和货物,并构成汽车的外壳。载重汽车车身由驾驶室的货厢组成,多数客车与轿车的车身由钢板焊接成整体式构成。其他专用车辆还包括其他特殊装备等。车身还包括车门、窗、车锁、内外饰件、附件、座椅及车前各钣金件等。

4. 电器设备

电器设备由电源和用电设备组成。电源包括发电机和蓄电池。用电设备的种类很多,不同车型有差异,主要有点火系、起动系、照明、仪表信号系统、空调以及其他用电设备等。随着科技的发展,越来越多的电器设备将运用到汽车上,会使汽车更智能化。

1.5.2 汽车的主要技术参数

汽车的主要技术参数因其所装配的发动机类型和特性不同而有所不同,通常分为质量参数、结构尺寸参数和性能参数。

1. 汽车质量参数

(1) 整车装备质量　指汽车完全装备好的质量。包括燃料、润滑油、冷却液、随车工具、备胎及其他备用品的质量。

(2) 最大装载质量　指汽车设计允许的最大装载质量。

(3) 最大总质量　指汽车满载时的总质量。最大总质量等于整车装备质量和最大装载质量之和。

(4) 最大轴载质量　指汽车满载状态下,单轴所承载的质量。

2. 汽车结构尺寸参数

汽车结构尺寸参数如图1-6所示。

(1) 车长　指汽车长度方向两端极点间的纵向水平距离。

(2) 车宽　指汽车宽度方向两端极点间的横向水平距离。

(3) 车高　指汽车最高点至地面间的距离。

(4) 轴距　指汽车相邻两车轴中心线之间的距离。

(5) 轮距　指同一车桥左右轮胎面中心线间的水平距离。双轮胎时,分别为两端双轮胎中心线之间的水平距离。

(6) 前悬　指汽车最前端至前轴中心线间的水平距离。前悬越长,汽车的通过性越差。

(7) 后悬　指汽车最后端至后轴中心线间的水平距离。后悬越长,汽车的通过性越差。

(8) 接近角　汽车前端突出点向前轮引的切线与地面的夹角α。

(9) 离去角　汽车后端突出点向后轮引的切线与地面的夹角β。

(10) 最小离地间隙　指汽车满载时,其最低点(车轮除外)至地面的距离。最小离地间隙越小,汽车的通过性越差。

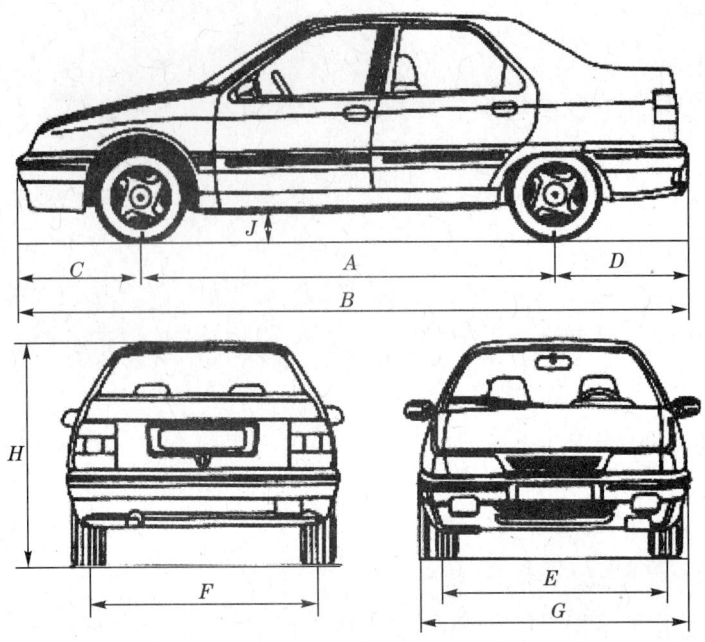

A—轴距；B—车长；C—前悬；D—后悬；E—前轮距；
F—后轮距；G—车宽；H—车高；J—离地间隙

图 1-6 汽车结构尺寸参数

3.汽车性能参数

(1)最高车速(km/h) 指汽车在平直良好的路面上行驶所能达到的最高车速。

(2)最大爬坡度(°) 指汽车满载时的最大爬坡能力。例如汽车前进100m爬高了46m，以角度来表示，就是该车具有爬上约25°斜坡的能力。

(3)最小转弯半径(m) 指汽车方向盘转到极限位置时，外侧转向轮的中心在车辆支撑平面上轨迹圆的半径。

(4)平均燃料消耗量(L/100km) 通常指汽车在公路上行驶时，每百公里的平均燃油消耗量。

(5)驱动方式 用"车轮(毂)总数×驱动轮(毂)数"来表示。如瑞风祥和为4×2，表示它是四轮(毂)结构和二轮(毂)驱动方式；江淮瑞鹰为4×4，表示它是四轮(毂)结构和四轮(毂)结构驱动方式。

1.6 汽车行驶基本原理

要使汽车运动，必须在汽车行驶方向作用一个推动力，以克服汽车行驶中遇到的各种阻力，这个推动力称为驱动力，也叫牵引力。

1.6.1 驱动力的产生

驱动力产生的原理如图1-7所示。发动机工作时产生转矩，经传动系至驱动轮上，驱动轮在转矩 M_t 的作用下对路面产生切向力 F_0，其方向与汽车行驶方向相反，大小为：

$$F_0 = \frac{M_t}{r}$$

式中:r—车轮的滚动半径

图 1-7 汽车受力分析

由于驱动轮对路面产生切向力 F_0,根据牛顿的作用力与反作用力定律,路面要给驱动轮一个反作用力 F_t,且 F_t 与 F_0 的大小相等、方向相反。F_t 就是驱动汽车行驶的外力,即驱动力。

1.6.2 汽车的行驶阻力

汽车在不同路面状况和不同工况下运行时,受到的阻力有滚动阻力、空气阻力、上坡阻力和加速阻力。

(1)滚动阻力 F_f　车轮滚动时,由于轮胎与路面之间的摩擦以及轮胎和路面各自的变形,而产生的阻力就是滚动阻力。只要汽车运动,滚动阻力就存在,其大小与汽车的总质量、路面性质、轮胎的结构及气压等有关。

(2)空气阻力 F_w　汽车行驶时,汽车前部受到空气的压力、后部因形成真空而产生向后的拉力、车身表面与空气间形成的摩擦力,这些力总称为空气阻力。只要汽车运行,空气阻力就存在,其大小与车速、汽车迎风面积和外观形状等有关。

(3)上坡阻力 F_i　汽车上坡时,其重力沿路面方向形成一个与汽车行驶方向相反的阻力就是上坡阻力。只有在上坡时,汽车才受到上坡阻力影响,其大小与汽车总质量和道路的纵向坡度有关。

(4)加速阻力 F_j　汽车加速时,根据牛顿惯性定律,需克服其质量加速运动时的惯性力,这就是加速阻力。只有在加速时,汽车才受到加速阻力的影响,其大小与汽车的总质量和加速度有关。

汽车在不同路面状况和不同运行工况下的受力情况是不同的,见表 1-10。

表 1-10 汽车运行工况与受力分析

路面状况	运行工况	驱动力与行驶阻力的关系
水平路面	等速行驶	$F_t = F_f + F_w$
水平路面	加速行驶	$F_t = F_f + F_w + F_j$
纵向坡道	等速上行	$F_t = F_f + F_w + F_i$
纵向坡道	加速上行	$F_t = F_f + F_w + F_i + F_j$

1.6.3 附着力与附着条件

汽车行驶时,路面阻止驱动轮打滑的最大反作用力叫做附着力,用 F_φ 表示。它与轮胎和路面的性质以及作用在驱动轮上的压力有关,其大小为:

$$F_\varphi = N\varphi$$

式中:N —附着力,即作用在所有驱动轮上的法向反作用力;

φ —附着系数,其数值因轮胎和路面性质而异,一般由试验测定。

汽车在冰雪、泥泞或松软的路面上行驶时,附着系数小使附着力也小,汽车的驱动力受到附着力的限制而不能克服较大的行驶阻力,出现打滑现象。若继续加大油门,则驱动轮只会加速滑转,而驱动力并没有增大。显然,附着力对驱动力起着制约的作用,即驱动力 F_t 的大小不仅与发动机动力有关,还受到附着力 F_φ 的限制,即附着条件为:

$$F_t \leqslant F_\varphi$$

要使驱动轮不产生打滑,附着力 F_φ 必须大于或等于驱动力 F_t。由此可见,保证汽车正常行驶要满足两个条件:一是发动机要有足够的功率;二是驱动轮与路面间要有足够的附着力。

一、填空题

1. 2002 年 3 月 1 日我国正式实施《汽车和挂车类型的术语和定义》新标准,将汽车按用途分为_____和_____。

2. 车辆识别代号(VIN)由三个部分组成:第一部分是_____;第二部分是_____;第三部分是_____。

3. 汽车通常由_____、_____、_____、_____四部分组成。

4. 汽车主要技术参数中,质量参数有_____、_____、_____和_____。

二、选择题

1. 汽车诞生的时间是( )。
   A. 1885 年　　　　B. 1886 年　　　　C. 1908 年　　　　D. 1913 年

2. 第一条汽车流水生产线出自的汽车公司是( )。
   A. 奔驰汽车公司　　　　　　　　　　B. 奥迪汽车公司
   C. 福特汽车公司　　　　　　　　　　D. 通用汽车公司

3. 高速行驶的汽车,( )是汽车行驶阻力中最主要的。
   A. 滚动阻力　　　　　　　　　　　　B. 空气阻力
   C. 上坡阻力　　　　　　　　　　　　D. 加速阻力

三、简答题

1. HFC1060汽车表示什么意思？
2. 汽车识别代号（VIN）由哪三大部分组成？各部分含义是什么？
3. 汽车行驶过程中，可能受到哪些阻力？

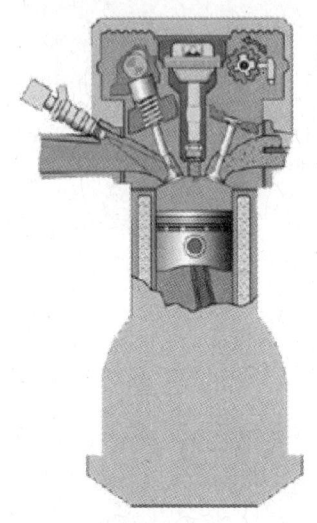
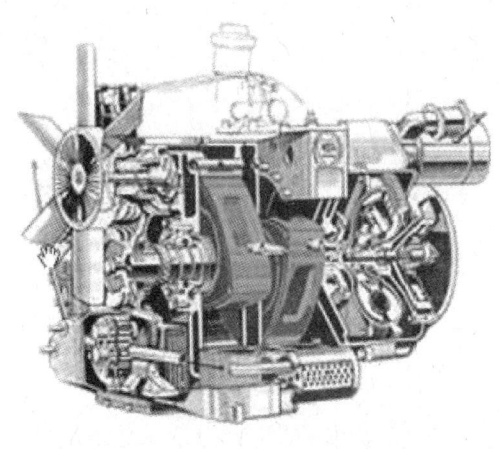

第 2 章

发动机的工作原理与总体构造

知识目标

1. 能叙述发动机的定义、常用术语的含义。
2. 能叙述四冲程发动机的工作原理。
3. 能描述发动机各结构的功用和组成。
4. 能叙述发动机的主要性能指标与特性。
5. 能描述发动机型号的编制规则。

技能目标

1. 掌握四冲程发动机的工作原理。
2. 能正确计算发动机的排量和气缸总容积。

2.1 发动机的基本工作原理

2.1.1 发动机概念

发动机是将某一种形式的能量转换为机械能的机器。汽车发动机如图 2-1 所示,它是汽车的心脏,是汽车的动力源。将热能转化为机械能的发动机,称为热力发动机(简称热机),其中的热能是由燃烧产生的。现代汽车发动机应用最多的是水冷式四冲程往复活塞式内燃机。常见的车用发动机有汽油发动机和柴油发动机两种。

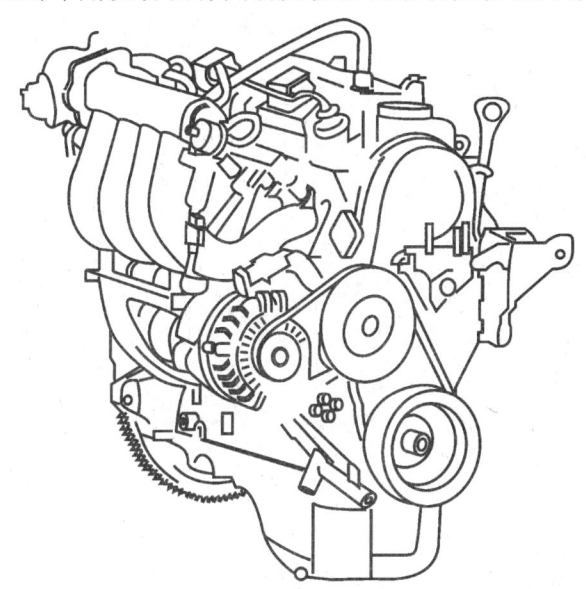

图 2-1 江淮和悦发动机总成外观

2.1.2 发动机的类型

汽车发动机(指汽车用活塞式内燃机)可以根据不同的特征分类:

(1)按所用的燃料分为汽油机和柴油机。

(2)按工作循环的冲程数分为四冲程发动机和二冲程发动机。

(3)按冷却方式分为水冷发动机和风冷发动机。

(4)按进气方式分为自然吸气式发动机(非增压式)和强制吸气式发动机(增压式)。

(5)按气缸数分为单缸发动机和多缸发动机。

(6)按气缸排列方式分为单列直立式发动机、双列 V 型和双列对置式发动机。

此外,发动机还可根据气缸的数目、气缸的排列形式、燃油的供给方式、凸轮轴的位置、每缸的气门数目等进行分类。目前,在汽车发动机中应用最为广泛的是四冲程、水冷式、非增压、往复活塞式内燃机,其中汽油机主要用于轿车、轻型客车和轻型货车上,柴油机主要用于中型、重型货车和大型客车上。另外,轿车、轻型汽车的发动机也有柴油机化的趋势。气体燃料发动机由于燃料成本低、汽车运行时废气污染少、排放指标好,因此在城市公交运输中得到重视。

2.1.3 单缸发动机结构

单缸四冲程汽油机的基本构造如图 2-2 所示。圆形气缸内装有活塞,活塞通过活塞销、连杆与曲轴连接。活塞在气缸内作往复运动,通过连杆推动曲轴转动。为了吸入新鲜空气和排除废气,设有进气门和排气门。

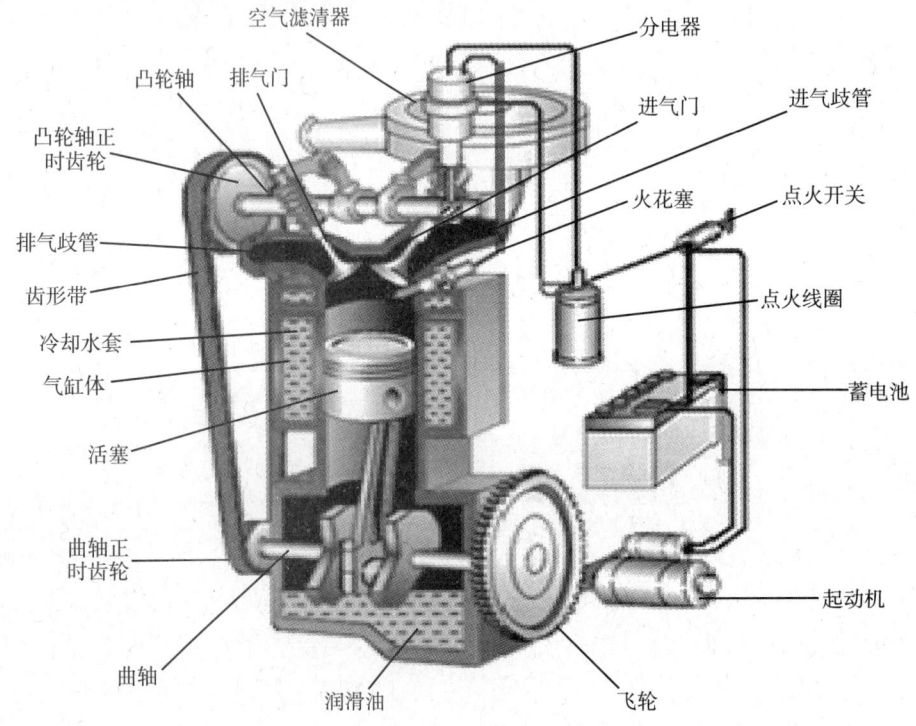

图 2-2 单缸四冲程汽油机结构示意图

2.1.4 发动机常用术语

发动机常用术语如图 2-3 所示。

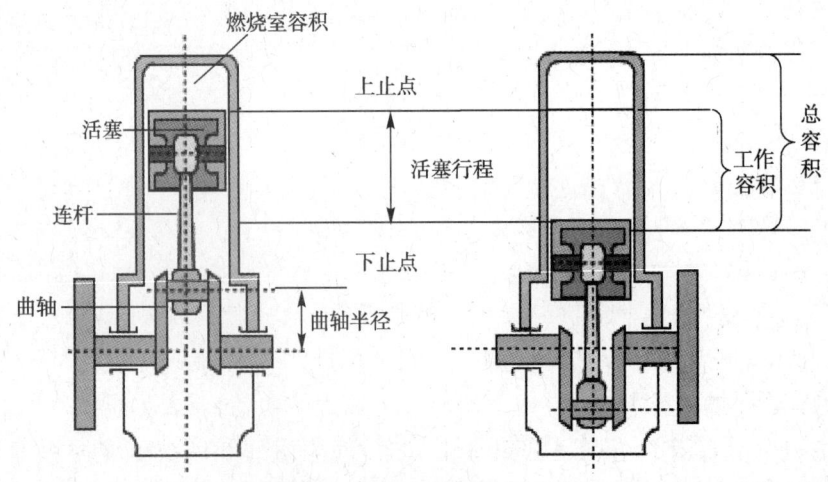

图 2-3 发动机基本术语

1. 上止点
上止点是指活塞离曲轴回转中心最远处,即活塞最高位置。

2. 下止点
下止点是指活塞离曲轴回转中心最近处,即活塞最低位置。

3. 活塞行程（S）
上止点与下止点之间的距离称为活塞行程。

4. 曲柄半径（R）
曲轴与连杆下端的连接中心至曲轴中心的距离称为曲柄半径。活塞行程为曲柄半径的 2 倍,即 $S=2R$。

5. 气缸工作容积（V_h）
活塞从一个止点运动到另一个止点所扫过的容积称为气缸工作容积。

$$V_h = \frac{\pi D^2 S}{4 \times 10^6}$$

式中:D—气缸直径,mm;
　　　S—活塞行程,mm。

6. 燃烧室容积（V_c）
活塞在上止点时活塞顶与气缸盖之间的容积称为燃烧室容积。

7. 气缸总容积（V_a）
活塞在下止点时活塞顶上方的容积称为气缸总容积。气缸总容积是气缸工作容积和燃烧室容积之和。

$$V_a = V_h + V_c$$

式中:V_h—气缸工作容积;
　　　V_c—燃烧室容积。

8. 发动机排量（V_L）
多缸发动机各气缸工作容积的总和称为发动机排量。

9. 压缩比（ε）
气缸总容积与燃烧室容积之比称为压缩比。

$$\varepsilon = \frac{V_a}{V_c} = \frac{V_h + V_c}{V_c} + 1 + \frac{V_h}{V_c}$$

式中:V_h—气缸工作容积;
　　　V_a—气缸总容积;
　　　V_c—燃烧室容积。

压缩比表示活塞由上止点运动到下止点时,气缸内的气体被压缩的程度。压缩比越大,压缩终了时气缸内气体的压力和温度越高。目前,一般车用汽油机的压缩比为 6~11,柴油机的压缩比为 16~22。

10. 工作循环

活塞式内燃机的工作循环是由进气、压缩、做功和排气四个工作过程组成的封闭过程。周而复始地进行这些过程，内燃机才能持续地做功。

2.1.5 发动机的基本工作原理

1. 四冲程汽油机的工作原理

四冲程汽油机的一个工作循环包括进气、压缩、做功和排气四个行程。在此过程中，曲轴旋转两周实现一次能量转换（如图2-4所示）。

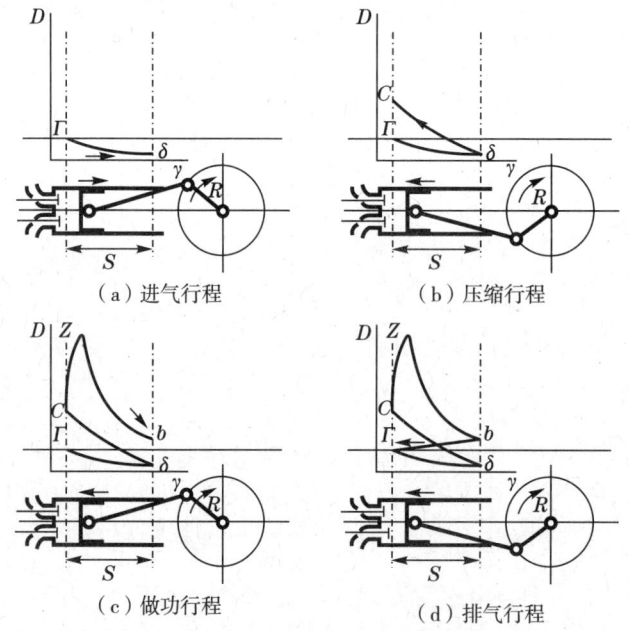

图2-4 四冲程汽油机工作原理

（1）进气行程　活塞在曲轴的带动下由上止点移至下止点。此时排气门关闭，进气门开启。在活塞移动过程中，气缸容积逐渐增大，气缸内形成一定的真空度。空气和汽油的混合物通过进气门被吸入气缸，并在气缸内进一步混合形成可燃混合气。

（2）压缩行程　进气行程结束后，曲轴继续带动活塞由下止点移至上止点。这时，进、排气门均关闭。随着活塞移动，气缸容积不断减小，气缸内的混合气被压缩，其压力和温度同时升高。

（3）做功行程　压缩行程结束时，安装在气缸盖上的火花塞产生电火花，将气缸内的可燃混合气点燃，火焰迅速传遍整个燃烧室，同时放出大量的热能。燃烧气体的体积急剧膨胀，压力和温度迅速升高。在气体压力的作用下，活塞由上止点移至下止点，并通过连杆推动曲轴旋转做功。这时，进、排气门仍旧关闭。

（4）排气行程　排气行程开始，排气门开启，进气门仍然关闭，曲轴通过连杆带动活塞由下止点移至上止点，此时膨胀过后的燃烧气体（或称废气）在其自身剩余压力和活塞的推动下，经排气门排到气缸外。当活塞到达上止点时，排气行程结束，排气门关闭。

排气行程结束后，进气门再次开启，又开始下一个工作循环。如此周而复始，发动机就连续地运转。

表 2-1 汽油机工作循环中温度和压力的变化情况

行程状态	温 度(K)	压 力(kPa)
进气行程	370～440	75～90
压缩行程	600～800	600～1500
做功行程	2200～2800(瞬时最高)	3000～5000(瞬时最高)
	1500～1700(做功终了)	300～500(做功终了)
排气行程	900～1200	105～125

2. 四冲程柴油机的工作原理

四冲程柴油机的工作循环同样包括进气、压缩、做功和排气四个过程，在各个活塞行程中，进、排气门的开闭和曲柄连杆机构的运动与汽油机完全相同。只是由于柴油和汽油的使用性能不同，使柴油机和汽油机在混合气形成方法及着火方式上有着根本的差别。

(1) 进气行程　活塞在曲轴的带动下由上止点移至下止点。此时排气门关闭，进气门开启。在活塞移动过程中，气缸容积逐渐增大，气缸内形成一定的真空度。柴油机进气行程中，被吸入气缸的只是纯净的空气。

(2) 压缩行程　进气行程结束后，曲轴继续带动活塞由下止点移至上止点。这时，进、排气门均关闭。随着活塞移动，气缸容积不断减小，气缸内的混合气被压缩，其压力和温度同时升高。因为柴油机的压缩比大，所以压缩行程终了时气体压力和温度比汽油机高。

(3) 做功行程　在压缩行程结束时，喷油泵将柴油泵入喷油器，并通过喷油器喷入燃烧室。因为喷油压力高且喷孔直径小，所以喷出的柴油呈细雾状。细微的油滴在炽热的空气中迅速蒸发汽化，并借助空气的运动，迅速与空气混合形成可燃混合气。由于气缸内的温度远高于柴油的自燃点，因此柴油随即自行着火燃烧。燃烧气体的压力、温度迅速升高，体积急剧膨胀。在气体压力的作用下，活塞推动连杆，连杆推动曲轴旋转做功。

(4) 排气行程　排气行程开始，排气门开启，进气门仍然关闭，曲轴通过连杆带动活塞由下止点移至上止点，此时膨胀过后的燃烧气体(或称废气)在其自身剩余压力和活塞的推动下，经排气门排到气缸外。当活塞到达上止点时，排气行程结束，排气门关闭。

表 2-2 柴油机工作循环中温度和压力的变化情况

行程状态	温 度(K)	压 力(kPa)
进气行程	320～350	80～95
压缩行程	800～1000	3000～5000
做功行程	1800～2200(瞬时最高)	5000～10000(瞬时最高)
	1200～1500(做功终了)	200～400(做功终了)
排气行程	800～1000	105～125

3. 汽油机与柴油机的比较

汽油机与柴油机的异同点见表 2-3。

表 2-3 汽油机与柴油机的比较

异同点		汽油机	柴油机
不同点	所用燃料	汽油	柴油
	混合气形成方式	气缸外部	气缸内部
	压缩比 ε	6～11	16～22
	着火方式	火花塞点火	自然(压燃)着火
	经济性	燃油经济性较差	热效率高,燃油经济性好
	动力性	较差	较好
	排放性	污染较重	污染少,排放性能好
	起动性	较好	较差
	工作平稳性	转速高,噪声小	转速低,噪声大,振动大
相同点	工作循环	汽油机和柴油机每一工作循环包括进气、压缩、做功和排气四个过程,曲轴转二周,进、排气门各打开一次,活塞在上、下止点间运动四次,做功一次,只有做功行程为有效行程,其他三个为辅助行程。	

4. 多缸发动机的工作原理

单缸四冲程发动机每个工作循环所经历的四个行程中,只有做功行程为有效行程,其他三个行程为消耗机械功的辅助行程。这样,发动机曲轴在做功行程中转速快,在其他行程中转速慢,所以一个工作循环中曲轴的转速是不均匀的。为了保证发动机运转平稳,现代汽车发动机都采用多缸四冲程发动机,应用最多的是四缸、六缸和八缸。

多缸发动机每个气缸所经历的工作循环与单缸相同,但各缸按照一定的顺序进行。因此对于多缸发动机而言,曲轴每转两周,各缸分别做功一次,且做功间隔角相等。对于缸数为 i 的四冲程直列式发动机而言,做功间隔角为 $720°/i$。气缸数越多,发动机工作越平稳。

2.2 发动机的总体构造

2.2.1 汽油发动机的构造

汽油机由两大机构和五大系统组成,即由曲柄连杆机构、配气机构、燃料供给系、润滑系、冷却系、点火系和起动系组成。

1. 曲柄连杆机构

曲柄连杆机构是发动机借以产生动力、并将活塞的往复直线运动转变为曲轴旋转运动而输出动力的机构。曲柄连杆机构主要由气缸体、气缸盖、活塞、连杆、曲轴和飞轮等组成。

2. 配气机构

配气机构的功用是根据发动机的工作需要,适时地打开进气门或排气门,使可燃混合气及时进入气缸或使废气及时排除气缸。配气机构主要由气门、气门弹簧、液压挺柱、凸轮轴、正时齿形带轮组成。

3. 燃料供给系

汽油机燃料供给系的功用是根据发动机的要求,配制出一定数量和浓度的混合气并供入气缸,将燃烧后的废气从气缸内排出到大气中去。汽油机的燃料供给系由燃油箱、燃油滤清器、燃油泵、空气滤清器、进排气歧管和排气消声器等组成。

4. 点火系

在汽油机中,气缸内的可燃混合气是靠电火花点燃的,在汽油机的气缸盖上装有火花塞,火花塞头部伸入燃烧室内,能够按时在火花塞电极间产生电火花的全部设备称为点火系。点火系通常由蓄电池、发电机、分电器、点火线圈和火花塞等组成。

5. 冷却系

冷却系的功用是将受热零件吸收的部分热量及时散发出去,保证发动机在最适宜的温度环境下工作。水冷发动机的冷却系通常由冷却水套、水泵、风扇、水箱、节温器等组成。

6. 润滑系

润滑系的功用是向做相对运动的零件表面输送定量的清洁润滑油,以实现液体摩擦,减小摩擦阻力,减轻机件的磨损,并对零件表面进行清洗和冷却。润滑系通常由润滑油道、机油泵、机油滤清器和一些阀门等组成。

7. 起动系

要使发动机由静止状态过渡到工作状态,必须先用外力转动发动机的曲轴使活塞做往复运动,促使气缸内的可燃混合气燃烧膨胀做功,推动活塞向下运动使曲轴旋转,这样才能保证发动机自行运转,工作循环自动进行。因此,曲轴在外力作用下转动到发动机可以自动地怠速运转的全过程,称为发动机的起动。完成起动过程所需的装置,称为发动机的起动系。起动系一般包括起动机及其附属装置。图 2-5 所示为江淮瑞风匹配的汽油发动机 G4JS 的构造。

图 2-5 G4JS 汽油机构造

2.2.2 柴油发动机的构造

柴油机由两大机构和四大系统组成,即由曲柄连杆机构、配气机构、燃料供给系、润滑系、冷却系和起动系组成,柴油机是压燃的,不需要点火系。柴油机燃料供给系的功用是把柴油和空气分别供入气缸,在燃烧室内形成混合气并燃烧,最后将燃烧后的废气排出。图2-6所示为江淮瑞风搭载的柴油发动机D4BH的构造。

图2-6 D4BH柴油机构造

2.3 发动机的主要性能指标与速度特性

2.3.1 发动机的主要性能指标

发动机的性能指标用来表征发动机的性能特点,并作为评价各类发动机性能优劣的依据。同时,发动机性能指标的建立还促进了发动机结构的不断改进和创新。因此,发动机构造的变革和多样性是与发动机性能指标的不断完善和提高密切相关的。

1. 动力性指标

动力性指标是表征发动机做功能力大小的指标,一般用发动机的有效转矩、有效功率、转速和平均有效压力等作为评价发动机动力性好坏的指标。

(1)有效转矩 发动机对外输出的转矩称为有效转矩,记作 T_e,单位为 N·m。有效转矩与曲轴角位移的乘积即为发动机对外输出的有效功。

(2)有效功率 发动机在单位时间内对外输出的有效功称为有效功率,记作 P_e,单位为 kW。它等于有效转矩与曲轴角速度的乘积。发动机的有效功率可以用台架试验方法测定,也可用测功器测定有效转矩和曲轴角速度,然后用公式计算出发动机的有效功率 P_e。

$$P_e = \frac{T_e \cdot n}{9550}$$

式中:T_e——有效转矩,N·m;

n—曲轴转速，r/min。

2．经济性指标

发动机经济性指标包括热效率和燃油消耗率等。

(1)热效率 燃料燃烧所产生的热量转化为有效功的百分数称为有效热效率，记作 η_e。为获得一定数量的有效功所消耗的热量越少，热效率越高，发动机的经济性越好。

(2)燃油消耗率 发动机每输出 1kW 的有效功所消耗的燃油量称为燃油消耗率，记作 g_e，单位为 g/(kW·h)。燃油消耗率越低，燃油经济性越好。

$$g_e = \frac{B}{P_e} \times 10^3$$

式中：B—发动机在单位时间内的耗油量(kg/h)，可由试验测定；

P_e—发动机的有效功率，kW。

2.3.2 发动机的速度特性

发动机的速度特性是指发动机的功率、转矩和燃油消耗率三者随曲轴转速变化的规律。该特性可在发动机试验台上通过试验测得。试验时，当节气门开度达到最大时，所得到的速度特性称为发动机外特性，图 2-7 所示为汽油发动机的外特性。相应地把在节气门其他开度情况下得到的速度特性称为部分速度特性。一般情况下，我们使用最多的是外特性。发动机外特性代表了发动机所具有的最高动力性能，包括发动机的最大功率、最大转矩、最小燃油消耗率以及相应的转速。这些参数是表示发动机特性的重要指标。

由图 2-7 可以看出汽车行驶需要的转速范围。如超车时一般选择发动机有效功率 P_e 所对应的发动机转速，爬坡时选择发动机最大转矩 T_e 所对应的发动机转速，而一般情况尽可能选择最小燃油消耗率 g_e 所对应的转速，以提高燃油经济性。

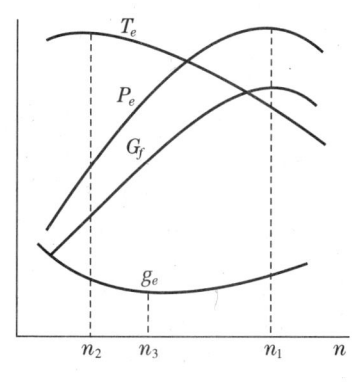

图 2-7 发动机外特性曲线

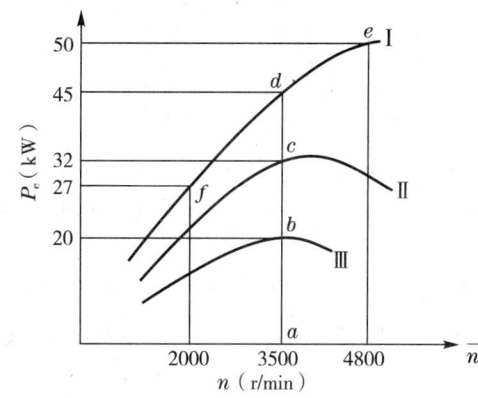

图 2-8 发动机的负荷

2.3.3 发动机工况和负荷

发动机的工作状况(简称发动机工况)一般用它的功率与曲轴转速来表征，有时也可用负荷与曲轴转速来表征。发动机在某一转速下的负荷就是当时发动机发出的功率

与同一转速下所可能发出的最大功率之比,以百分数表示。在同一转速下,节气门愈大表示负荷愈大。如果利用发动机的速度特性来说明负荷率或负荷的概念就更为清楚。

例:如图 2-8 所示,曲线Ⅰ为外特性,曲线Ⅱ、Ⅲ为部分速度特性。在 $n=3500 \text{r/min}$ 时,若节气门全开,可得到该转速下可能发出的最大功率 45kW。但如果不全开而开到Ⅱ和Ⅲ的位置,则同样转速下只能发出 32kW 和 20kW 的功率。根据上述定义,可求出 a、b、c 和 d 四个工况下的负荷值:

工况 a 负荷为零(称为发动机空转工况);

工况 b 负荷 $=20/45\times100\%=44.4\%$;

工况 c 负荷 $=32/45\times100\%=71.1\%$;

工况 d 负荷 $=45/45\times100\%=100\%$(即发动机全负荷)。

2.4 国产发动机型号编制规则

为便于发动机的生产管理和使用,我国于 1991 年重新审定并颁布了国家标准 GB/T725—1991,即《发动机产品名称和型号编制规则》。规定如下:

(1)按所用燃料命名,如柴油机、汽油机等。

(2)型号由阿拉伯数字和汉语拼音字母组成。

(3)型号由首部、中部、后部和尾部四部分组成。

首部:产品特征代号,由制造厂根据需要自选字母表示,但需行业标准化归口单位核准、备案。

中部:由缸数符号、冲程符号、气缸排列形式符号组成。

后部:结构特征和用途特征符号。

尾部:区分符号。同一系列产品因改进等原因需要区分时,由制造厂选用适当符号表示。

内燃机名称及型号各符号所代表的意义见表 2-4、2-5、2-6。

表 2-4 缸排列形式符号

符号	含义	符号	含义
无符号	直列及单缸卧式	P	平卧形
V	V 形		

表 2-5 结构特征符号

符号	结构特征	符号	结构特征
无符号	水冷	S	十字头式
F	风冷	Dz	可倒转(直接转向)
N	凝气冷却	Z	增压

第2章 发动机的工作原理与总体构造

表2-6 用途特征符号

符号	结构特征	符号	结构特征
无符号	通用型	J	铁路机车
T	拖拉机	D	发电机组
M	摩托车	C	船用主机,右机基本型
G	工程机械	CI	船用主机,左机基本型
Q	车用		

例1:EQ6100-1型汽油机:二汽生产的六缸、四冲程、缸径100mm、水冷、通用型、第一种改型产品。

例2:YC6105QC型柴油机:广西玉柴机器股份有限公司生产的六缸、直列、四冲程、缸径105mm、水冷、车用发动机,第一种改型产品。

思考与练习

一、填空题

1. 往复活塞式汽油发动机一般由_____、_____、_____、_____、_____、_____和_____组成。
2. 四冲程发动机曲轴转2周,活塞在气缸里往复行程_____次,进、排气门各开闭_____次,气缸里热能转化为机械能_____次。
3. 发动机的动力性指标主要有_____、_____等;经济性指标主要是_____。
4. 汽车用活塞式内燃机每一次将热能转化为机械能,都必须经过_____、_____、_____和_____这样一系列连续工程,这称为发动机的一个_____。

二、判断题

1. 由于柴油机的压缩比大于汽油机的压缩比,因此在压缩终了时的压力及燃烧后产生的气体压力比汽油机压力高。（ ）
2. 多缸发动机各气缸的总容积之和,称为发动机排量。（ ）
3. 发动机的燃油消耗率越小,经济性越好。（ ）
4. 发动机总容积越大,它的功率也就越大。（ ）
5. 活塞行程是曲柄旋转半径的2倍。（ ）
6. 发动机最经济的燃油消耗率对应转速是在最大转矩转速与最大功率转速之间。（ ）
7. 发动机在同一转速下,节气门开度愈大表示负荷愈小。（ ）

三、选择题

1. 某发动机活塞行程为80mm,其曲轴的曲柄半径为(　　)mm。
A. 20　　　　　　　　　　　　B. 40

C. 80　　　　　　　　　D. 160
2. 柴油机用什么方式点燃燃油？（　　）
　A. 压燃式　　　　　　B. 火花塞
　C. 燃油喷射　　　　　D. 点火器
3. 发动机的有效转矩与曲轴角速度的乘积称之为（　　）。
　A. 指示功率　　　　　B. 有效功率
　C. 最大转矩　　　　　D. 最大功率
4. 发动机在某一转速发出的功率与同一转速下所可能发出的最大功率之比称之为（　　）。
　A. 发动机工况　　　　B. 有效功率
　C. 工作效率　　　　　D. 发动机负荷
5. 发动机排量是指（　　）。
　A. 一个气缸的工作容积　　B. 多个气缸的工作容积
　C. 一个气缸的总容积　　　D. 多个气缸的总容积

四、问答题

1. 简述四冲程汽油机的工作过程。
2. 柴油机和汽油机的工作原理有什么不同？
3. 汽油发动机主要由哪几大机构和系统组成？各部分的主要作用是什么？
4. 四冲程汽油机和柴油机在总体结构上有哪些相同点和不同点？

实训项目　发动机结构认识

一、实训课时

2 课时。

二、主要内容及目的

1. 掌握发动机总体构造。
2. 熟悉发动机零部件名称、作用。

三、教学准备

1. 发动机 2 台。
2. 常用工具 1 套。
3. 已拆卸整理的发动机零件。
4. 发动机各个机构挂图。

四、实训内容

1. 认识汽车发动机的总体构造。
2. 演示发动机工作原理。

3. 主要零部件认识。

五、注意事项

1. 正确操作，注意人身及机件安全。
2. 保持场地整洁及零部件、工量具清洁。

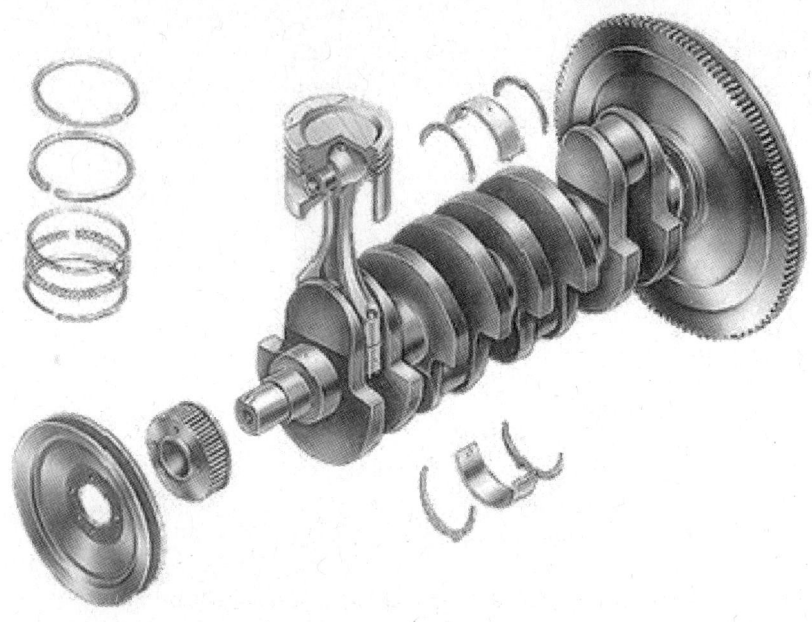

第3章

曲柄连杆机构

知识目标

1. 能叙述曲柄连杆机构的功用及组成。
2. 能描述曲柄连杆机构各组成的功用及结构特点。
3. 能叙述燃烧室的类型和结构特点。
4. 能根据多缸发动机曲拐布置分析点火顺序。

技能目标

1. 能对照发动机描述曲柄连杆机构各部件名称及基本工作原理。
2. 能制定机体组、活塞连杆组的拆装步骤与方法,并在规定时间内完成操作。

第3章 曲柄连杆机构

3.1 概　述

　　曲柄连杆机构是发动机实现能量转换的主要机构。主要由机体组、活塞连杆组和曲轴飞轮组三部分组成，其功用是将燃料燃烧后作用在活塞顶部的气体压力转变为曲轴的转矩，向外输送动力。

　　发动机工作时，燃料剧烈燃烧，将化学能转变成气体的压力直接作用在活塞顶部；通过活塞销、连杆传给曲轴，使曲轴旋转。

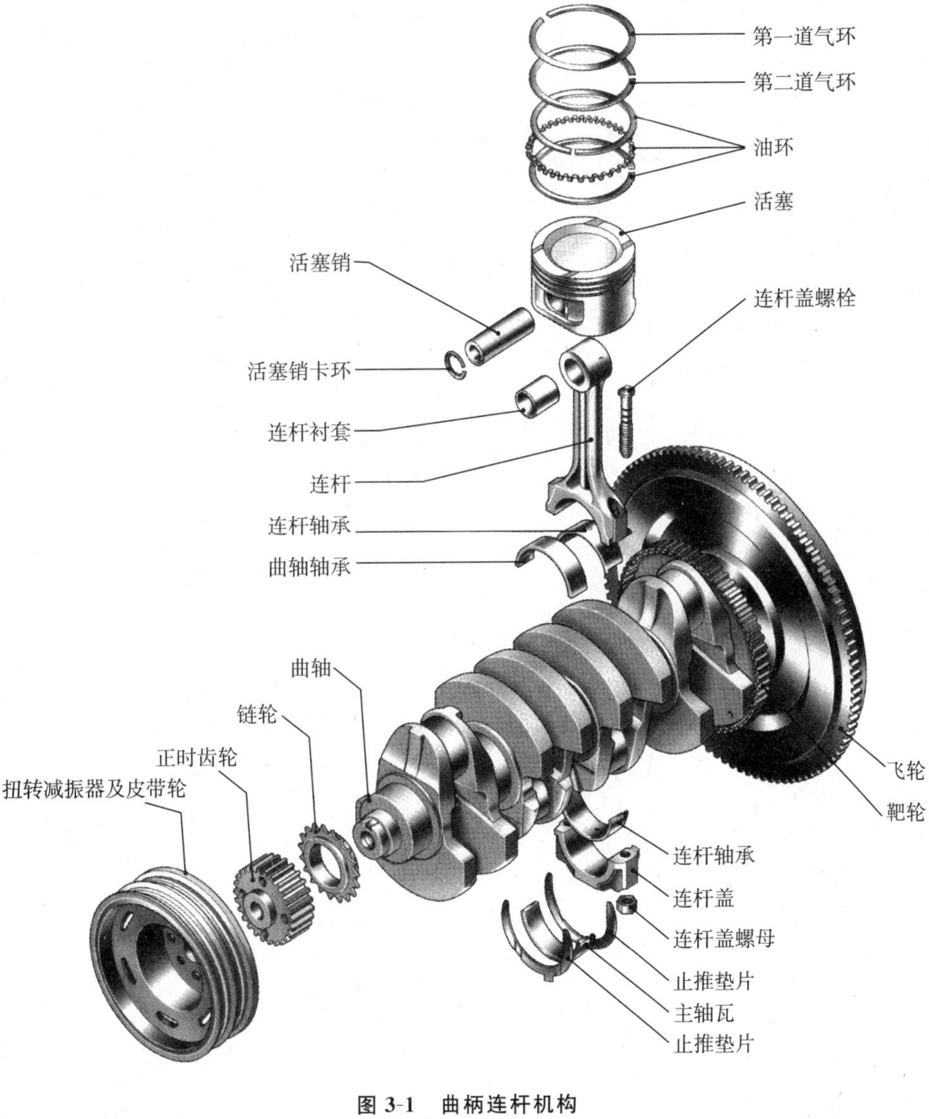

图3-1　曲柄连杆机构

　　曲柄连杆机构的工作环境十分恶劣，在发动机工作时，气缸内最高温度可达2500K以上，最高压力可达5~9MPa，最高转速可达3000~6000r/min，而活塞每秒钟要往复运行200~400次。此外，与可燃混合气和燃烧废气直接接触的机件（如气缸、气缸盖等）还受到化学腐蚀作用,并且润滑困难。可见,曲柄连杆机构的工作环境特点是高温、高压、高速和化学腐蚀作用。

3.2 机体组

机体组是发动机的支架,是曲柄连杆机构、配气机构和发动机各系统主要零部件的装配基体。现代汽车发动机机体组主要由气缸体、曲轴箱、气缸盖、气缸盖罩、气缸衬垫以及油底壳等组成,如图 3-2 所示。

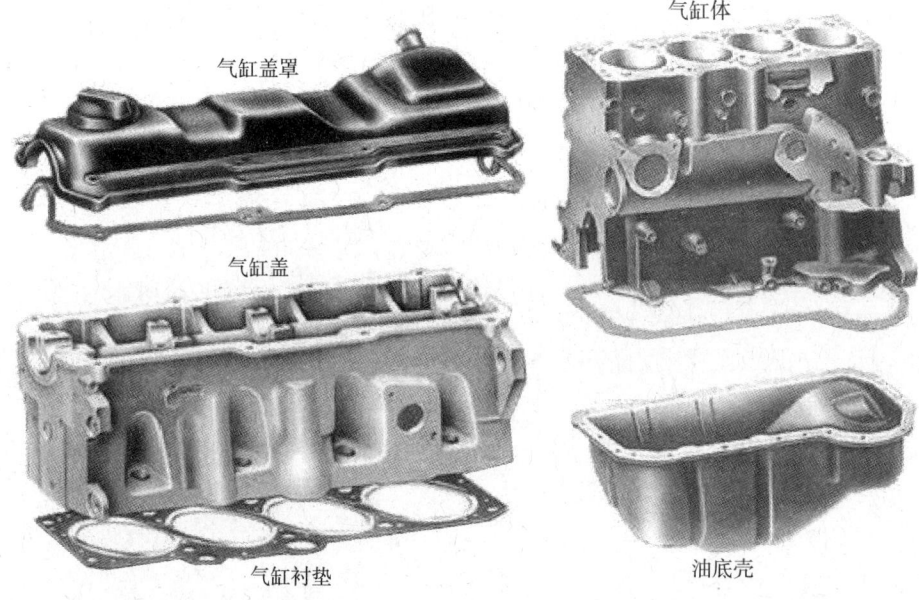

图 3-2 机体组组成

3.2.1 气缸体

绝大多数水冷发动机的气缸体与曲轴箱连铸在一起,而且多缸发动机的各个气缸也合铸成一个整体,图 3-3 所示为江淮和悦 1.5L 发动机。在发动机工作时,气缸体承受拉、压、弯、扭等不同形式的机械负荷,同时还因为气缸壁面与高温燃气直接接触而承受很大的热负荷。因此,气缸体应具有足够的强度和刚度,且耐磨损和耐腐蚀,并应对气缸进行适当的冷却,以免气缸体损坏和变形。气缸体也是最重的零件,应该力求结构紧凑、质量轻,以减小整机的尺寸和质量。

气缸体一般用高强度灰铸铁或铝合金铸造。最近,在轿车发动机上越来越普遍采用铝合金气缸体。

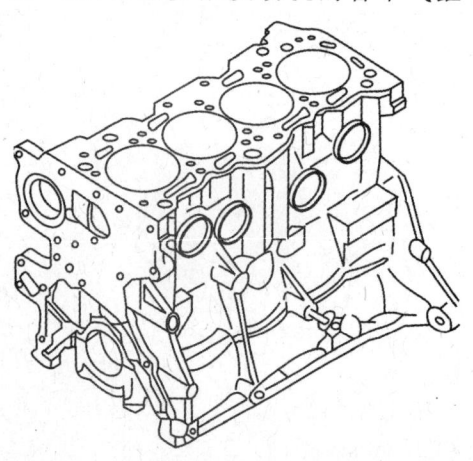

图 3-3 江淮和悦 1.5L 发动机气缸体

1. 气缸体的结构形式

气缸体的构造与曲轴结构形式、气缸排列形式和气缸结构形式有关。按曲轴箱结构形式的不同气缸体分为一般式、龙门式和隧道式三种(如图3-4所示)。

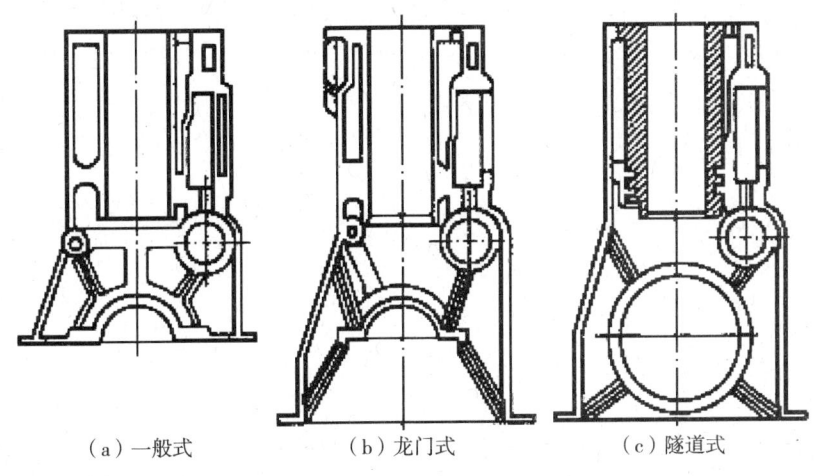

图 3-4　气缸体的排列形式

一般式气缸体的油底壳安装平面和曲轴旋转中心在同一高度。这种气缸体刚度较差,前后端与油底壳结合处的密封性较差,但其高度小、质量轻、便于机械加工,多用于小型发动机。如夏利、富康等轿车采用一般式气缸体。

龙门式气缸体的油底壳安装平面低于曲轴的旋转中心。这种气缸体刚度较好、密封简单可靠、维修方便,江淮宾悦、江淮和悦、广州标致、上海大众波罗等轿车使用的汽油机及江淮帅铃使用的 HFC4DA1 型柴油机即为龙门式气缸体。

隧道式气缸体的曲轴主轴承孔为整体式。这种气缸体配以窄型滚动轴承可以缩短气缸体长度,结构紧凑,刚度和强度好;但工艺性差,拆装不方便,多用于负荷较大的柴油机。

2. 气缸的排列方式

多缸发动机气缸的排列形式决定了发动机外形尺寸和结构特点,对发动机气缸体的刚度和强度也有影响,并关系到汽车的整体布置。气缸排列形式有三种:直列式、V型和水平对置式(如图3-5所示)。

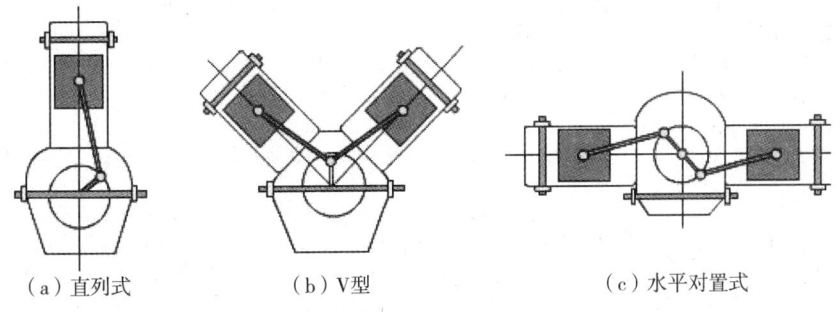

图 3-5　气缸排列形式

(1)直列式　各气缸排成一直列称为直列式气缸排列。其特点是结构简单,加工方便,但高度和长度较大。六缸以下发动机多采用这种形式。如江淮瑞鹰轿车使用的4GA1发动机即为直列式气缸体。

(2)V型　两列气缸分为左右呈V形排列的称为V形式气缸排列。V形发动机气缸体宽度大,而长度和高度小,形状比较复杂;气缸体的刚度大,质量和外形尺寸较小,多用于六缸以上大功率发动机。V形的打开角度被称为V形气缸夹角。为了平衡,V6发动机的气缸夹角最好为90°,V8发动机的气缸夹角最好为60°。

(3)水平对置式　两列气缸水平相对排列的发动机称为水平对置式发动机。其特点是重心低,平衡性好。

目前,气缸体的排列形式除了上述三种外,对于8缸以上的发动机多采用W型气缸布置形式。其特点是发动机结构更加紧凑,动力更强劲,工作更平稳。如大众生产的奥迪A8L发动机就是新型的W型发动机。

3.气缸体的冷却方式

为了将发动机产生的多余热量散去,保证发动机能在高温下正常工作,必须对气缸体和气缸盖进行冷却。按冷却介质不同,汽车发动机冷却方式可以分为风冷式和水冷式两种。

目前,汽车发动机的气缸体采用较多的是水冷系统,气缸和气缸盖周围均有用于充水的空腔,称为水套。利用水套中的冷却水流过高温零件的周围而将多余的热量带走。

采用风冷式的发动机,气缸体一般是与曲轴箱分开铸造的。为了加强散热效果,气缸体与气缸盖的外表面均铸有散热片。

4.气缸套

气缸体内引导活塞做往复运动的圆柱形空腔称为气缸。为了提高气缸的耐磨性和延长气缸的使用寿命,有的气缸采用表面处理,如表面淬火、镀铬等;有的则采用优质材料,但成本高。为了节省优质材料,降低制造成本,可在缸体内镶入用优质材料制成的气缸套。根据气缸是否与冷却水接触,气缸套可以分为干式气缸套和湿式气缸套。

气缸套的外表面不直接与冷却水接触的称为干式气缸套(如图3-6所示),其优点是刚度和强度都较好。为保证散热效果和缸套的定位,气缸套的外表面和气缸的内表面必须精密加工,且一般采用过盈配合,壁厚为1~3mm。干式气缸套的缺点是加工复杂和散热不良。干式气缸套多用于中、小型发动机。

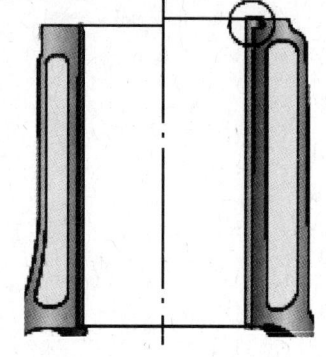

图3-6　干式气缸套

气缸套的外表面直接与冷却水接触的称为湿式气缸套(如图3-7所示),壁厚达5~9mm,以微小的配合间隙放入气缸套孔中,仅在上、下一圆环区域和气缸体接触。大多数湿式气缸套装入后,其顶部一般高出气缸体0.05~0.15mm,这样在紧固气缸盖螺栓

· 34 ·

时,可将气缸垫压得更紧,以保证气缸的密封性,防止漏水、漏气。相对而言,湿式气缸套的优点是散热性好,便于拆装;缺点是气缸体的刚度差,易漏水、漏气。湿式气缸盖多用于大负荷或铝合金气缸体的发动机中,如YC6105QC型和612Q型柴油机。

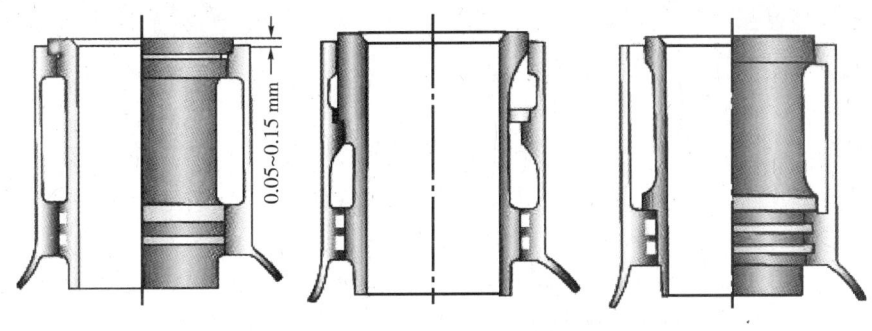

图 3-7　湿式气缸套

3.2.2　气缸盖

气缸盖用来封闭气缸的上部,并与活塞顶、气缸壁共同构成燃烧室。气缸内有与气缸体相通的冷却水套、燃烧室、火花塞座孔(汽油机)或喷油器座孔(柴油机)、进、排气道等。上置凸轮轴式发动机的气缸盖上还有用于安装凸轮轴的轴承座,如图3-8所示。

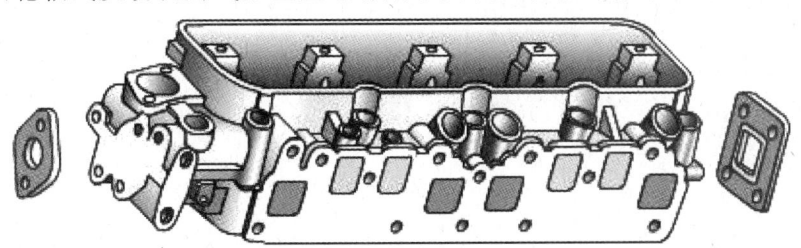

图 3-8　气缸盖

汽油机的燃烧室是当活塞位于上止点时,活塞顶面以上、气缸盖底面以下所形成的空间称为燃烧室。在汽油机上广泛应用的燃烧室如图3-9所示。

(1) 浴盆形燃烧室　结构简单,气门与气缸轴线平行,进气道弯度较大。压缩行程终了能产生挤气涡流。

(2) 楔形燃烧室　结构比较紧凑,气门相对气缸轴线倾斜,进气道比较平直,进气阻力小。压缩行程终了时能产生挤气涡流。

(3) 半球形燃烧室　结构最紧凑,燃烧室表面积与其容积之比(面容比)最小。进、排气门呈两列倾斜布置,气门直径较大,气道较平直。火焰传播距离较短,不能产生挤气涡流。

(4) 多球形燃烧室　由两个以上半球形凹坑组成的燃烧室,其结构紧凑,面容比小,火焰传播距离短,气门直径较大,气道比较平直,且能产生挤气涡流。

(5) 篷形燃烧室　是近年来在高性能多气门轿车发动机上广泛应用的燃烧室。

安装气缸盖时,应从气缸盖的中央依次向两边展开,分2～3次逐步拧紧,最后按规定的拧紧力矩拧紧,以保证汽缸垫均匀而平整地夹在汽缸体和气缸盖之间,确保密封性。

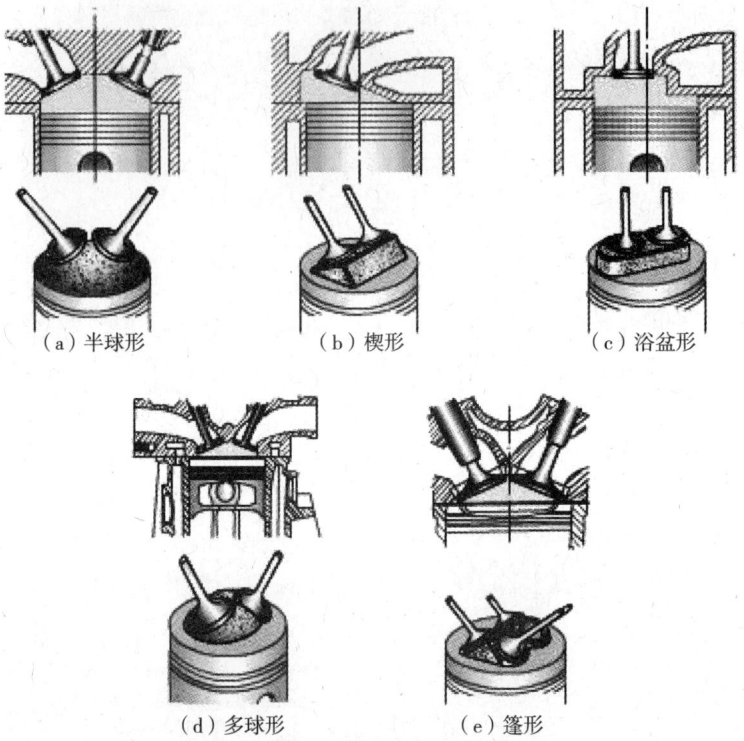

图 3-9 汽油机燃烧室

3.2.3 气缸衬垫

气缸体与气缸盖间装有气缸衬垫(如图 3-10 所示),用来保证气缸体和气缸盖结合面间的密封,防止气体、冷却液和润滑油等的泄露。气缸衬垫有金属－石棉衬垫、金属－复合材料衬垫和全金属衬垫等结构形式。

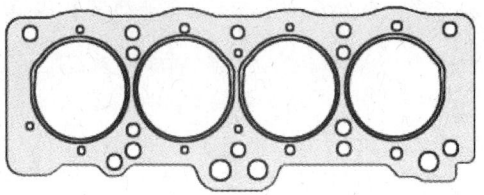

图 3-10 气缸衬垫

3.2.4 气缸盖罩

气缸盖罩位于气缸盖上部,起封闭防尘作用,一般由薄钢板冲压而成,其上设有机油加注口,如图 3-11 所示。

图 3-11 气缸盖罩

3.2.5 油底壳

油底壳的主要功用是储存机油和封闭机体或曲轴箱,如图 3-12 所示。油底壳用薄钢板冲压或用铝铸制而成。油底壳内设有挡板,用以减轻汽车颠簸时油面的震荡。此外,为了保证汽车倾斜时机油泵能正常吸油,通常将油底壳局部做得较深。油底壳底部设放油螺塞。有的放油螺塞带磁性,可以吸引机油中的铁屑。

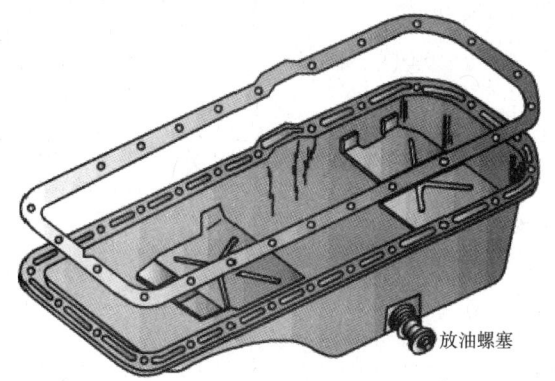

图 3-12 油底壳

3.3 活塞连杆组

活塞连杆组主要由活塞、活塞环、活塞销和连杆等部件组成,如图 3-13 所示。

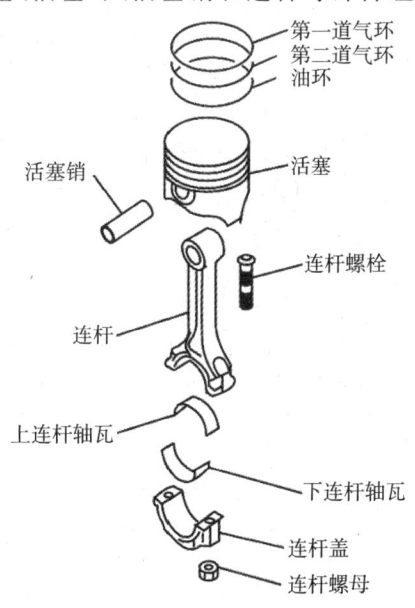

图 3-13 活塞连杆组

3.3.1 活塞

活塞由活塞顶部、活塞头部和活塞裙部三部分构成,如图 3-14 所示。活塞的主要功用是承受燃烧气体压力,并将此力通过活塞销传给连杆以推动曲轴旋转。此外,活塞还与气缸盖、气缸壁共同组成燃烧室。现代汽车发动机不论是汽油机还是柴油机都广泛采用铝合金活塞,只在极少数汽车发动机上采用铸铁或耐热钢活塞。

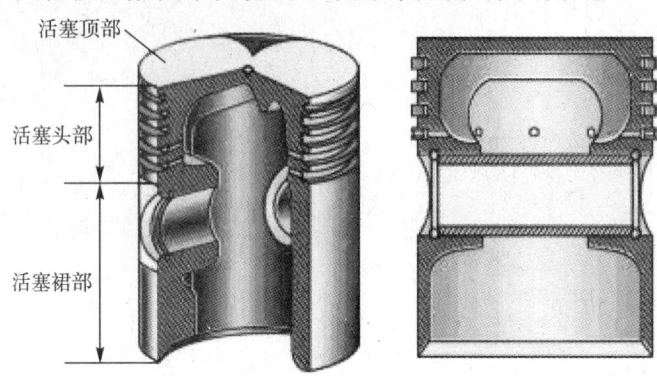

图 3-14 活塞结构

(1) 活塞顶部　汽油机活塞顶部的形状与燃烧室形状和压缩比大小有关。汽油机活塞顶有平顶、凹顶和凸顶等形式,如图 3-15 所示。

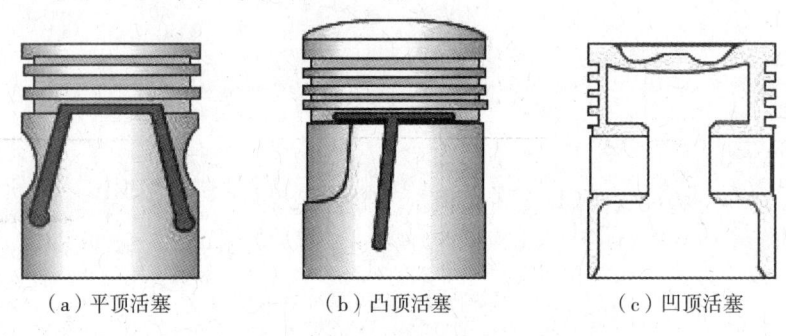

(a) 平顶活塞　　　　(b) 凸顶活塞　　　　(c) 凹顶活塞

图 3-15 活塞顶的形状

(2) 活塞头部　由活塞顶至最后一道环槽下端面之间的部分称为活塞头部。在活塞头部加工有用来安装气环和油环的气环槽和油环槽,一般上面安装 2~3 道气环,下面安装 1~2 道油环。在油环槽底部还加工有回油孔或横向切槽,油环从气缸壁上刮下来的多余机油,经回油孔或横向切槽流回油底壳。

(3) 活塞裙部　活塞头部以下的部分为活塞裙部。裙部的形状应该保证活塞在气缸内得到良好的导向,气缸与活塞之间在任何工况下都应保持均匀的、适宜的间隙。间隙过大,活塞敲缸;间隙过小,活塞可能被气缸卡住。此外,裙部应有足够的实际承压面积,以承受侧向力。活塞裙部承受膨胀侧向力的一面称主压力面,承受压缩侧向力的一面称次压力面。

3.3.2　活塞环

活塞环包括气环和油环两种,如图 3-16 所示。

(1) 气环　其功用是密封和传热,保证活塞与气缸壁间的密封,防止气缸内的可燃混合气和高温燃气漏入曲轴箱,并将活塞顶部接受的热传给气缸壁,避免活塞过热。

(2) 油环　主要功用是刮除飞溅到气缸壁上的多余机油,并在气缸壁上涂布一层均匀的油膜。

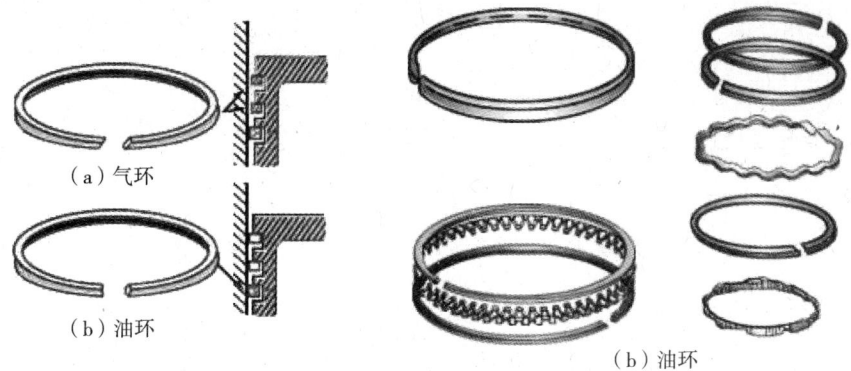

图 3-16 活塞环

3.3.3 活塞销

活塞销用来连接活塞和连杆，并将活塞承受的力传给连杆。活塞销常见的结构形式如图 3-17 所示。

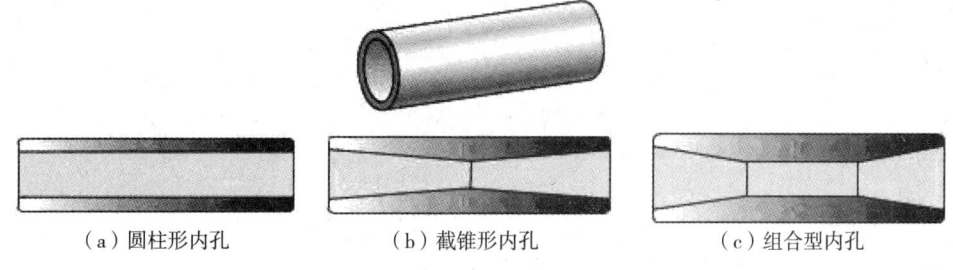

图 3-17 活塞销的结构

活塞销与活塞销座孔和连杆小头衬套的连接配合方式有两种，即全浮式和半浮式，如图 3-18 所示。

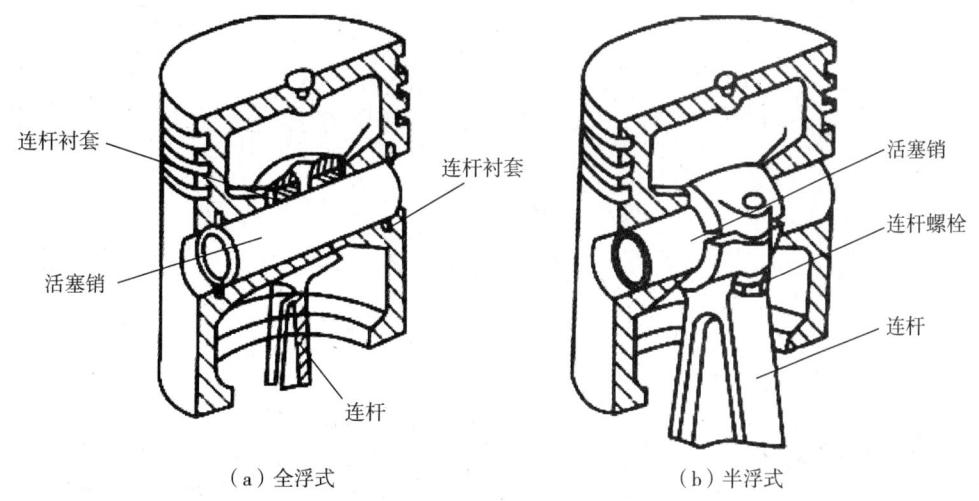

图 3-18 活塞销的连接方式

(1) 全浮式活塞销　能在连杆小头衬套孔和活塞销座孔内作自由转动,可保证活塞销沿圆周磨损均匀,因此应用比较普遍。为防治活塞销轴向窜动而损坏气缸壁,在活塞销座孔两端装有弹性卡环来限位。

(2) 半浮式活塞销　半浮式活塞销与连杆小头衬套孔和活塞销座孔之间,一处固定,一处浮动,从而使装配工艺简化,但活塞销磨损不均匀,多用于小功率发动机中。

3.3.4 连杆组

连杆组的功用是将活塞承受的力传给曲轴,并将活塞的往复运动转变为曲轴的旋转运动。连杆组包括连杆、连杆盖、连杆螺栓和连杆轴承(轴瓦)等零件。连杆组的结构如图3-19所示。

连杆主要由小头、杆身和大头构成。连杆小头用来安装活塞销以连接活塞。在全浮式连接的连杆小头内压装有减磨的青铜衬套;杆身断面为工字形,刚度大、质量轻、适于模锻。有的连杆在杆身内加工有油道,用来润滑小头衬套或冷却活塞。连杆大头是剖分的,连杆盖用螺栓或螺柱以规定扭力紧固。

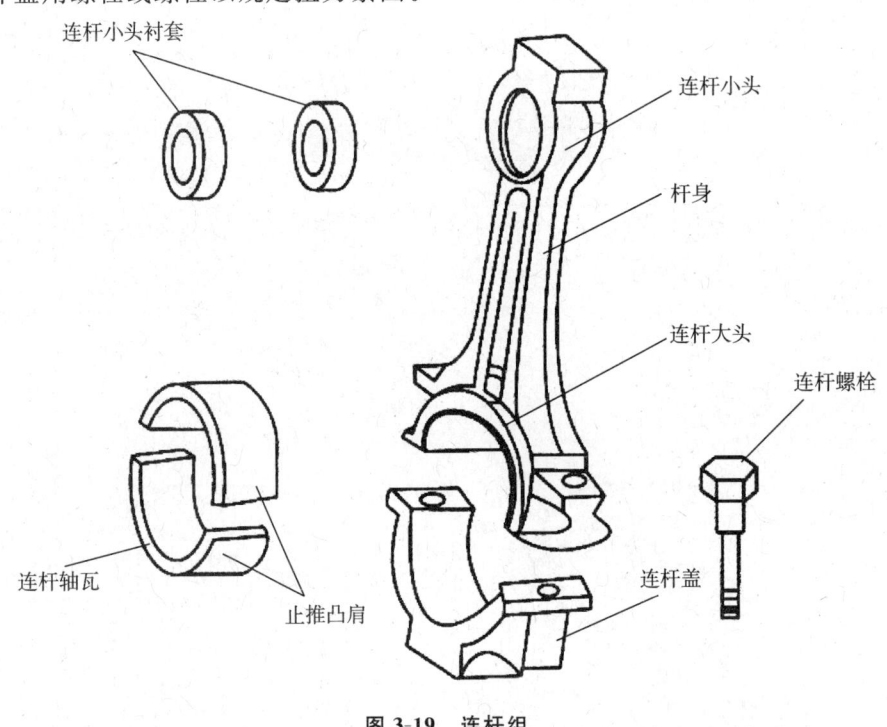

图 3-19　连杆组

3.4　曲轴飞轮组

曲轴飞轮组主要由曲轴、飞轮、正时齿轮或正时链轮、V形带轮及曲轴扭转减振器等部件组成,如图3-20所示。

第3章 曲柄连杆机构

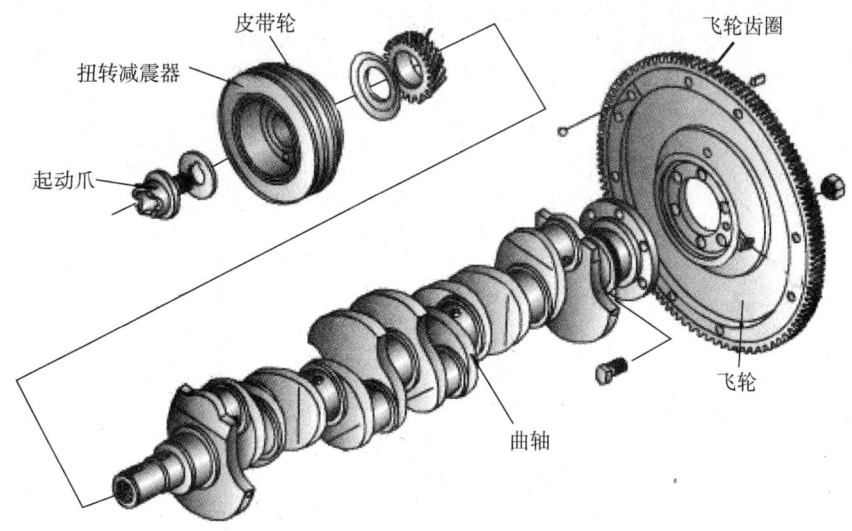

图 3-20 曲轴飞轮组

3.4.1 曲轴

曲轴的功用是把活塞、连杆传来的气体压力转变为转矩,然后通过飞轮输出,用以驱动汽车的传动系统和发动机的配气机构以及其他辅助装置。

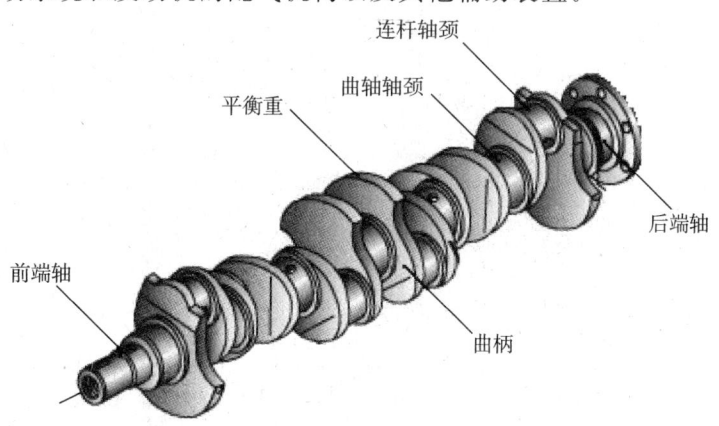

图 3-21 曲轴结构

1. 曲轴结构

曲轴主要由前端轴、若干个曲拐和后端轴三部分构成。如图 3-21 所示,一个连杆轴颈和它两端的曲柄及相邻两个主轴颈构成一个单元曲拐。曲拐数目取决于发动机的气缸数目及其排列方式,直列式发动机的曲拐数与气缸数相同,V 型和对置型发动机曲轴的曲拐数等于气缸数的一半。

曲轴前端轴即前端第一道主轴颈之前的部分,装有驱动其他装置的机件(正时齿轮、V 形带轮)及其起动爪、止推片及扭转减振器等。曲轴后端轴即后端最后一道主轴颈之后的部分,在其后端为安装飞轮的凸缘盘。

2. 曲拐布置与多缸发动机的工作顺序

各曲拐的相对位置或曲拐布置取决于气缸数、气缸排列形式和发动机工作顺序。当气缸数和气缸排列形式确定之后,曲拐布置就只取决于发动机工作顺序。在选择发动机工作顺序时,应注意以下几点:

(1) 应该使连续做功的两个气缸相距尽可能的远,以减轻主轴承载荷和避免在进气行程中发生抢气现象。

(2) 各气缸做功的间隔时间应该相同。做功间隔时间若以曲轴转角计则称做功间隔角。在发动机完成一个工作循环的曲轴转角内,每个气缸都应做功一次。对于气缸数为 i 的四冲程发动机,其做功间隔角应为 $720°/i$,即曲轴每转 $720°/i$ 时,就有一缸做功,以保证发动机运转平稳。

(3) V型发动机左右两列气缸应交替做功。四冲程直列四缸发动机的做功间隔角为 $720°/4=180°$。4个曲拐在同一平面内,如图3-22所示。发动机工作顺序为 1—3—4—2 或 1—2—4—3,其工作循环见表3-1和表3-2。

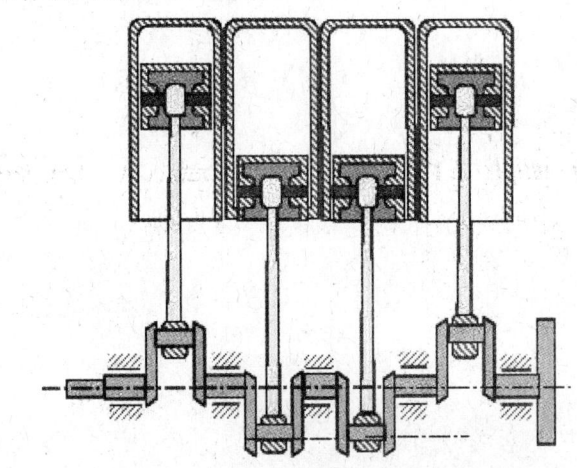

图3-22 直列四缸发动机的曲拐布置

表3-1 四冲程直列四缸发动机工作循环表(工作顺序 1—3—4—2)

曲轴转角(°)	第一缸	第二缸	第三缸	第四缸
0~180	做功	排气	压缩	进气
180~360	排气	进气	做功	压缩
360~540	进气	压缩	排气	做功
540~720	压缩	做功	进气	排气

表3-2 四冲程直列四缸发动机工作循环表(工作顺序 1—2—4—3)

曲轴转角(°)	第一缸	第二缸	第三缸	第四缸
0~180	做功	压缩	排气	进气
180~360	排气	进气	压缩	压缩
360~540	进气	排气	压缩	做功
540~720	压缩	进气	做功	排气

3.4.2 扭转减振器

在曲轴的前端加装扭转减振器(如图 3-23 所示),作用是吸收曲轴扭转振动的能量,衰减扭转振动,避免发生共振。

3.4.3 飞轮

飞轮是转动惯量很大的盘形零件,其作用如同一个能量存储器(如图 3-24 所示)。在做功行程中发动机传输给曲轴的能量,除对外输出外,还有部分能量被飞轮吸收,从而使曲轴的转速不会升高很多。在排气、进气和压缩三个行程中,飞轮将其储存的能量放出来补偿这三个行程所消耗的功,从而使曲轴转速不致降低太多。

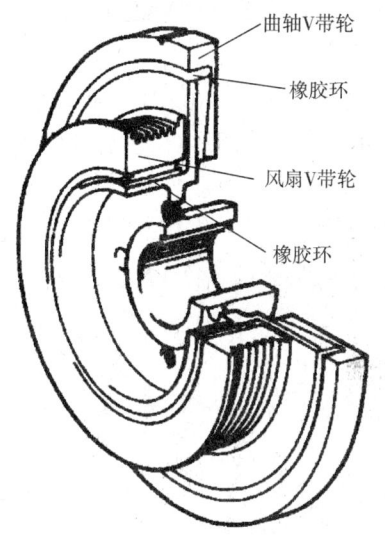
图 3-23 扭转减振器

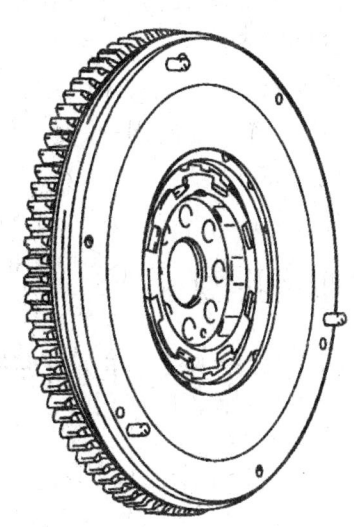
图 3-24 飞轮的结构

除此之外,飞轮还有下列功用:飞轮是摩擦式离合器的主动件;在飞轮轮缘上镶嵌有供起动发动机用的飞轮齿圈;在飞轮上还刻有上止点记号,用来校准点火正时(如图 3-25 所示)或喷油定时以及调整气门间隙。

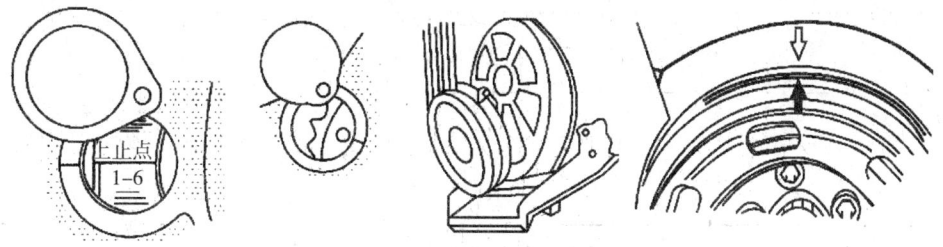
图 3-25 发动机点火正时标记

思考与练习

一、填空题

1. 曲柄连杆机构主要由_____、_____和_____三部分组成。
2. 机体组主要包括_____、_____、_____、_____和_____等。
3. 气缸体的结构形式有_____、_____和_____三种。江淮4GA1发动机气缸体采用_____结构形式。
4. 活塞连杆组主要包括_____、_____、_____和_____等。
5. 活塞销与活塞销座孔及连杆小头孔的连接方式有_____和_____两种形式。
6. 曲轴飞轮组主要包括_____、_____、_____、_____和_____等。
7. 四冲程四缸发动机点火顺序一般有_____或_____两种。

二、判断题

1. 活塞在气缸内作匀速运动。（　　）
2. 在多缸发动机中，气缸的排列形式有直列式、V列式和水平对置式三种。（　　）
3. 安装气缸盖时，应从气缸盖两边依次向中间，分2～3次逐步拧紧，最后按规定的拧紧力矩拧紧，确保气缸体和气缸盖之间密封。（　　）
4. 常温下活塞的形状比较特殊，沿轴线方向呈上小下大的截锥形；裙部沿周向（径向）制成椭圆形，且长轴沿着活塞销座孔轴线方向。（　　）
5. 扭曲环在安装时应注意断面形状与方向，内圆切槽的方向向下，外圆切槽的方向向上，不能装反。（　　）
6. 只要飞轮与飞轮壳体上的记号对准时，一缸的活塞一定处于压缩上止点。（　　）

三、选择题

1. （　　）承受气体压力，防止漏气，将热量通过活塞环传给气缸壁。
   A. 活塞顶部　　　　B. 活塞头部　　　　C. 活塞裙部
2. 解放CA6102型汽油机和玉柴YC6105QC型柴油机分别采用（　　）。
   A. 干式缸套　　　　B. 湿式缸套
   C. 干式和湿式缸套　D. 湿式和干式缸套
3. 直列发动机全支撑曲轴的主轴颈数比气缸数（　　）。
   A. 多一个　　　　　B. 相等
   C. 少一个　　　　　D. 不确定
4. 四冲程直列六缸发动机中，各缸做功的间隔角是（　　）。
   A. 60°　　　　　　B. 90°
   C. 120°　　　　　 D. 180°

四、简答题

1. 简述曲柄连杆机构的功用。
2. 活塞裙部开有"T"形绝热槽与膨胀槽各有什么功用？

3. 飞轮有何功用？其结构特点有哪些？

4. 画出直列四冲程四缸发动机工作循环表(点火顺序：1—2—4—3)。

实训项目一　机体组的拆装

一、教学目标

1. 能进行发动机外部附件的拆装。
2. 能按要求对发动机机体组各部件进行拆装。

二、教学准备

1. G4JS 发动机。
2. 发动机拆装常用套筒扳手及专用工具、套筒扳手、扭力扳手等。

三、操作步骤及工作要点

1. 发动机外部附件的拆卸。
(1)拆下发动机线束、点火模块盖罩和点火模块。
(2)拆卸 PCV 软管、暖风机芯进水管、进、排气歧管。
(3)拆卸正时皮带保护罩。
(4)拆卸发电机、转向助力器支架、自动张紧器总成、惰轮、正时皮带。
2. 发动机机体解体。
(1)放出油底壳内机油,拆下油底壳,更换机油密封衬垫。
(2)拆卸机油泵、机油滤清器。
(3)拆卸气缸盖罩。
(4)拆下汽缸盖,其螺栓应从两端向中间分次、交叉拧松。
3. 按照拆卸相反顺序装配。
(1)安装油底壳,安装机油滤清器、机油泵。
(2)安装汽缸盖,其螺栓应从中间向两端分次、交叉拧紧。
(3)装复发动机的外部附件。
(4)注意正时标记,装上正时同步带,检查调整皮带松紧度。

四、技术标准及要求

1. 曲轴带轮紧固螺栓拧紧力矩为 20N·m。
2. 齿形带后防护罩紧固螺栓拧紧力矩为 10N·m,张紧轮拧紧力矩为 45N·m。
3. 曲轴齿形带轮、中间轴齿形带轮两者紧固螺栓拧紧力矩均为 80N·m。
4. 汽缸盖的拧紧分四次来进行:第一次 40N·m,第二次 60N·m,第三次 75N·m,第四次旋紧 90°。

五、注意事项

1. 在拆卸与拧紧汽缸盖螺栓时,应按照规定进行。

2. 拆卸齿形皮带时应使 1 缸处于压缩上止点。

3. 观察汽缸垫的安装方向(标有"OPEN"或"TOP"的面向上)。

实训项目二　活塞连杆组的拆装

一、教学目标

1. 能够按要求对活塞连杆组进行拆装。
2. 能够对活塞环三隙进行熟练正确检验。

二、教学准备

1. G4JS 发动机。
2. 活塞环、活塞销卡环、活塞销拆装专用工具、活塞环三隙检验用量具、常用拆装套筒等。

三、操作步骤及工作要点

1. 活塞连杆组的拆卸。

(1)转动曲轴,将准备拆卸的连杆对应的活塞转到下止点。

(2)拆卸连杆螺母,取下连杆轴承盖,并按顺序放好。

(3)用橡胶锤或手锤木柄推出活塞连杆组(应事先刮去汽缸上的台阶,以免损坏活塞环),注意不要硬撬、硬敲,以免损伤汽缸。

(4)取出活塞连杆组后,应将连杆轴承盖、螺栓、螺母按原位装回,并注意连杆的装配标记。标记应朝向皮带盘,活塞、连杆和连杆轴承盖上打上对应缸号。

2. 活塞连杆组的分解。

(1)用活塞环装卸钳拆下活塞环,观察活塞环上的标记,"TOP"朝向活塞顶。

(2)将活塞连杆组浸入 60℃热水中,并在热状态下拆下活塞销和活塞。

3. 活塞连杆组的装配。

(1)活塞连杆组的检验。

活塞椭圆度的检验。许多活塞都制成椭圆形,其短轴在活塞销方向上。活塞椭圆度的检验,应在椭圆度检验仪上进行。椭圆度的值是 0.40。

(2)活塞环的检验。

用塞尺检查活塞环与环槽的侧隙:新装时侧隙为 0.02～0.05mm,达到 0.15mm 时必须更换。

用塞尺检查活塞环与环槽的端隙:将活塞环垂直压进汽缸,使其离汽缸顶面 15mm。新环:第一道气环为 0.03～0.45mm,第二道气环为 0.25～0.40mm,油环为 0.15～0.50mm,磨损极限值为 1.0mm。

(3)彻底清洗各零件,并用压缩空气吹干净。

(4)活塞销是全浮式,即活塞销和连杆铜套及活塞销座之间均为间隙配合。活塞销与销座装配时有点紧,可以把活塞在水中加热到 60℃(即略比手烫,但长时间接触也不觉烫手),此时用大拇指应可压入。否则即为部件配合不符合要求。

(5)装上活塞销卡环(卡环与活塞销端面应有 0.15mm 的间隙,以满足活塞销和活塞热胀冷缩的需要)。

(6)安装活塞环。第一道环是矩形环,第二道环是锥形环,第三道是油环(组合环),要用活塞环装卸钳依次装好。注意:"TOP"朝向活塞顶。

4.将活塞连杆组件装入汽缸。

(1)将第一缸曲柄转到下止点位置,取第一缸的活塞连杆总成,在瓦片、活塞环处加注少许机油,转动各环使润滑油进入环槽,并检验各环开口是否处于规定方位。

(2)用夹具收紧各环,按活塞顶箭头方向将活塞连杆总成从汽缸顶部放入缸筒,用手引导连杆使其对准曲轴轴颈,用木榔柄将活塞推入。

(3)取第一缸的连杆轴承盖(带有轴瓦),使标记朝前装在连杆上,并按规定力矩交替拧紧连杆螺母,拧紧力矩:M9×1 拧紧力矩为 45N·m,M8×1 拧紧力矩为 30N·m。

(4)依同样方法,将其余各缸活塞连杆组件装入相应汽缸。注:M8×1 的连杆螺栓为预应力螺栓,在按规定力矩拧紧连杆螺母时,连杆螺栓在弹性变形范围内被拉长,螺栓和螺母之间有较大而稳定的摩擦力,所以螺母不需要防松装置。但在修理过程中一旦拆过连杆螺母,就必须更换。

四、技术标准及要求

1. 活塞环的侧隙为 0.02～0.05mm。
2. 活塞环的端隙为:第一道气环 0.03～0.45mm,第二道气环 0.25～0.40mm,油环为 0.15～0.50mm,磨损极限值为 1.0mm。
3. 两道气环开口错开 180°。

五、注意事项

1. 拆卸、安装活塞和连杆时一定要认清标记、对正方向,若无记号必须做标记。
2. 安装活塞销时要用专用工具或加热到 60℃进行。
3. 活塞销挡圈开口要与活塞销孔上的缺口错开。
4. 三道环的开口要错开。
5. 装配活塞连杆组时,应每拧紧一次即转动曲轴,确认转动灵活无阻滞感时,再进行第二次拧紧。如此操作直至达到规定力矩。

实训项目三 曲轴飞轮组的拆装

一、教学目标

1. 能对照发动机描述曲轴飞轮组各部件名称、作用和结构特点。
2. 能够按要求对曲轴飞轮组进行拆装。
3. 能够对曲轴的轴向间隙进行检测。
4. 能制定出曲轴飞轮组的拆装步骤和方法。
5. 能列出曲轴轴向间隙检验的方法及技术要求。

二、教学准备

1. G4JS 发动机。
2. 常用工量具、专用套筒、撬棍、锤子等。

三、操作步骤及工作要点

1. 曲轴飞轮组的拆卸。
(1)将汽缸体倒置在工作台上,拆卸中间轴密封凸缘。
(2)拆卸缸体前端中间轴密封凸缘中的油封,装配时必须更换。
(3)拆卸中间轴,拆卸皮带盘端曲轴油封,拆卸前油封凸缘及衬垫。
(4)旋出飞轮固定螺栓,从曲轴凸缘上拆下飞轮。
(5)拆下曲轴主轴承盖紧固螺栓,不能一次全部拧松,必须分次从两端到中间逐步拧松。
(6)抬下曲轴,再将轴承盖及垫片按原位装回,并将固定螺栓拧入少许。
注意推力轴承的定位及开口的安装方向,轴瓦不能互换。
2. 曲轴飞轮组的装配。
(1)将经过清洗和擦拭干净的曲轴、飞轮、选配及修配好的轴承、轴承盖等零件依次摆放整齐,准备装配。
(2)将曲轴安装在缸体上。在第三道主轴颈两侧安装半圆止推垫片,其开口必须朝向曲轴。定位半圆止推垫片装于轴承盖上(注意:轴承盖按 J-5 序号安装,不得装错和装反。1、2、4、5 道曲轴瓦,只有装在缸体上的轴瓦有油槽,装在瓦盖上的无油槽,但第三道轴瓦两片均有油槽);从中间轴承盖向左右对称紧固螺栓。
(3)安装曲轴前后油封和油封座,安装飞轮和滚针轴承,新换飞轮时,还应在飞轮"上止点"标记(1、4 缸上止点记号)附近打印上点火正时记号。变速器输入端外端的滚针轴承安装时标记朝外(朝后),外端距曲轴后端面 1.5mm。
(4)检验曲轴的轴向间隙。检验时,先用撬棍将曲轴撬挤向一端,再用厚薄规在止推轴承处测量曲柄与止推垫片之间的间隙。新装配时间隙值为 0.07~0.17mm,磨损极限为 0.25mm。如曲轴轴向间隙过大,应更换止推轴承。

四、技术标准及要求

1. 曲轴主轴承盖螺栓拧紧力矩 65N·m。
2. 曲轴前后密封法兰紧固力矩 M8 为 20N·m,M10 为 10N·m。
3. 曲轴后端滚针轴承应低于曲轴后端面 1.5mm。
4. 飞轮紧固螺栓按对角线,分 2~3 次旋紧,拧紧力矩为 75N·m。

五、注意事项

1. 拆卸曲轴主轴承盖时,注意拆卸顺序,安装曲轴主轴承盖时,应先旋紧第 2、4 轴承盖螺栓,再旋紧第 1、3、5 轴承盖螺栓。
2. 曲轴后端滚针轴承有标记的一面应朝外。
3. 安装飞轮时,齿圈上的标记与 1 缸连杆轴颈在同一个方向上。
4. 注意曲轴与飞轮的相对位置。

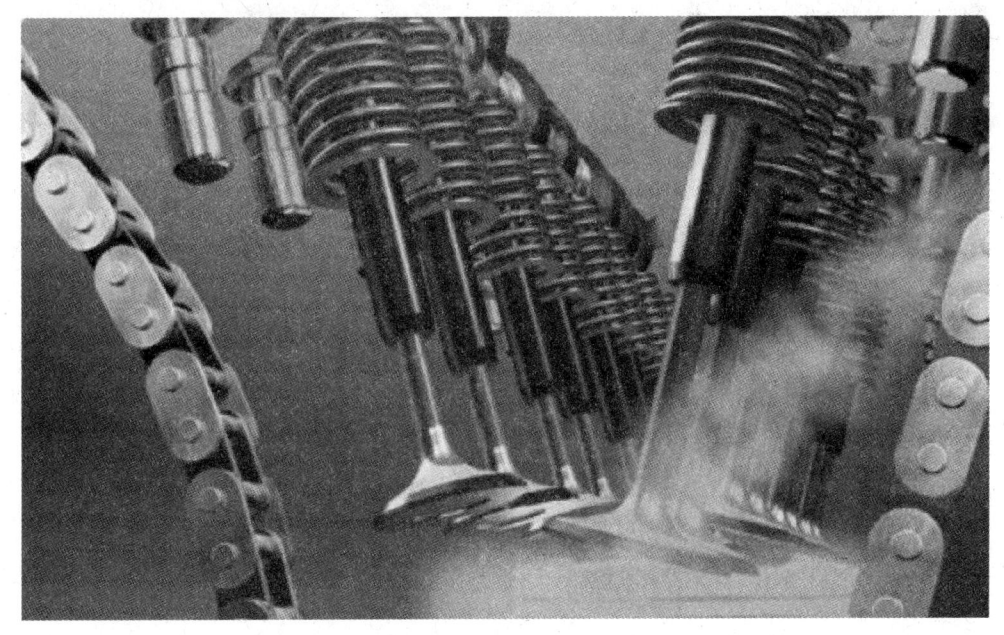

第4章

配气机构

知识目标

1. 能叙述配气机构的功用及组成。
2. 能叙述配气机构各部件的功用及结构特点。
3. 能说出配气相位和气门间隙的概念。

技能目标

1. 能识别配气机构的主要部件。
2. 掌握配气机构的拆装方法和技巧。

4.1 概述

配气机构是控制发动机进气和排气的装置,其作用是按照发动机的工作次序和各缸循环要求,定时开启和关闭各缸的进、排气门,以便在进气行程中使尽可能多的可燃混合气(汽油机)或空气(柴油机)进入气缸;在排气行程中将燃烧后生成的废气及时排出气缸。

目前,四冲程汽车发动机都采用气门式配气机构(如图4-1所示)。气门式配气机构由气门组和气门传动组两部分组成。

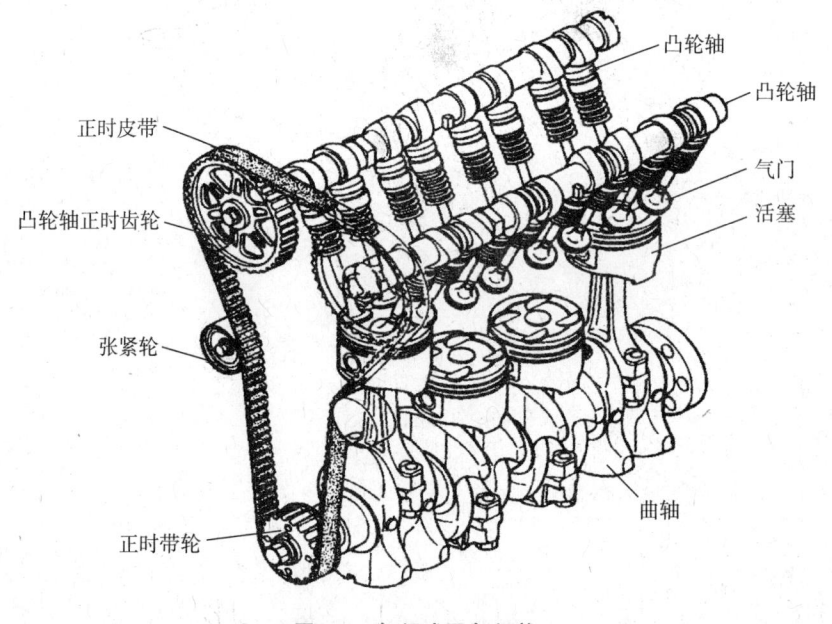

图4-1 气门式配气机构

4.2 气门组

气门组的作用是通过气门的打开实现发动机的进、排气,同时实现气缸的密封。气门组主要由气门、气门座、气门弹簧、气门导管等组成(如图4-2所示)。

4.2.1 气门

汽车发动机的进、排气门均为菌形气门,由气门头部和气门杆两部分构成(如图4-3所示)。气门顶面有平顶、凹顶和凸顶等形状。目前应用最多的是平顶气门,其结构简单,制造方便,受热面积小,进、排气门都可采用。

气门与气门座或气门座圈之间靠锥面密封。气门锥面与气门顶面之间的夹角称为气门锥角(如图4-4所示)。进、排气门的气门锥角一般均为45°,只有少数发动机的进气门锥角为30°。

气门头部接受的热量一部分经气门座圈传给气缸盖,另一部分则通过气门杆和气门导管也传给气缸盖,最终都被气缸盖水套中的冷却液带走。为了增强传热,气门与气门座圈的密封锥面必须严密贴合。为此,二者要配对研磨,研磨之后不能互换。

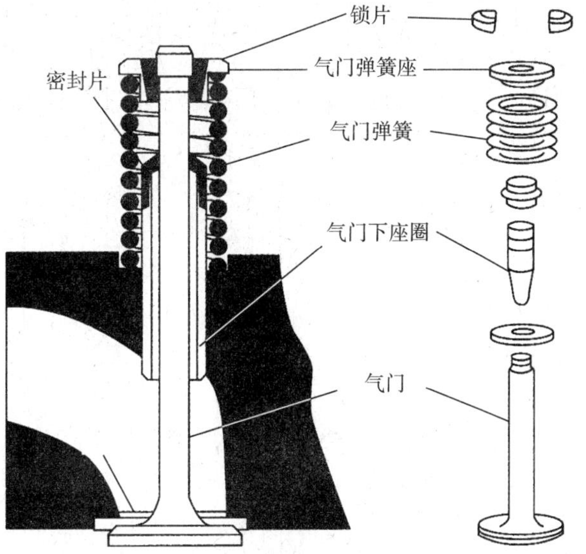

图 4-2 气门组组成

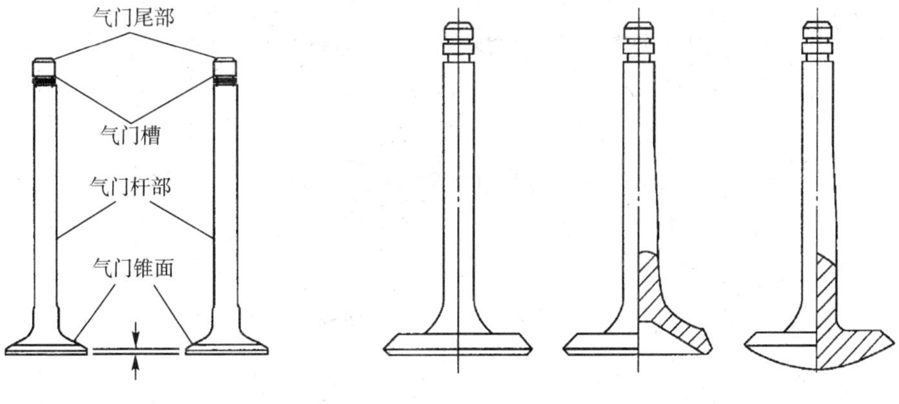

图 4-3 气门结构

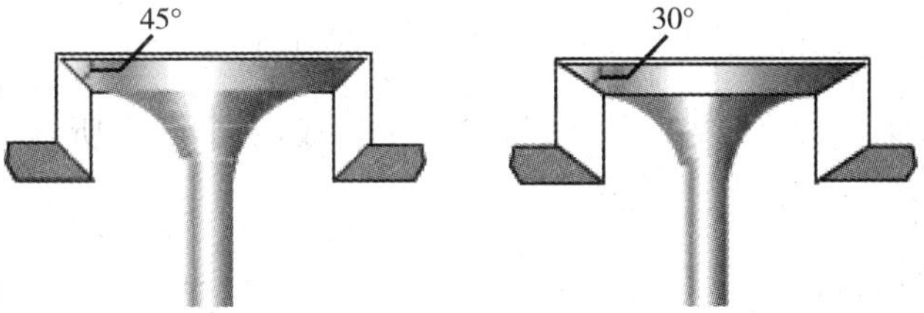

图 4-4 气门锥角

4.2.2 气门座与气门座圈

气缸盖上与气门锥面相贴合的部位称气门座。气门座的温度很高,又承受频率极高的冲击载荷,容易磨损。因此,铝气缸盖和大多数铸铁气缸盖均镶嵌有合金铸铁、粉末冶金或奥氏体钢制成的气门座圈。在气缸盖上镶嵌气门座圈可以延长气缸盖的使用寿命。也有一些铸铁气缸盖不镶气门座圈,直接在气缸盖上加工出气门座。

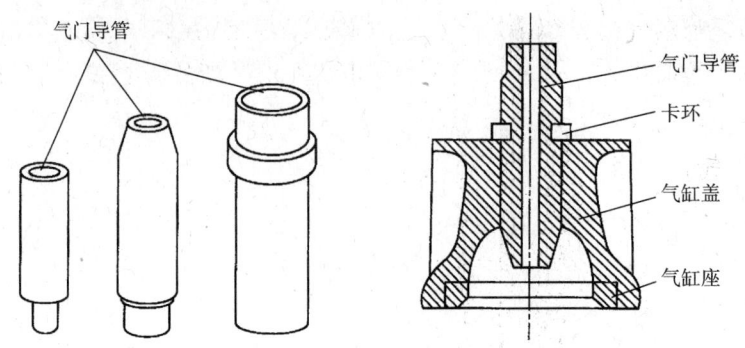

图 4-5 气门导管

4.2.3 气门导管

气门导管的功用是对气门的运动导向,保证气门作直线往复运动,使气门与气门座或气门座圈能正确贴合(如图 4-5 所示)。此外,还将气门杆接受的热量部分地传给气缸盖。气门导管的工作温度较高,而且润滑条件较差,靠配气机构工作时飞溅起来的机油来润滑气门杆和气门导管孔。气门导管由灰铸铁、球墨铸铁或铁基粉末冶金制造,以一定过盈将气门导管压入气缸盖上的气门导管座孔之后,再经铰气门导管孔,以保证气门导管与气门杆的正确配合间隙。

4.2.4 气门弹簧

气门弹簧的功用是保证气门关闭时能紧密地与气门座或气门座圈贴合,并克服在气门开启时配气机构产生的惯性力,使传动件始终受凸轮控制而不相互脱离。

气门弹簧一般为等螺距圆柱形螺旋弹簧(如图 4-6 所示)。当气门弹簧的工作频率与其固有的振动频率相等或为整数倍时,气门弹簧就会发生共振。共振时将使配气定时遭到破坏,使气门发生反跳和冲击,甚至使弹簧折断。为防止共振的发生,可采取以下几种结构的弹簧。

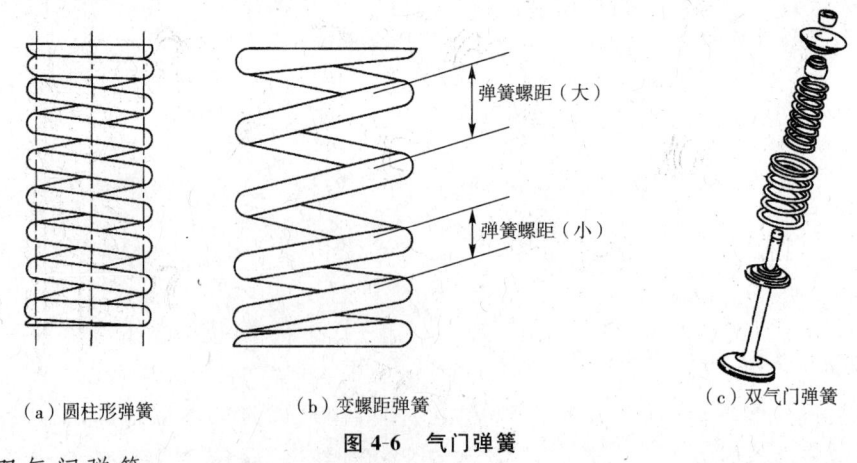

(a) 圆柱形弹簧　　　(b) 变螺距弹簧　　　(c) 双气门弹簧

图 4-6 气门弹簧

1. 双气门弹簧

在柴油机和高性能汽油机上每个气门广泛采用安装两个直径不同,旋向相反的内、外弹簧。由于两个弹簧的固有频率不同,当一个弹簧发生共振时,另一个弹簧能起到阻尼减振作用。采用双气门弹簧可以减小气门弹簧的高度,而且当一个弹簧折断时,另一个弹簧仍可维持气门工作。弹簧旋向相反,可以防止折断的弹簧圈卡入另一个弹簧圈内使其不能工作或损坏。

2. 变螺距气门弹簧

某些高性能汽油机采用变螺距单气门弹簧。变螺距弹簧的固有频率不是定值,从而可以避开共振。

3. 锥形气门弹簧

锥形气门弹簧的刚度和固有振动频率沿弹簧轴线方向是变化的,因此可以避免共振的发生。

4.3 气门传动组

气门传动组的作用是使气门按发动机配气机构规定的时刻及时开闭,并保证规定的开启时间和开启高度。由于气门驱动形式和凸轮轴位置的不同,气门传动组的零件组成差别很大。

4.3.1 凸轮轴

1. 凸轮轴构造

凸轮轴由进、排气凸轮、凸轮轴轴颈和正时驱动轮等组成(如图 4-7 所示)。进、排气凸轮用于使气门按一定的工作顺序和时刻开闭,并保证足够的升程。凸轮轴轴颈支撑在凸轮轴轴承孔内,因此凸轮轴轴颈数目的多少是影响凸轮轴支撑刚度的重要因素。如果凸轮轴刚度不足,工作时将发生弯曲变形,最终会影响配气定时。

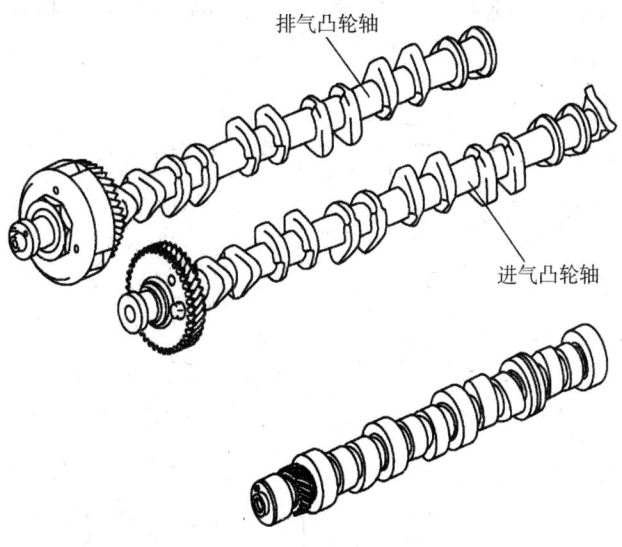

图 4-7 凸轮轴结构

四冲程发动机每完成一个工作循环,每个气缸进、排气一次。由于曲轴转两周,而凸轮轴只旋转一周,所以曲轴与凸轮轴的转速比或传动比为2∶1。

2. 凸轮轴安装位置及配气机构布置形式

(1)凸轮轴下置式配气机构　凸轮轴置于曲轴箱内的配气机构称为凸轮轴下置式配气机构(如图4-8所示)。气门组零件包括气门、气门座圈、气门导管、气门弹簧、气门弹簧座和气门锁夹等;气门传动组零件包括凸轮轴、挺柱、推杆、摇臂、摇臂轴、摇臂轴座和气门间隙调整螺钉。下置凸轮轴由曲轴定时齿轮驱动。发动机工作时,曲轴通过定时齿轮驱动凸轮轴旋转。当凸轮的上升段顶起挺柱时,经推杆和气门间隙调整螺钉推动摇臂绕摇臂轴摆动,压缩气门弹簧使气门开启。当凸轮的下降段与挺柱接触时,气门在气门弹簧力的作用下逐渐关闭。

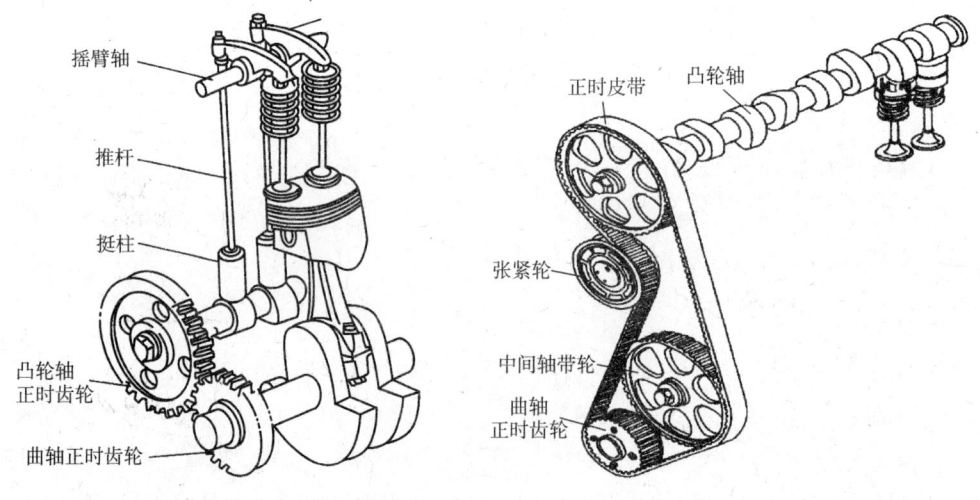

图4-8　凸轮轴下置式配气机构　　　　图4-9　凸轮轴上置式配气机构

(2)凸轮轴上置式配气机构　凸轮轴置于气缸盖上的配气机构称为凸轮轴上置式配气机构(OHC)(如图4-9所示)。其主要优点是运动件少,传动链短,整个机构的刚度大,适合于高速发动机。由于气门排列和气门驱动的形式不同,凸轮轴上置式配气机构有多种多样的结构形式。

(3)凸轮轴中置式配气机构　凸轮轴置于机体上部的配气机构称为凸轮轴中置式配气机构。与凸轮轴下置式配气机构的组成相比,减少了推杆,从而减轻了配气机构的往复运动质量,增大了机构的刚度,更适用于较高转速的发动机。

3. 凸轮轴传动形式

凸轮轴由曲轴驱动,其传动机构形式有齿轮式、链条式及齿形带式。

(1)齿轮传动式　齿轮传动式是在曲轴和凸轮轴之间用齿轮将曲轴的旋转传递到凸轮轴的驱动形式,具有传动准确、高速时可靠等优点,但制造精度较高(如图4-10所示)。

(2)链条传动式　链条传动机构用于中置式和上置式凸轮轴的传动,尤其是上置式凸轮轴的高速汽油机,多采用链传动机构(如图4-11所示)。链条一般为滚子链,工作时应保持一定的张紧度以减小其产生振动和噪声。为此,在链传动机构中装有导链板并在链条的松边装置张紧器。

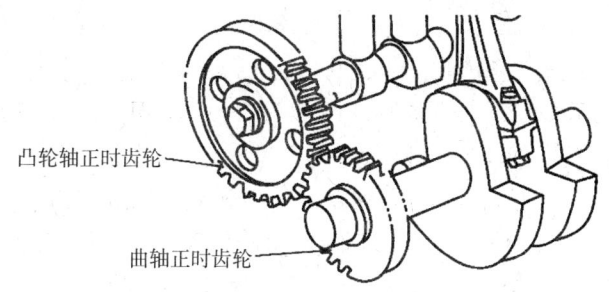

图 4-10 齿轮式传动

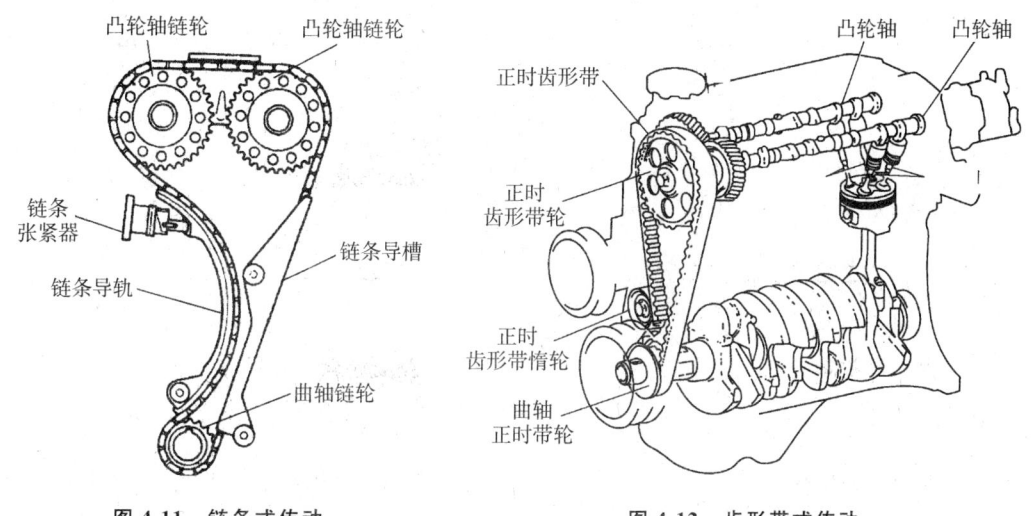

图 4-11 链条式传动　　　　图 4-12 齿形带式传动

(3)齿形带传动式　齿形带传动机构用于上置式凸轮轴的传动(如图 4-12 所示)。与齿轮和链传动机构相比具有噪声小、质量轻、成本低、工作可靠和不需要润滑等优点。另外,齿形带伸长量小,适合有精确要求的传动,因此被越来越多的汽车发动机特别是轿车发动机所采用。齿形带由氯丁橡胶制成,中间夹有玻璃纤维,齿面黏附尼龙编织物。

4.凸轮轴正时定位

如果配气机构采用齿轮传动,曲轴和凸轮轴的前端分别用键安装着两个互相啮合的齿轮(其传动比为 2∶1),在安装曲轴和凸轮轴时,必须将两齿轮的正时标记对准,以保证正确的配气相位和点火时刻。

齿轮传动和链传动的发动机正时记号有两处,一处为曲轴正时标记,另一处为凸轮轴正时标记,安装时两处必须同时对正。

4.3.2 挺柱

挺柱是凸轮的从动件,其功用是将来自凸轮的运动和作用力传给推杆或气门,同时还承受凸轮所施加的侧向力,并将其传给机体或气缸盖。制造挺柱的材料有碳钢、合金钢、镍铬合金铸铁和冷激合金铸铁等。挺柱可分为机械挺柱和液力挺柱两大类。

1. 机械挺柱

机械挺柱结构简单，质量轻，在中小型发动机中应用比较广泛（如图 4-13 所示）。挺柱上的推杆球面支座的半径比推杆球头半径略大，以便在两者中间形成楔形油膜来润滑推杆球头和挺柱上的球面支座。普通挺柱有平面挺柱和滚子挺柱两种。平面挺柱中间为空心，圆周有钻孔，结构简单，便于润滑；滚子挺柱可以减小磨损，但结构复杂，质量较大，用于大型柴油机。

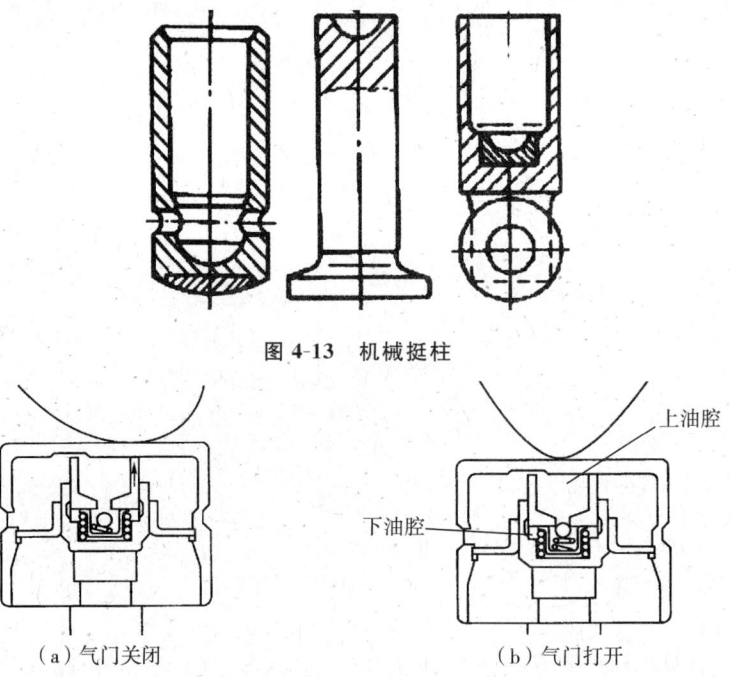

图 4-13 机械挺柱

（a）气门关闭　　（b）气门打开

图 4-14 液力挺柱

2. 液力挺柱

在配气机构中预留气门间隙将使配气机构在发动机工作时产生撞击和噪声。为了消除这一弊端，有些发动机尤其是轿车发动机采用液力挺柱，借以实现零气门间隙。气门及其传动件因温度升高而膨胀，或因磨损而缩短，都会由液力作用来自行调整或补偿。当气门开始关闭或冷却收缩时（如图 4-14a 所示），挺柱受到的压力减小，此时液力挺柱与凸轮始终保持接触。同时下油腔压力减小，单向阀被吸开，机油流入充满整个下油腔。当气门开始打开或受热膨胀时（如图 4-14b 所示），凸轮作用于挺柱使之向下移动，此时下油腔的油压迅速升高，使得单向阀关闭。由于液力挺柱具有不可压缩性，整个挺柱如同一个刚体一样向下运动，这样便保证了必要的气门升程。

4.3.3 推杆

在凸轮轴下置式或中置式配气机构，凸轮轴经挺柱传来的动力要经过推杆传递到摇臂。推杆是一个细长杆件（如图 4-15 所示），加上传递的力很大，所以极易弯曲。因此，要求推杆有较好的纵向稳定性和较大的刚度。推杆一般用冷拔无缝钢管制造，两端焊上球头和球座,称为空心推杆。也可以用中碳钢制成实心推杆,这时两端的球头或球座与推杆锻造成一个整体。

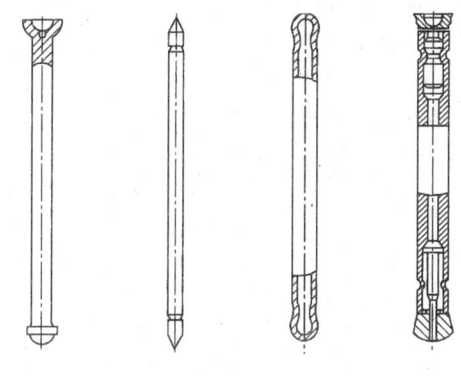

图 4-15 推杆

4.3.4 摇臂

摇臂的功用是将推杆(下置式或中置式)和凸轮(上置式)传来的运动和作用力传给气门,使其开启(如图 4-16 所示)。摇臂由锻钢、可锻铸球、球墨铸铁或铝合金制造。摇臂实际上是一个杠杆,杠杆的一端是气门杆尾端,另一端是推杆或凸轮。

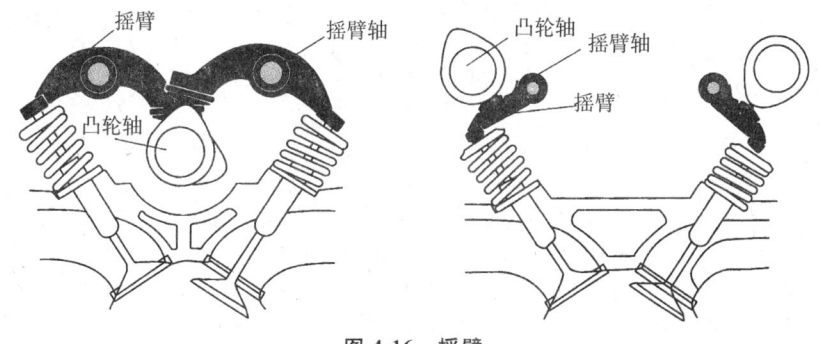

图 4-16 摇臂

4.4 配气相位及气门间隙

4.4.1 配气相位

以曲轴转角表示的进、排气门开闭时刻及其开启的持续时间称作配气相位。通常用相对于上、下止点曲拐位置的曲轴转角的环形图来表示,称为配气相位图(如图 4-17 所示)。

理论上,四冲程发动机进气门应当在活塞处于上止点开启,处于下止点关闭,排气门应当在活塞处于下止点开启,处于上止点关闭。但是对于高速运转的发动机,活塞每个行程的历时都很短,例如江淮 HFC4GA1 型汽油机,可以达到 6000r/min 的转速,一个行程仅历时 0.005s,这样短的时间,往往会导致发动机进气不足,排气不干净,从而导致发动机功率下降。因此,现代发动机都采用延长进、排气时间的办法。即气门的开启与关闭不是正好处于上止点和下止点的时刻,而是分别提前或延迟一定曲轴转角,以改善进、排气状况,从而提高发动机的动力性。

1. 进气门的配气相位

进气门在进气行程上止点之前开启称为进气门早开。从进气门开启到进气行程上止点曲轴所转过的角度称作进气提前角,记作 α。进气门在进气行程下止点之后关闭称为进气门晚关。从进气行程下止点到进气门关闭曲轴所转过的角度称作进气迟后角,记作 β。整个进气过程的进气持续角为 180°＋α＋β 曲轴转角。一般 α＝0°～30°、β＝30°～80°曲轴转角。

进气门提前开启的目的,是为了保证进气行程开始时进气门已经打开,新鲜空气能顺利进入气缸。当活塞到达下止点时,气缸内压力仍然低于大气压力。在压缩行程开始阶段,活塞上移速度较慢的情况下,仍可以利用气流惯性和压力差继续进气,因此进气门晚关一点是有利的。

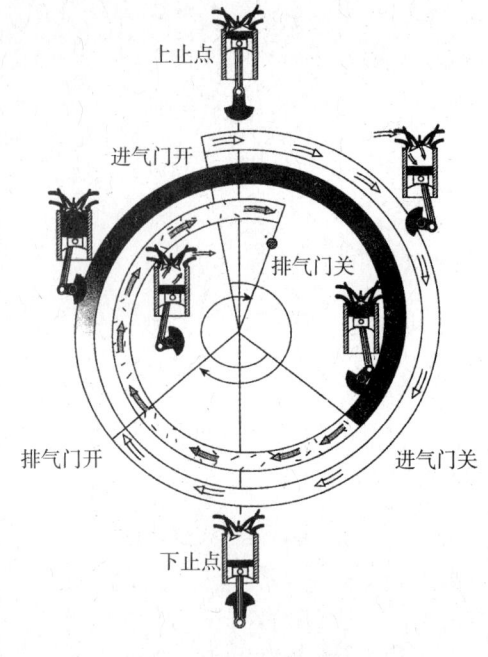

图 4-17　配气相位图

2. 排气门的配气相位

排气门在做功行程结束之前,即在做功行程下止点之前开启,称为排气门早开。从排气门开启到做功行程下止点曲轴所转过的角度称作排气提前角,记作 γ。排气门在排气行程结束之后,即在排气行程上止点之后关闭,称为排气门晚关。从排气行程上止点到排气门关闭曲轴所转过的角度称作排气迟后角,记作 δ。整个排气过程的排气持续角为 180°＋γ＋δ 曲轴转角。一般 γ＝40°～80°、δ＝0°～30°曲轴转角。

排气门提前开启的原因是:当做功行程的活塞接近做功行程下止点时,气缸内的气体虽有 0.3～0.4MPa 的压力,但就活塞做功而言,作用不大,这时若稍开排气门,大部分废气在此压力作用下可迅速自气缸排出;活塞到达做功行程下止点时,气缸内压力已大大下降(约为 0.115MPa),这时排气门的开度进一步增加,从而减少了活塞上行时的排气阻力,高温废气迅速排出,还可防止发动机过热。当活塞到达排气行程上止点时,燃烧室内的废气压力仍高于大气压力,加上排气时气流有一定的惯性,所以排气门迟一点关,可以使废气排放得更干净。

3. 气门重叠

由于进气门早开和排气门晚关,致使活塞在上止点附近出现进、排气门同时开启的现象,称为气门重叠。重叠期间的曲轴转角称为气门重叠角,它等于进气提前角与排气迟后角之和,即 α＋δ。由于新鲜气流和废气流的流动惯性都很大,在短时间内是不会改变流向的,只要气门重叠角选择适当,就不会有废气倒流入进气管,新鲜空气随废气排出的可能性也就非常小，这对换气是有利的。但值得注意的是，如果气门重叠角过大，当汽油机小负荷运转、气门管压力很低时，有可能出现废气倒流，使进气量减少，会使得发动机动力性下降，油耗增加。

4.4.2 气门间隙

发动机在冷态下，当气门处于关闭状态时，气门杆尾端与传动件（摇臂、挺柱或凸轮）之间的间隙称为气门间隙（如图 4-18 所示）。

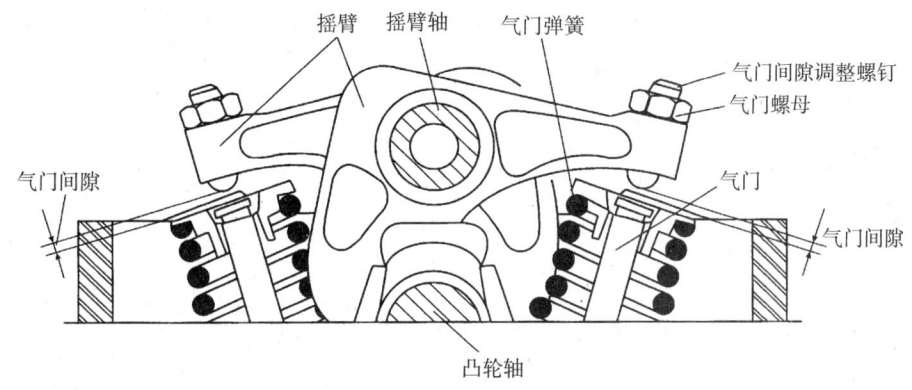

图 4-18 气门间隙

发动机工作时，气门及其传动件、挺柱、推杆等都将因为受热膨胀而伸长。如果气门与其传动件之间在冷态时不预留间隙，则在热态下会由于气门及其传动件膨胀伸长而顶开气门，破坏气门与气门座之间的密封，造成气缸漏气，从而使发动机功率下降，起动困难，甚至不能正常工作。为了避免这种现象，当发动机在冷态下，气门处于关闭状态时，气门杆尾端与传动件（摇臂、挺柱或凸轮）之间应预留间隙，即气门间隙。有的发动机采用液力挺柱，挺柱的长度能自动变化，随时补偿气门的热膨胀量，故不需要预留气门间隙。

最适当的气门间隙由发动机制造厂根据试验确定。在冷态时，进气门的间隙一般为 0.25～0.3mm，排气门的气门间隙一般为 0.3～0.35mm。气门间隙既不能过大，也不能过小。间隙过大，发动机在热态下可能发生漏气，导致功率下降甚至烧坏气门；间隙过小，则使气门与气门座以及各传动件之间产生撞击和响声。

 思考与练习

一、填空题

1. 配气机构主要由_____和_____两部分组成。
2. 气门组主要包括_____、_____、_____、_____和_____等。
3. 气门头部的形状主要包括_____、_____、_____三种。
4. 气门弹簧种类有_____、_____和_____两种形式。

5.凸轮轴驱动方式包括_____、_____、_____。

6.凸轮轴安装位置包括_____、_____、_____。

二、判断题

1.配气机构的作用是关闭进排气门。（　　）

2.气门头部的作用是与气门座配合,密封汽缸。（　　）

3.气门弹簧的作用是关闭和开启气门。（　　）

4.凸轮轴的作用是利用凸轮使气门关闭。（　　）

5.装配液压挺柱就必须留有气门间隙。（　　）

6.气门间隙的功用是补偿气门受热后的膨胀量。（　　）

三、选择题

1.气门的（　　）部位与气门座接触。

　A.气门杆　　　　B.气门侧面　　　　C.气门锥面

2.四冲程发动机的曲轴和凸轮轴的转速比为（　　）。

　A.2∶1　　　B.3∶1　　　C.4∶1　　　D.1∶2

3.气门间隙过大时,气门的开启量（　　）。

　A.不变　　　　　　B.变小

　C.变大　　　　　　D.不确定

4.排气门在活塞位于（　　）开启。

　A.做功行程之前　　　B.进气开始前

　C.进气之后　　　　　D.做功将要结束时

四、简答题

1.简述配气机构的功用。

2.简述气门弹簧的作用。

3.说出液压挺柱的优点。

4.什么是配气相位？

实训项目　顶置凸轮轴的拆装

一、学习目标

1.熟悉汽缸盖的拆装方法及要求。

2.掌握齿形皮带的拆装、检查、调整。

3.掌握顶置凸轮轴的拆装方法及要求。

二、实训准备

1.发动机1台。

2.专用拆装工具1套。

第4章 配气机构

3. 扭力表、活动扳手、撬棍、轴承拉器各一。

4. 机油、棉纱若干。

5. 相关挂图或图册若干。

三、操作步骤及工作要点

1. 齿形皮带的拆卸。

(1)旋下曲轴皮带轮的紧固螺栓,取下曲轴皮带轮。

(2)旋下加机油口盖,再从油底壳上旋下放油螺塞,放出发动机的润滑油。

(3)旋下螺栓,取下齿形带上罩和下罩。

(4)将发动机置于1缸压缩上止点位置,将曲轴皮带轮转至上方,对准中间轴上的记号,再将凸轮轴正时齿轮上的标记对准汽缸盖罩的上边沿,此时为1缸压缩上止点,这时凸轮轴没有推压气门,可以保证拆卸汽缸盖时既使曲轴转动,又不会使活塞与气门相撞而损坏气门。

(5)旋下张紧轮紧固螺栓,取下张紧轮,从曲轴正时齿轮、中间轴正时齿轮、凸轮轴正时齿轮上取下齿形皮带,取下齿形皮带后盖板。

(6)用工具固定住飞轮,用专用工具取下曲轴正时齿轮和中间轴正时齿轮。

(7)齿形皮带的检查,若齿形皮带有破裂、胶质部分显著磨损、缺齿、断裂、剥离及芯线显露时,均应更换。

2. 汽缸盖的拆卸。

(1)从汽缸盖上取下进、排气歧管。

(2)取下加强板、气门室罩,从凸轮轴轴承盖上撬下导油板。

(3)按照从两边到中间交叉进行的顺序,旋下汽缸盖螺栓,拆下汽缸盖总成。

3. 凸轮轴的拆卸。

(1)取下凸轮轴正时齿轮、半圆键。

(2)按照先拆下第1道、第3道的轴承盖,再拆下第2道、第5道的轴承盖,最后拆下第4道的轴承盖的顺序,拆下凸轮轴轴承盖,并按顺序放好。

4. 凸轮轴的装配。

(1)安装凸轮轴之前,先装上各轴承盖,检查凸轮轴孔是否错位。

(2)安装凸轮轴时,1缸的凸轮必须向上,不压迫气门。

(3)装上轴承盖后,先按对角线交替旋紧第2道、第5道的轴承盖,力矩为20N·m。然后再装上第1道、第3道的轴承盖,最后装上第4道的轴承盖,旋紧全部轴承盖螺栓,力矩为20N·m。

(4)安装凸轮轴油封,装上凸轮轴半圆键和正时齿轮,旋紧螺栓,力矩为80N·m。

5. 汽缸盖的装配。

(1)将新汽缸盖垫上标记"OPEN. TOP"的一面朝向汽缸盖。

(2)转动曲轴,使各缸活塞均不在上止点位置,以防止与气门相撞。

(3)装上汽缸盖,按照从中间到两边交叉拧紧的顺序拧紧汽缸盖螺栓,分四步拧紧。

6. 正时齿形皮带的安装。

(1) 在曲轴和曲轴正时齿轮上放上斜切键后装在一起,旋上螺栓。并临时装上曲轴皮带轮(用于调整曲轴的上止点)。

(2) 曲轴正时齿轮和中间轴正时齿轮上套上齿形皮带,让曲轴皮带轮上的标记与中间轴正时齿轮上标记对准。

(3) 将正时齿形皮带套在凸轮轴正时齿轮上,让凸轮轴正时齿轮上的标记对准汽缸盖的上边沿。

(4) 装上张紧轮,旋转张紧轮使齿形皮带张紧,最后旋紧螺母,力矩为45N·m。

7. 正时齿形皮带的检查与调整。用拇指和食指捏住凸轮轴正时齿轮和中间轴正时齿轮之间的齿形皮带,将其扭转90°。若不能翻转90°,表示太紧;若翻转大于90°,表示太松。用扳手松开张紧轮螺母,对张紧轮再进行调整。调好后,要转动曲轴两转,再进行检查。

四、技术标准及要求

1. 凸轮轴轴承盖拧紧力矩为20N·m。

2. 凸轮轴正时齿轮紧固螺栓拧紧力矩为80N·m。

3. 汽缸垫有标记"OPEN.TOP"的一面朝上。

4. 汽缸盖紧固螺栓拧紧分四步:第一步拧紧力矩力40N·m,第二步拧紧力矩为60N·m,第三步拧紧力矩为75N·m,第四步旋紧90°。

5. 齿形皮带的张紧度检测,用拇指按下,挠度为10~15mm。

五、注意事项

1. 拆卸正时齿形皮带时必须使第1缸处于压缩上上点。

2. 拆卸汽缸盖时必须按照顺序旋松螺栓。

3. 拆卸凸轮轴轴承盖时要按顺序进行。

4. 装配时按照规定的顺序和力矩来进行装配。

5. 要检查正时齿形皮带的松紧度,并进行调整,使之符合技术要求。

第 5 章

汽油机燃料供给系

知识目标

1. 能叙述电控燃油喷射系统的组成并描述其工作原理。
2. 能叙述混合气的浓度对发动机性能的影响。
3. 能描述空气供给系统的组成、工作原理及各部件的功用。
4. 能描述燃油供给系统的组成、工作原理及各部件的功用。
5. 能描述排气系统的组成、工作原理及各部件的功用。
6. 能描述电子控制系统的组成、工作原理及各部件的功用。

技能目标

1. 能按照规定要求熟练拆装进、排气系统。
2. 能按照规定要求熟练拆装火花塞和喷油器。

5.1 概述

5.1.1 汽油

汽油是从石油中提炼出的密度小、易挥发的液体燃料。其主要性能指标为蒸发性、抗爆性和热值。

1. 蒸发性

汽油由液态转化为气态的性质,叫做汽油的蒸发性。蒸发性好的汽油,容易汽化,与空气混合均匀,可燃混合气的燃烧速度快,且燃烧得完全。反之,蒸发性不好的汽油,则难以在低温条件下形成足够浓度的混合气,造成发动机低温起动困难。但是,如果汽油的蒸发性过强也会引发许多问题,如贮存过程中汽油的蒸发损失增加、燃油供给系易产生气阻等。所以汽油应具有适宜的蒸发性,不可过强或过低。

2. 抗爆性

汽油的抗爆性是指汽油在气缸中避免产生爆燃的能力。"爆燃"是一种非正常燃烧,是指可燃混合气在气缸内因为温度、压力过高而自行燃烧的现象。它会造成发动机过热、排气冒烟、功率下降、油耗增加,并伴有明显的敲缸声,甚至损坏机件。

汽油的抗爆性评价指标是辛烷值。辛烷值高则汽油抗爆性好,反之抗爆性差。测定辛烷值最常用的方法有马达法和研究法。目前我国用研究法辛烷值(RON)表示汽油的牌号,如90号、93号和97号。

压缩比高的发动机选用辛烷值高的汽油,反之,选用辛烷值低的汽油。压缩比在8.5~10之间的轿车可以选用93号或95号汽油;压缩比大于10的轿车应选用97号汽油。

3. 热值

汽油的热值是指单位质量(1kg)的汽油完全燃烧后产生的热量。汽油的热值约为44000kJ/kg。

5.1.2 汽油机燃料供给系统的功用

燃料供给系统的任务是根据发动机各种工况的要求,提供一定数量和浓度的可燃混合气供给气缸。该任务在现代汽车上是以电子燃油喷射系统(electric fuel injection,EFI)的形式实现的。EFI可以根据节气门开启的角度、发动机转速,以及利用各种传感器检测发动机的工作状态,经ECU判断、计算,使发动机在不同工况下均能获得合适浓度的可燃混合气。

5.1.3 汽油机的燃烧过程

根据汽油机气缸中压力和温度变化的特点,可将混合气的形成与燃烧过程按曲轴转角划分为着火延时期、急燃期、和补燃期三个阶段,如图5-1所示。

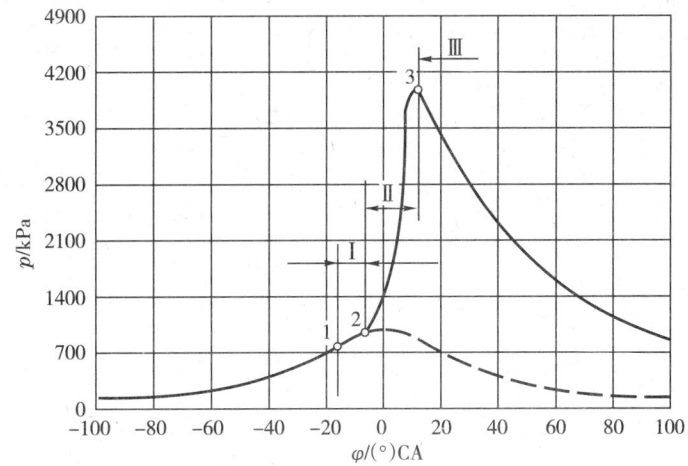

Ⅰ—着火延迟期；Ⅱ—明显燃烧期；Ⅲ—补燃期；
1—开始点火；2—形成火焰中心；3—最高压力点

图 5-1 气缸压力与曲轴转角的关系

1. 着火延时期

从电火花跳火开始点 1 到明显的火焰核心形成点 2 的这段时间，称为着火延迟期。当汽油和空气的混合气进入气缸后，由于汽油的自燃温度远远高于其点燃温度，这时还不能产生自燃。在火花塞跳火以后，电火花的高能量使火花塞电极间隙处的混合气温度急剧升高，从而极大地加速反应的进行，经过一段时间后，才形成明显燃烧的火焰核心。

2. 急燃期

从火焰中心形成点 2 开始，到气缸内压力达到最高点 3 为止，这段时间称为急燃期。这一阶段的燃烧对发动机影响很大。一般用压力上升速度来表示压力变化的急剧程度，即

$$\frac{\Delta p}{\Delta \varphi} = \frac{p_3 - p_2}{\varphi_3 - \varphi_2}(kp_a/°CA)$$

3. 补燃期

从气缸内产生最高压力点 3 到燃料基本上燃烧完全这个阶段称为补燃期。由于混合气中燃料与空气混合不均匀，有少部分燃料在急燃期内未完全燃烧，以及高温分解的燃烧产物（H_2、CO）重新氧化放热而形成补燃期。

补燃发生在活塞远离上止点，燃烧室容积已明显增大，产生的热量不能有效地转化为机械功，并且使温度上升，热效率下降。因此应尽量减少补燃。

5.1.4 汽油机燃料供给系统的组成

汽油机燃料供给系统主要由四部分组成：

（1）汽油供给系统 包括油箱、汽油滤清器、汽油泵、输油管和回油管、喷油器等，用以完成汽油的储存、输送、滤清和喷射任务等。

（2）空气供给系统 包括进气管及进气消声器、空气滤清器、空气流量传感器、节气

门体等,有些轿车上还装有增压装置和可变进气系统。

(3)燃油喷射控制系统　包括各种传感器、执行器、ECU。

(4)排气系统　包括排气歧管、排气消声器、三元催化转换器、废气再循环装置。

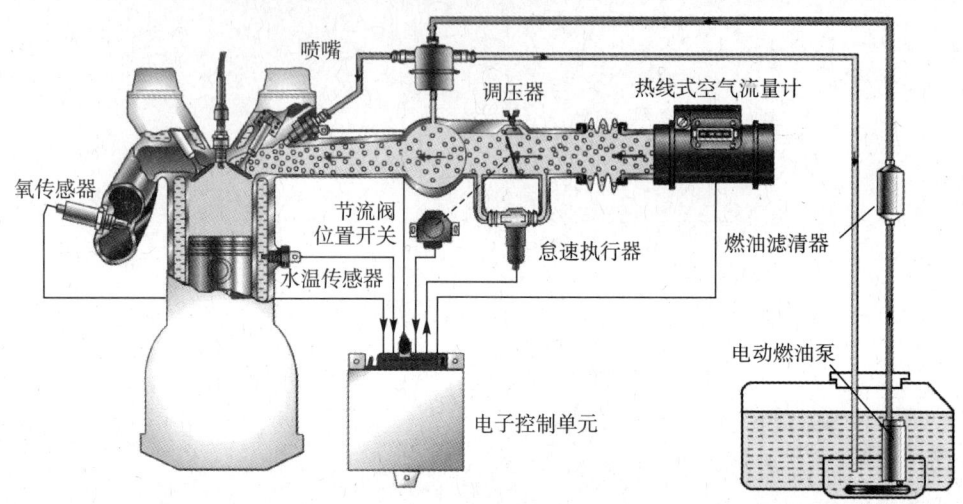

图 5-2　汽油发动机燃料供给系统组成

5.2　可燃混合气浓度对发动机性能的影响

5.2.1　混合气浓度的表示方法

可燃混合气是指燃油与空气的混合物,可燃混合气中燃油占混合气的比例称为可燃混合气浓度。可燃混合气浓度表示方法有过量空气系数(中国采用)和空燃比(欧美一些国家使用)。

1. 空燃比

空燃比是指实际吸入发动机中空气的质量与燃料质量的比值,用 R 或 A/F 表示。理论上,1kg 汽油完全燃烧所需空气质量约为 14.7kg,即空燃比约为 14.7。$R=14.7$ 的可燃混合气称为为理论混合气(又称标准混合气);$R<14.7$ 的称为浓混合气;$R>14.7$ 的称为稀混合气。

2. 过量空气系数

燃烧 1kg 燃油实际供给的空气质量与完全燃烧 1kg 燃油的化学计量空气质量之比称为过量空气系数,记作 α。$α=1$ 的可燃混合气称为理论混合气;$α<1$ 的称为浓混合气;$α>1$ 的称为稀混合气。

5.2.2　可燃混合气浓度对发动机的影响

1. 理论混合气($α=1$)

这只是理论上推算的完全燃烧的混合气,实际上这种成分的混合气在气缸中不能得到完全燃烧,这是由于实际上汽油和空气的混合不可能达到绝对均匀,因此不能达到最大功率和最低耗油率。

2. 浓混合气（α<1）

α=0.88～0.95的混合气称为稍浓混合气。稍浓混合气中燃油含量较多，汽油分子密集，火焰传播速度快，燃烧迅速，热量损失小，能使发动机获得最大功率，故称为功率混合气。但由于空气不足，汽油燃烧不完全，经济性降低。

α<0.88的混合气称为过浓混合气，过浓混合气中空气量严重不足，汽油燃烧不完全，使发动机动力性和经济性变坏。

α<0.4时，混合气极浓，火焰不能传播，发动机熄火，此α值称为燃烧上限。

3. 稀混合气（α>1）

α=1.05～1.15的混合气称为稍稀混合气。稍稀混合气空气分子增多，有利于汽油分子获得足够的空气而充分燃烧，使发动机经济性最好，故也称为经济混合气。但由于参与燃烧的燃料相对减少，燃烧速度减慢，发动机的功率有所降低。

α>1.15的混合气称为过稀混合气。过稀混合气空气过多，燃烧速度减慢，导致发动机功率显著下降，耗油率明显增加。

α>1.4时，混合气极稀，火焰不能传播，发动机熄火，此α值称为燃烧下限。

综上所述，当供给的混合气浓度在α=0.88～1.11范围内时，对发动机的动力性和经济性最有利。

5.2.3 发动机各种工况对可燃混合气浓度的要求

1. 发动机工况的概念

发动机工况是发动机工作情况的简称，包括发动机的转速和负荷情况，其中发动机的负荷与节气门开度对应，多用百分数表示，如节气门全关负荷为零、节气门全开负荷为100%，其间有无数个工况（负荷）。发动机工作时有以下特点：

(1) 工况变化范围大　负荷可从0变到100%，转速可从最低转速变化到最高转速，而且有时工况变化非常迅速。

(2) 发动机常在中等负荷下工作　轿车发动机负荷经常是40%～60%，而货车则为70%～80%。

为适应发动机工况的这种变化，可燃混合气成分应该随发动机工况（转速和负荷）作相应的调整。

2. 不同工况对混合气成分的要求

(1) 冷起动　发动机在冷起动时，因温度低，汽油不容易蒸发汽化，再加上起动时转速低（50～100r/min），空气流过化油器的速度很低，汽油雾化不良，致使进入气缸的混合气中汽油蒸气太少，混合气过稀，不能着火燃烧。为使发动机能够顺利起动，要求化油器供给α=0.2～0.6的浓混合气，以使进入气缸的混合气在火焰传播界限之内。

(2) 怠速　怠速是指发动机对外无功率输出的工况。这时可燃混合气燃烧后对活塞所做的功全部用来克服发动机内部的阻力，使发动机以低转速稳定运转。目前，汽油机的怠速转速为700～900r/min。在怠速工况，节气门接近关闭，吸入气缸内的混合气数量很少。在这种情况下气缸内的残余废气量相对增多,混合气被废气严重稀释,使燃烧速度减慢甚至熄火。为此,要求供给 $\alpha=0.6\sim0.8$ 的浓混合气,以补偿废气的稀释作用。

(3) 小负荷　小负荷工况时,节气门开度在 25% 以内。随着进入气缸内的混合气数量的增多,汽油雾化和蒸发的条件有所改善,残余废气对混合气的稀释作用相对减弱。因此,应该供给 $\alpha=0.7\sim0.9$ 的混合气。虽然比怠速工况供给的混合气稍稀,但仍为浓混合气,这是为了保证汽油机小负荷工况的稳定性。

(4) 中等负荷　中等负荷工况节气门的开度在 25%～85% 范围内。汽车发动机大部分时间在中等负荷下工作,因此应该供给 $\alpha=1.05\sim1.15$ 的经济混合气,以保证发动机有较好的燃油经济性。从小负荷到中等负荷,随着负荷的增加,节气门逐渐开大,混合气逐渐变稀。

(5) 大负荷和全负荷　发动机在大负荷或全负荷工作时,节气门接近或达到全开位置。这时需要发动机发出最大功率以克服较大的外界阻力或加速行驶。为此应该供给 $\alpha=0.85\sim0.95$ 的功率混合气。从中等负荷转入大负荷时,混合气由经济混合比加浓到功率混合比。

5.3　电控燃油喷射系统部件的结构

电控燃油喷射系统根据其作用不同可分为空气供给系统、排气系统、燃油供给系统和电子控制系统。

5.3.1　空气供给系统

空气供给系统的作用是为发动机可燃混合气的形成提供必要的空气,并计量和控制燃油燃烧时所需要的空气量。空气供给系统如图 5-3 所示,空气经空气滤清器、空气流量计、节气门体进入进气总管,再经过进气歧管进入气缸内燃烧。

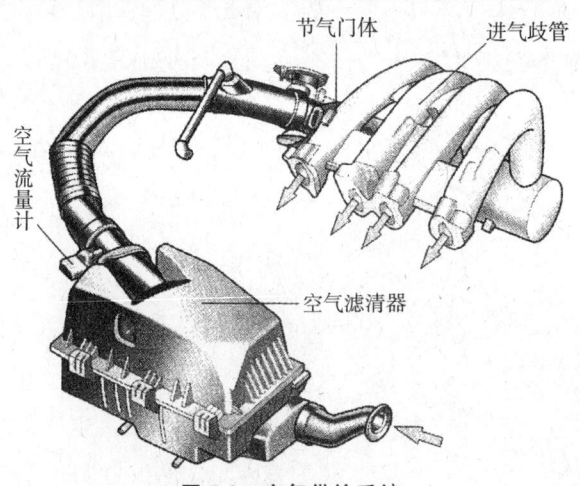

图 5-3　空气供给系统

1. 空气滤清器

空气滤清器的作用是清除空气中的尘土和沙粒，以减少气缸、活塞、活塞环和进、排气门的磨损，延长发动机的使用寿命。

空气滤清器的种类很多，现代发动机上普遍采用纸质滤清器如图 5-4 所示。它由滤清器壳、纸质滤芯、密封圈等组成。纸质滤清器进气阻力小、重量轻、高度低、成本小，并且安装方便、过滤效率高。其缺点是寿命较短，在恶劣条件下工作不可靠，一般可连续使用 10000～50000km。

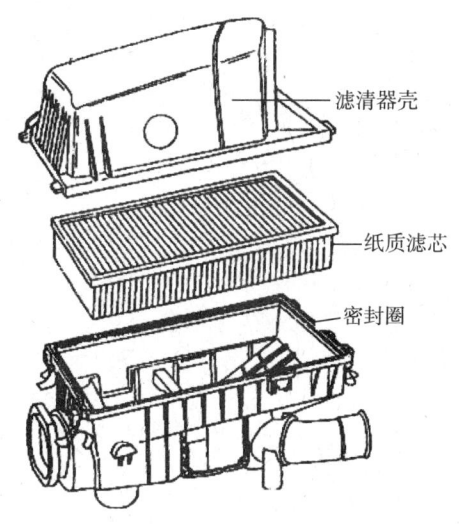

图 5-4　空气滤清器

2. 节气门体

节气门体（如图 5-5 所示）主要由节气门、旁通通道和怠速开关组成。汽车正常行驶时，空气流量由节气门控制，而节气门则是驾驶人通过加速踏板操纵。

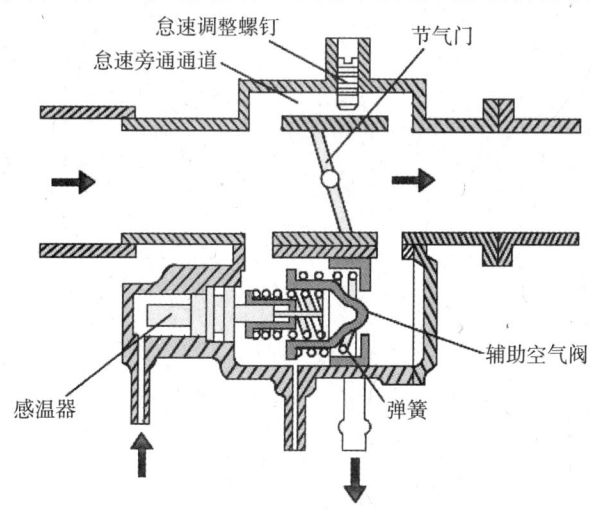

图 5-5　节气门体

3. 进气歧管与稳压箱

进气歧管的结构如图5-6所示。进气歧管的功用是将空气或可燃混合气引入气缸，并保证进气充分以及各缸进气量均匀一致。进气歧管多用铝合金或铸铁制造，有些也采用复合塑料制作。进气歧管前还设有稳压箱，稳压箱的功用是消除进气压力脉动，保证各缸混合气分配均匀。

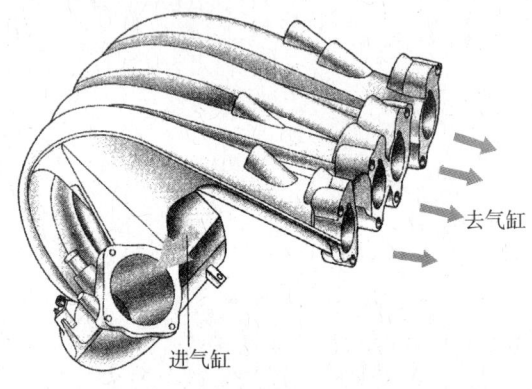

图5-6 进气歧管

4. 可变进气系统

为提高进气效率，在一些汽油机电控燃油喷射系统中采用可变进气系统。可变进气系统结构和工作原理如图5-7所示。

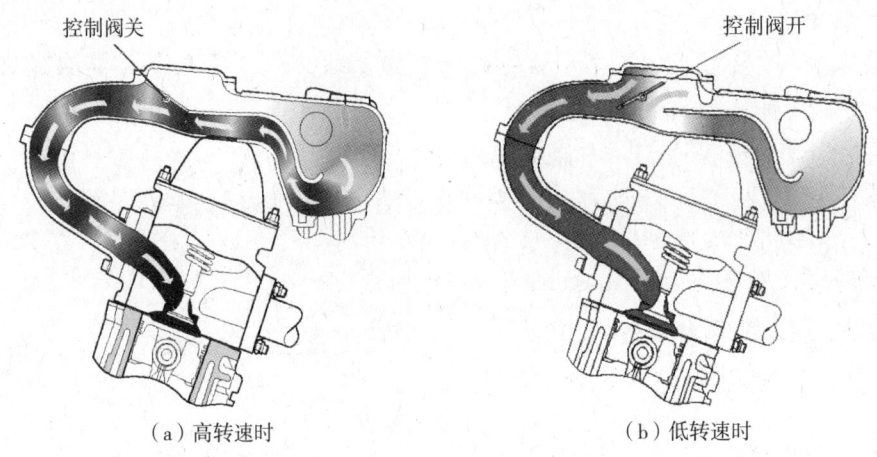

(a) 高转速时　　　　　　(b) 低转速时

图5-7 可变进气系统

发动机在低转速时，进气控制阀门关闭，气流需经过较长的进气歧管进入气缸，这样可利用惯性来提高进气效率，使发动机在低转速下获得较大的转矩；而在高速时，则通过打开控制阀门来减小进气阻力，气流经过较短的进气歧管进入气缸，从而提高进气效率，可获得较高的输出功率。

5. 废气涡轮增压系统

废气涡轮增压是指利用发动机排出的高温高压废气能量，驱动涡轮作高速旋转，带动同轴上的压缩机，对燃烧所需的空气进行压缩。这样在发动机排量和转速不变的情况下,增加了流入发动机的空气量,提高了进气效率,因而可提高发动机功率。

可调式涡轮增压系统的结构和工作原理如图 5-8 所示。它包括同轴的涡轮与压缩机叶轮。涡轮与压缩机叶轮上有很多叶片,从气缸排出的废气直接进入涡轮,并推动涡轮旋转,带动压缩机叶轮旋转,把吸入的空气增压,送入气缸。

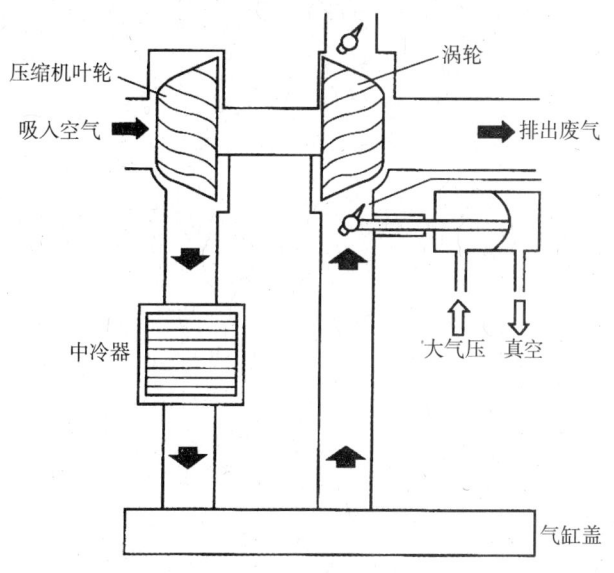

图 5-8 可调叶片式涡轮增压系统

由于利用废气进行增压,涡轮增压器温度较高,经压缩的空气温度也较高,从而使进气密度减小,对提高进气效率不利,因此,需要在压缩空气出口到进气歧管之间安装冷却器,冷却压缩空气,提高其密度。

可调叶片式涡轮增压系统能够在发动机整个范围内调整进气增压的压力。当发动机转速低时,叶片开度减小,减少废气流通截面,使废气流速增加,提高废气涡轮转速,增加进气压力;当发动机转速高时,叶片开度增大,增加废气流通截面,使废气流速降低,维持废气涡轮转速在正常范围内,保证进气压力的稳定。

5.3.2 排气系统

排气系统主要由排气歧管、排气消声器和三元催化转换器等组成,如图 5-9 所示。

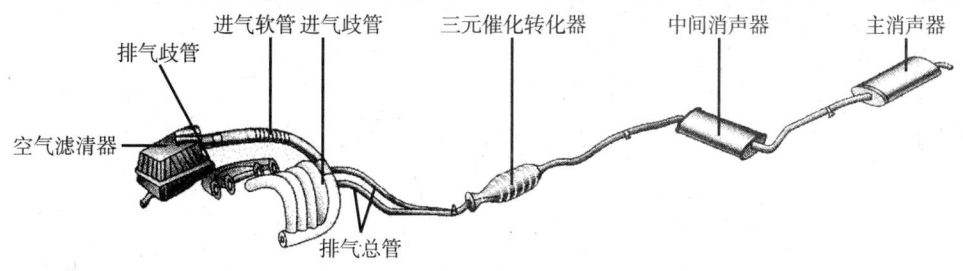

图 5-9 排气系统

1. 排气歧管

排气歧管是与发动机气缸盖相连的,将各缸的排气集中起来导入排气总管的带有分歧的管路,如图 5-10 所示。排气歧管一般都采用成本低、耐热性、保温性较好的铸铁制成。

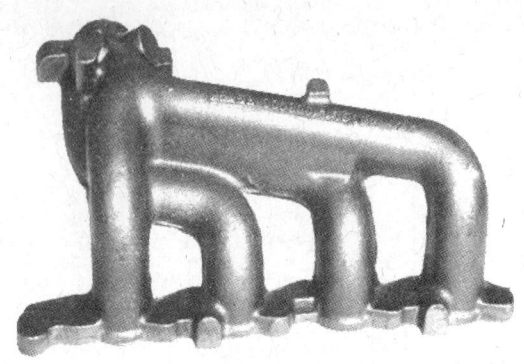

图 5-10 排气歧管

2. 排气消声器

排气消声器的作用是消除废气中的火星及火焰,降低排气噪声。排气消声器有吸收、反射两种基本消声方式,如图 5-11 所示。反射式消声器则是多个串联的协调腔与长度不同的多孔反射管相互连接在一起,废气在其中经过多次反射、碰撞、膨胀、冷却而降低压力,减轻振动。吸收式消声器是通过废气在玻璃纤维、钢纤维和石棉等吸声材料上的摩擦而减少其能量。汽车上实际使用的排气消声器多数是综合利用不同的消声原理组合而成的,如图 5-12 所示。

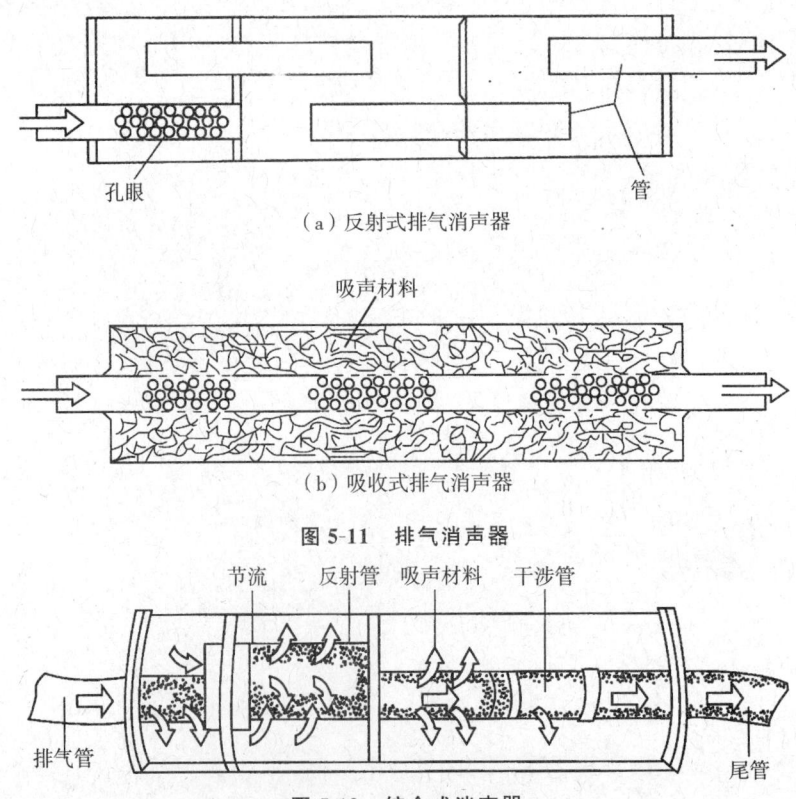

(a) 反射式排气消声器

(b) 吸收式排气消声器

图 5-11 排气消声器

图 5-12 综合式消声器

3. 三元催化转化器

三元催化转化器安装在排气消声器前,其结构如图 5-13 所示,由三元催化芯子和外壳等构成。大多数三元催化转化器的芯子以蜂窝状陶瓷芯作为承载催化剂的载体,在陶瓷载体上浸渍铂(或钯)和铑的混合物作为催化剂。这种催化剂可将一氧化碳、碳氢化合物、氮氧化合物转化为对环境无害的二氧化碳、水和氮气。为了使尾气排放达到环境保护标准,汽油发动机都配备了三元催化转化器。

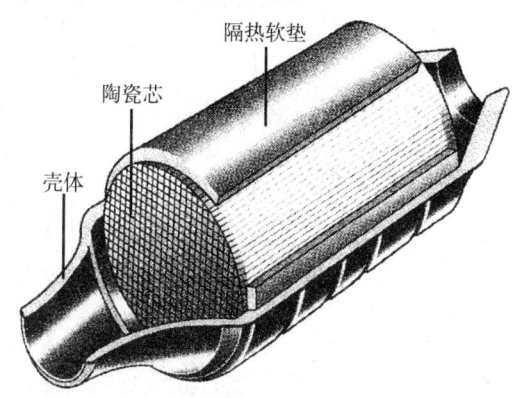

图 5-13 三元催化转化器

5.3.3 汽油供给系统

汽油供给系统的作用是供给发动机燃烧过程所需的燃油。汽油供给系统的结构如图 5-14 所示,主要由汽油箱、汽油泵、汽油滤清器、油压脉动阻尼器、燃油压力调节器和喷油器等组成。

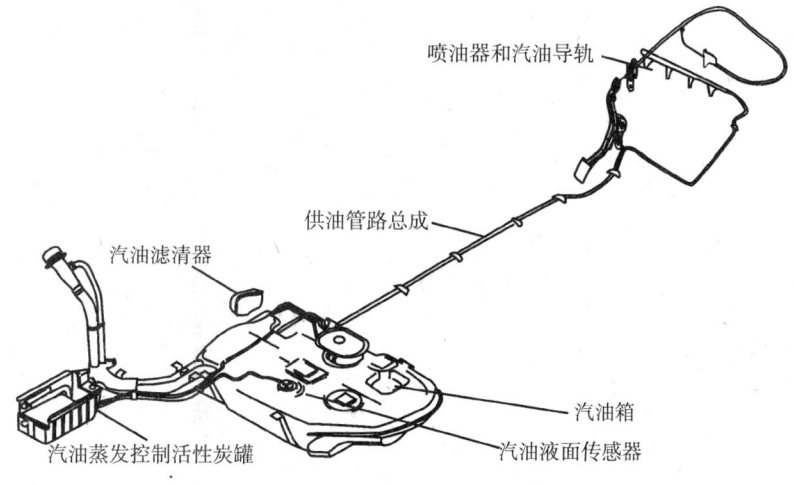

图 5-14 汽油供给系统

1. 汽油箱

汽油箱是用来储存汽油的,其储量一般可供汽车持续行驶 300~600km。传统的汽油箱采用薄钢板冲压焊接而制成,现代轿车油箱多采用耐油硬塑料制成。在汽油箱上还装有油面指示表传感器、出油开关和放油螺塞等。汽油箱内通常有挡油板,目的是减轻汽车行驶时汽油的振荡。汽油箱结构如图 5-15 所示。

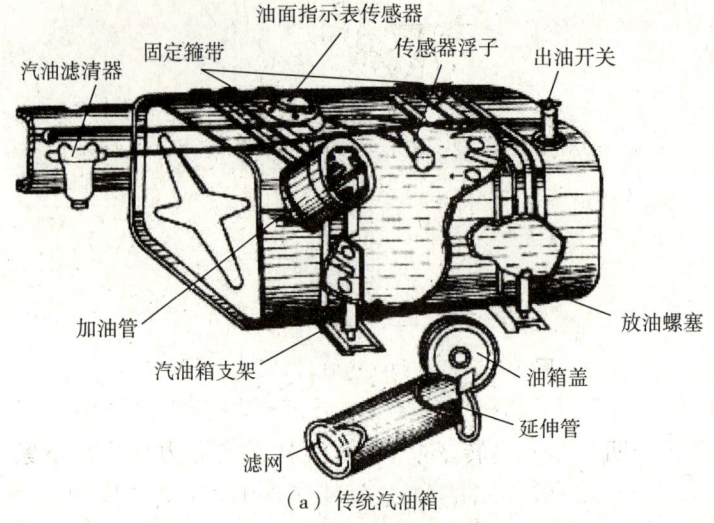

(a) 传统汽油箱

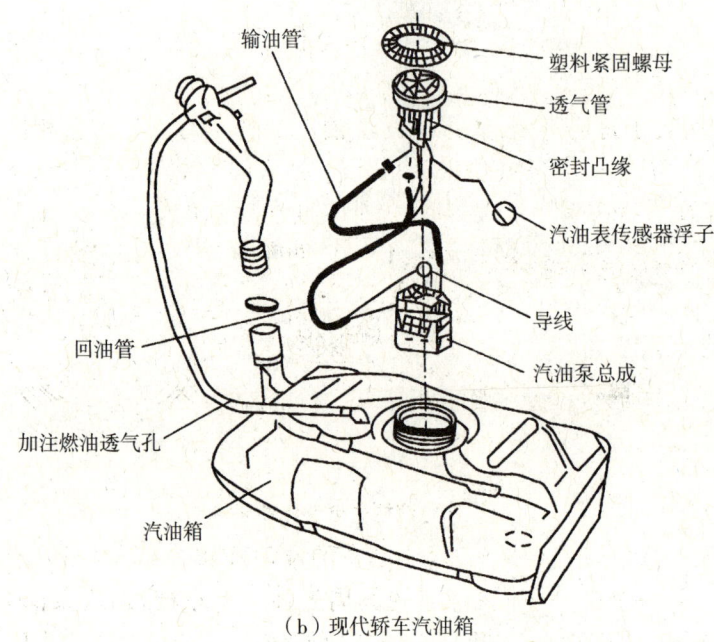

(b) 现代轿车汽油箱

图 5-15 汽油箱

2. 电动汽油泵

电动汽油泵的作用是把汽油从油箱内吸出并通过喷油器供给发动机各气缸。在电控汽油喷射系统中最常用的是内置式汽油泵,如图 5-16 所示,即汽油泵安装在油箱内。内置式汽油泵不易发生气阻和漏油现象,故广泛应用。电子控制汽油喷射中常用的电动汽油泵有滚柱式电动汽油泵和叶片式电动汽油泵两种类型。

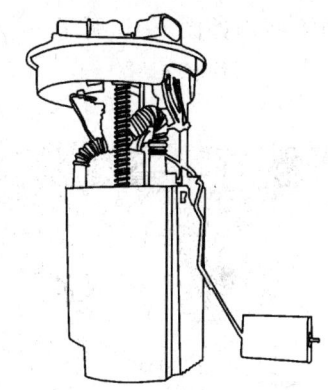

图 5-16 江淮和悦内置式电动汽油泵

(1)滚柱式电动汽油泵 滚柱式电动汽油泵结构如图 5-17 所示。转子偏心安装在泵体内,滚柱装在转子凹槽中。当转子旋转时,滚柱在离心力的作用下紧压在泵体的内表面上。同时在惯性力的作用下,滚柱总是与转子凹槽的一个侧面贴紧,从而形成若干个工作腔。

在汽油泵工作过程中,进油口一侧的工作容积增大,成为低压吸油腔,汽油经进油口吸入工作腔内。在出油口一侧的工作容积减小,成为高压油腔,高压汽油从压油腔经出油口流出。油泵转子每转一圈,其排出的燃油就要产生与滚柱数目相同的压力脉动,故在出口处装有油压缓冲器,以减小出油口处的油压脉动和运转噪声。

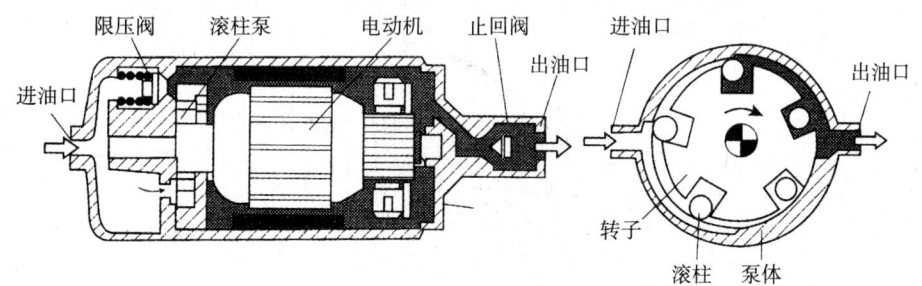

图 5-17 滚柱式电动汽油泵

(2)叶片式电动汽油泵 近年来,越来越多的发动机采用了叶片式电动汽油泵(如图 5-18 所示)。叶轮是一个圆平板,在平板的圆周上加工有小槽,形成泵油叶片。当叶轮旋转时,圆周上小槽内的燃油随同叶轮一同高速旋转。由于离心力的作用,使出口处压力增高,而在进油口处产生真空,从而使燃油在进油口处被吸入,在出油口处被排出,这样周而复始地完成燃油的输送。叶片式电动汽油泵运转噪声小,油压脉动小,泵油压力高,叶片磨损小,使用寿命长。

3.汽油滤清器

汽油滤清器可清除燃油中的杂质,防止堵塞喷油器等部件,减少部件的磨损。滤芯多用多孔陶瓷或微孔滤纸制造。陶瓷滤芯结构简单,不消耗金属,滤清效果较好,但滤芯不易清洗干净,使用寿命短。纸质滤芯(如图 5-19 所示)滤清效果好,结果简单,使用方便。现代轿车发动机多采用一次性、不可拆分式纸质滤芯汽油滤清器,一般每行驶

30000km 整体更换一次。

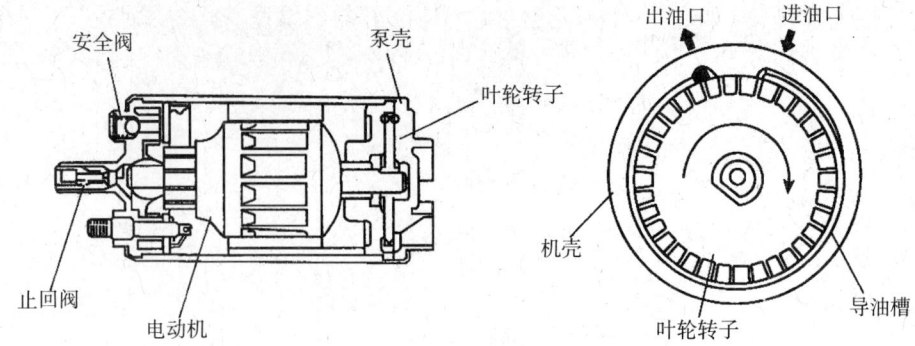

图 5-18　叶片式电动汽油泵

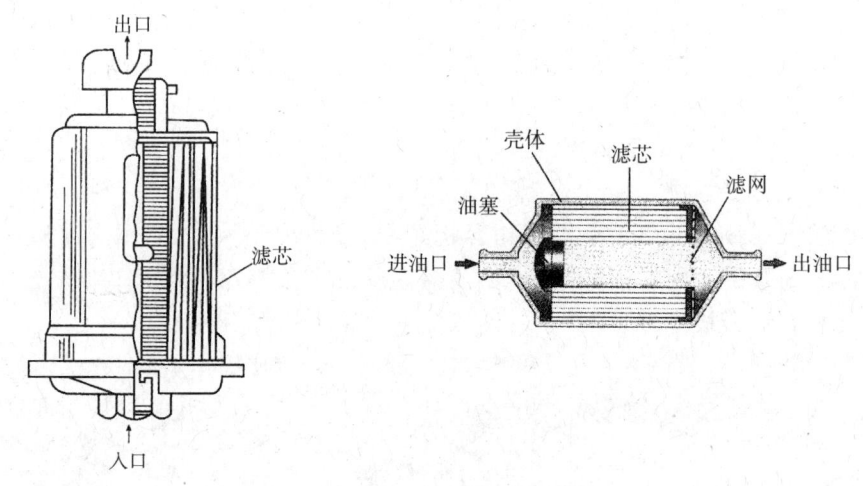

图 5-19　汽油滤清器

4. 燃油分配管

燃油分配管（如图 5-20 所示）也被称作"共轨"，其功用是将燃油均匀、等压地输送给各缸喷油器。由于它的容积较大，故有储油蓄压、减缓油压脉动的作用。

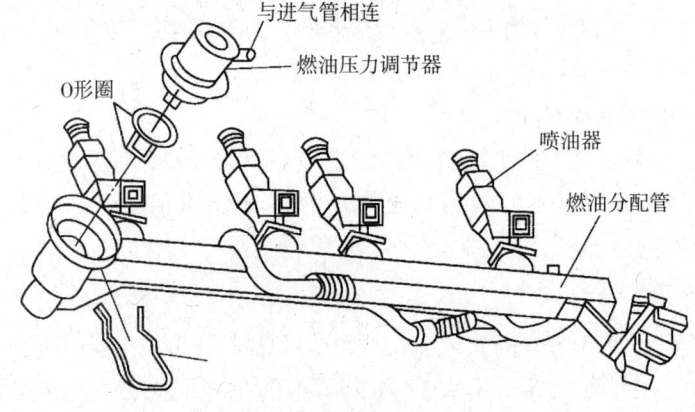

图 5-20　燃油分配管

5. 燃油压力调节器

燃油压力调节器(如图 5-21 所示)的功用是使燃油供给系统的压力与进气管压力之差即喷油压力保持恒定。因为喷油器的喷油量除取决于喷油持续时间外,还与喷油压力有关。在相同的喷油持续时间内,喷油压力越大,喷油量越多,反之亦然。所以只有保持喷油压力恒定不变,才能使喷油量在各种负荷下都只取决于喷油持续时间或电脉冲宽度,以实现电控单元对喷油量的精确控制。

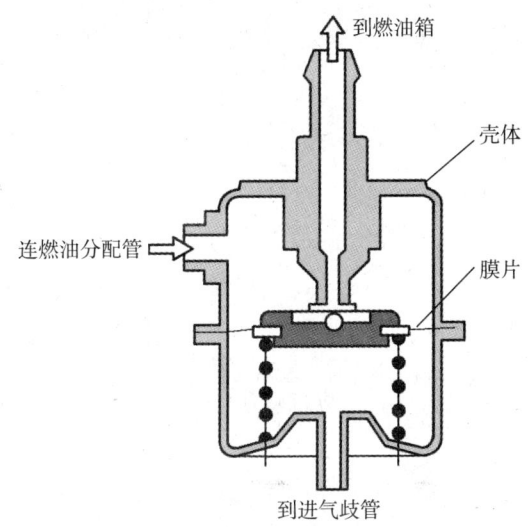

图 5-21　燃油压力调节器

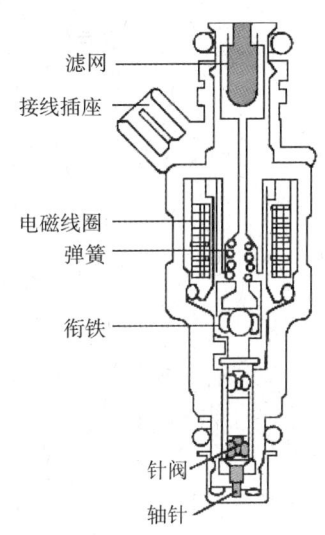

图 5-22　轴针式喷油器

6. 电磁式喷油器

电磁式喷油器是发动机电控燃油喷射系统的一个重要执行元件,它接收 ECU 送来的喷油脉冲信号,准确地计量燃油喷射量,同时将燃油喷射后雾化。

轴针式喷油器的结构如图 5-22 所示,它安装在燃油分配管上,主要由轴针、针阀、衔铁、回位弹簧及电磁线圈组成。当电控单元送来电流信号时,电磁线圈通电励磁,产生电磁力,吸起铁芯和针阀,将燃油通过轴针头部环形间隙喷出,在喷油器头部前端将燃油雾化,与空气混合,在发动机进气行程中被吸入气缸。一般喷油器每次喷油的时间为 2~10ms,喷油时间越长,喷油量就越大。

5.3.4　电子控制系统

电子控制系统的功用是根据发动机运转状况和车辆运行状况确定汽油最佳喷射量和最佳点火提前角。此外,还可进行怠速控制、排放控制和故障自诊断等。电子控制系统由传感器、电子控制单元(ECU)、执行器组成(如图 5-23 所示)。

电子控制系统的核心是 ECU,ECU 根据发动机中各种传感器送来的信号控制喷油时间、点火正时等。传感器监测发动机的实际工况,计量各种信号传输给 ECU,ECU 输出各种控制指令由执行器执行。

1. 传感器

传感器用来测量或检测反映发动机运行状态的各种物理量、电量和化学量,并将它们转换成计算机能够接受的电信号后再送给 ECU。常用的传感器主要有空气流量计、进气歧管绝对压力传感器、发动机转速和曲轴位置传感器、温度传感器、节气门位置传感器、氧传感器、爆震传感器等。另外还有各种开关、继电器等。

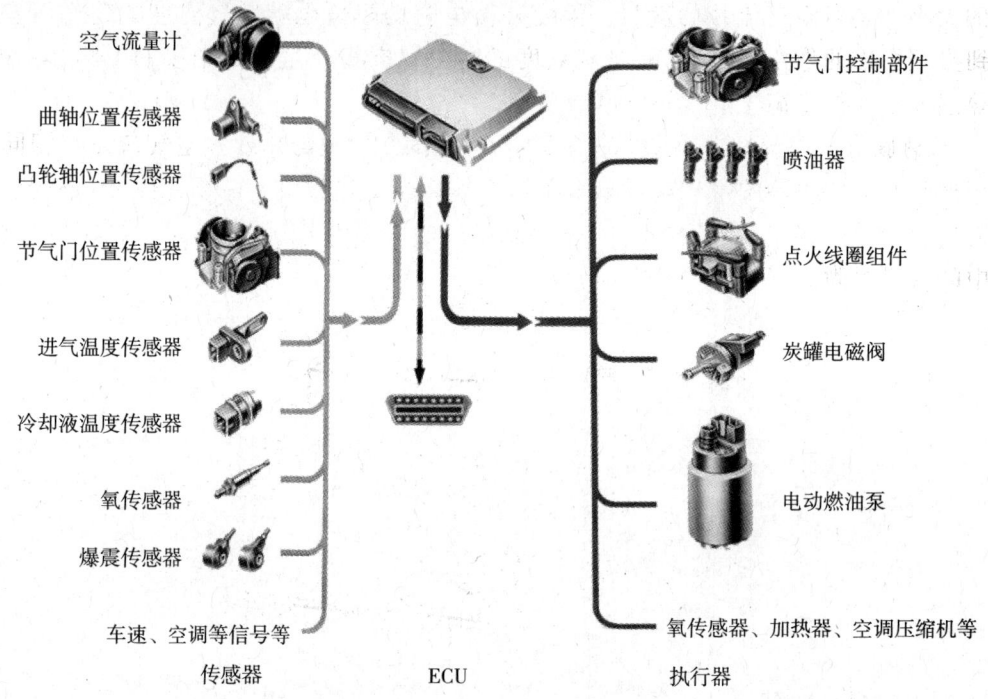

图 5-23　发动机电子控制系统组成

(1) 空气流量计　空气流量计的功用是测量进入发动机的空气流量,并将测量的结果转换为电信号传输给电控单元。目前常用的是热线式空气流量计和热膜式空气流量计。

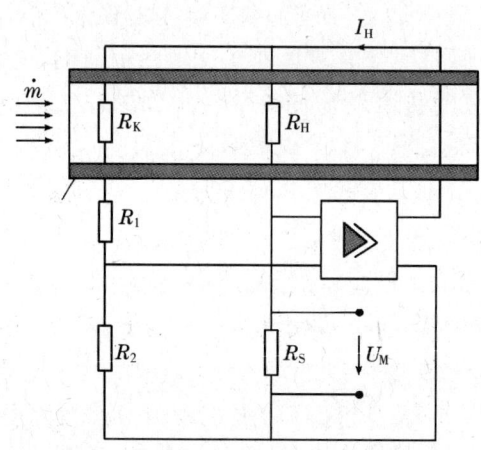

图 5-24　热线式空气流量计结构及电路

① 热线式空气流量计(如图 5-24 所示)。当空气流过热线式空气流量计时,铂热线向空气散热,温度降低,铂热线的电阻减小,使电桥失去平衡。这时混合电路将自动增加

供给铂热线电流,以使其恢复原来的温度和电阻值,直至电桥恢复平衡。流过铂热线的空气流量越大,混合电路供给铂热线的加热电流也越大,即加热电流是空气流量的单值函数。加热电流通过精密电阻产生的电压降作为电压输出信号传输给电控单元,电压降的大小即是对空气流量的度量。温度补偿电阻的阻值也随进气温度的变化而变化,起到参照标准的作用,用来消除进气温度的变化对空气流量测量结果的影响。一般将铂热线通电加热到高于温度补偿电阻温度100℃。

② 热膜式空气流量计(如图 5-25 所示)。其测量原理与热线式空气流量计相同,它利用热膜与空气之间的热传递现象来测量空气流量。热膜由铂金属片固定在树脂薄膜上而构成。用热膜代替热线提高了空气流量计的可靠性和耐用性,并且热膜不会被空气中的灰尘黏附。

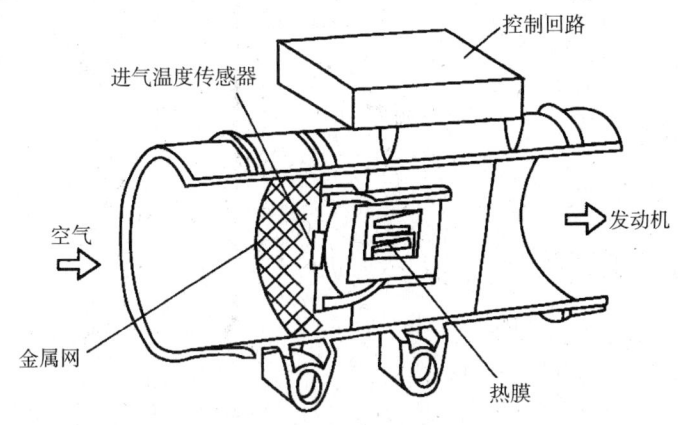

图 5-25 热膜式空气流量计

(2)进气歧管绝对压力传感器 电控汽油喷射系统可通过进气歧管压力和发动机转速推算发动机进气量。进气歧管压力的测定靠绝对压力传感器完成。进气歧管压力传感器种类较多,就其信号产生的原理可分为半导体压敏式、电容式、膜盒传动的可变电感式和表面弹性波式等。

半导体压敏电阻式压力传感器如图 5-26 所示,它是利用半导体的压电效应原理制成的。首先是将硅片的周边固定在基座上,再将整体封入一壳体内,并在壳体内形成真空,当通道口与进气管相连时,进气管内的压力就会使传感器内的膜片产生压力,此时由应变电阻组成的电桥电路会输出与进气管内压力成比例的电压。由于基准压力是真空的压力,使得这种压力传感器可以测定出绝对压力。该传感器具有体积小、精度高、成本低和可靠性、抗震性好的特点,在现代汽车上得到了广泛应用。

(3)温度传感器 温度传感器有冷却液温度传感器、进气温度传感器与排气温度传感器等(如图 5-27 所示)。这些传感器多数采用的是负温度系数的热敏电阻式温度传感器,即热敏电阻的阻值随温度的升高而减小。

冷却液温度传感器用来检测发动机冷却液温度,该值用于喷油量和点火时刻的修正。当发动机冷却液温度改变时,传感器向控制单元输送的信号电压也发生改变,从而可获得冷却液的温度状态。

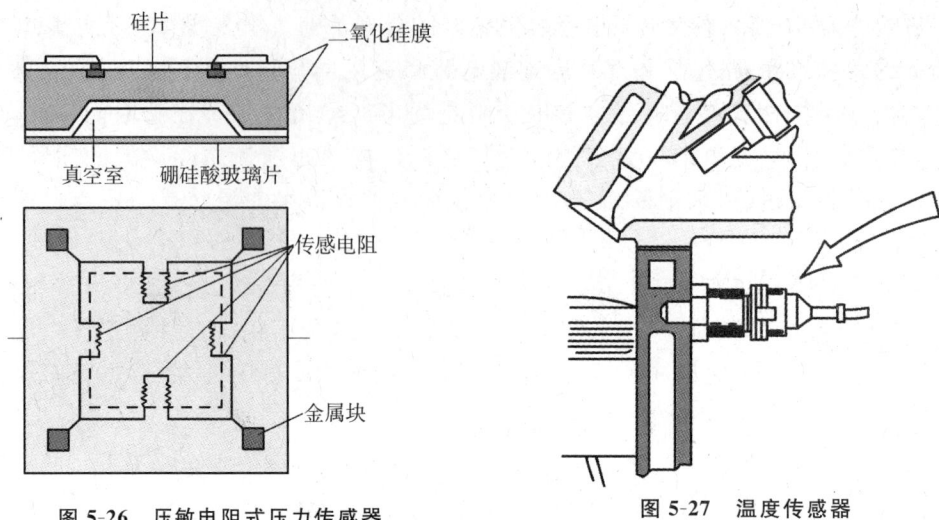

图 5-26 压敏电阻式压力传感器　　图 5-27 温度传感器

进气温度传感器用来测量进气温度,通常安装在空气流量计上,并将温度变化的信息传输给电控单元,作为修正喷油量的依据之一。

(4)曲轴位置传感器　曲轴位置传感器用来检测发动机转速、曲轴转角,以及作为控制点火和喷射信号源的第1缸和各缸压缩行程上止点信号,由此确定发动机的基本喷油时刻、喷油量和点火时刻。发动机转速传感器可分为磁电式、光电式和霍尔式。就其安装位置来看,有的安装在曲轴前端,有的安装在飞轮上。

磁电式曲轴位置传感器由信号轮和感应线圈组成(如图5-28所示)。信号轮随曲轴一起转动,当信号转子的凸齿接近传感线圈时,由于传感线圈内磁通量增加而感生正电压;当凸齿离开传感线圈时,由于磁通量减少而感生负电压。即一个凸齿每转过传感线圈一次,便在其中产生一个交流电压信号(或称电脉冲信号)。

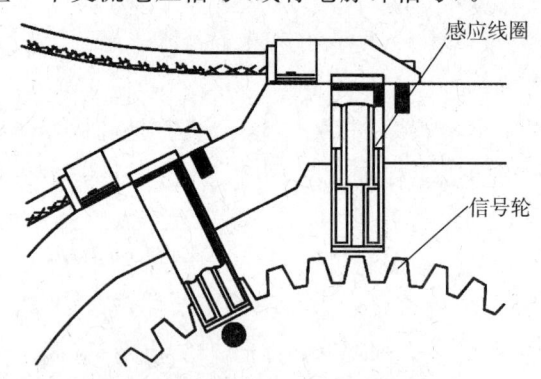

图 5-28　磁电式曲轴位置传感器

(5)氧传感器　氧传感器是电子控制汽油喷射系统进行反馈控制的传感器,安装在排气管上(如图5-29所示),反馈控制也称闭环控制。在这种控制方式中,利用氧传感器检测排气中氧分子的浓度,并将其转换成电压信号输入电控单元。排气中氧分子的浓度与进入发动机的混合气成分有关。当混合气太稀时,排气中氧分子的浓度较高,氧传感器便产生一个低电压信号;当混合气太浓时,排气中氧分子的浓度较低,氧传感器将产生一个高电压信号。电控单元根据氧传感器的反馈信号,不断地修正喷油量,使混合气成分始终保持在最佳范围内。通常氧传感器和三元催化转换器同时使用,由于后者只有在混合气的空燃比接近理论空燃比的狭小范围内净化效果才最好,因此在这种情况下,电控单元必须根据氧传感器的反馈信号,控制混合气的空燃比更接近于理论空燃比。目前应用最多的是氧化锆氧传感器。

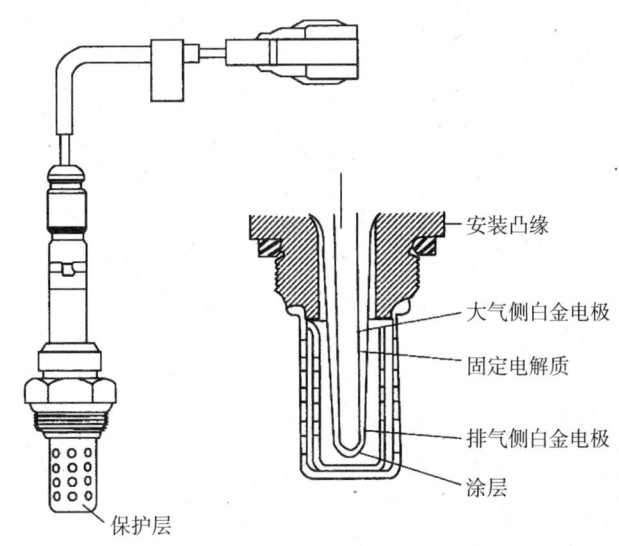

图 5-29　氧传感器

(6) 节气门位置传感器　节气门位置传感器安装在节气门轴上,与节气门联动。其功用是将节气门的位置或开度转换成电信号传输给电控单元,作为电控单元判定发动机运行工况的依据。

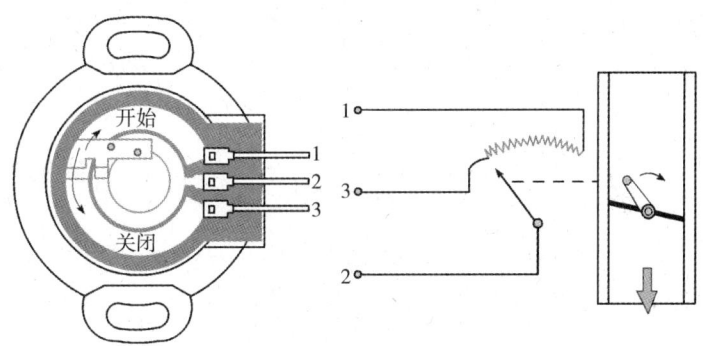

图 5-30　节气门位置传感器示意图

线性输出型节气门位置传感器(如图 5-30 所示)是一个线性电位计,由节气门轴带动电位计的滑动触点。当节气门开度不同时,电位计输出的电压也不同,从而将节气门由全闭到全开的各种开度转换为大小不等的电压信号,传输给电控单元,使其精确地判定发动机的运行工况。

(7) 爆震传感器　爆震传感器作为点火定时控制的反馈元件用来检测发动机的爆燃强度,借以实现点火定时的闭环控制,以便有效地抑制发动机爆燃的发生。通常使用的爆震传感器安装在发动机的机体上,它能将发动机发生爆燃而引起的机体振动信号转换为电压信号,且当机体的振动频率与传感器的固有振动频率一致而发生共振时,传感器将输出最大电压信号。ECU 将根据此最大电压信号判定发动机是否发生爆燃。

思考与练习

一、填空题

1. 汽油机燃料供给系统一般由＿＿＿＿、＿＿＿＿、＿＿＿＿和＿＿＿＿四部分组成。
2. 过量空气系数 $\alpha = 1$ 时,混合气称为＿＿＿＿；$\alpha > 1$ 时,混合气称为＿＿＿＿；$\alpha < 1$ 时,混合气称为＿＿＿＿。
3. 电控燃油喷射系统中,控制系统主要由＿＿＿＿、＿＿＿＿和＿＿＿＿等组成。
4. 电控燃油控制系统中常用的传感器有＿＿＿＿、＿＿＿＿、＿＿＿＿、＿＿＿＿、＿＿＿＿、＿＿＿＿等。

二、判断题

1. 目前大多数电动燃油泵是装在燃油箱内的。（　　）
2. 混合气浓度越浓,发动机产生的功率越大。（　　）
3. 燃油压力调节器的作用是使燃油分配管内的压力保持不变,不受节气门开度的影响。（　　）
4. 空气流量计的作用是测量发动机的进气量,电脑根据空气流量计的信号确定基本喷油量。（　　）
5. 进气歧管绝对压力传感器与空气流量计的作用是相当的,所以,一般车上这两种传感器只装一种。（　　）

三、选择题

1. 以下是燃油喷射发动机执行器的是（　　）。
   A. 曲轴位置传感器　　　　B. 节气门位置传感器
   C. 空气流量计　　　　　　D. 点火线圈
2. 负温度系数的热敏电阻的阻值随温度的升高而（　　）。
   A. 升高　　　　　　B. 降低　　　　　　C. 不受影响

四、简答题

1. 空气供给系统由哪些部件构成？它们的作用是什么？
2. 燃油压力调节器的作用是什么？
3. 排气消声器有哪几种形式？它们的消声原理是什么？

实训项目一 进、排气管的拆装

一、实训课时

2课时。

二、主要内容及目的

1. 掌握进、排气管的拆装方法。
2. 掌握进、排气管的检查要点。

三、教学准备

1. 和悦发动机1台。
2. 常用工具1套,专用工具1套。

四、操作步骤及工作要点

1. 进气管拆卸。
(1) 拆卸喷油器总成。
(2) 拆卸进气歧管与发动机缸体的固定架。
(3) 拆卸进气歧管固定螺栓和螺母。
(4) 取下进气歧管和进气歧管垫。

2. 排气管拆卸。
(1) 松开排气歧管护罩上面的3个固定螺栓,取下排气歧管护罩。
(2) 松开前排气管到前触媒上的固定螺栓,脱开前排气管。
(3) 松开排气歧管与缸盖上的固定螺栓,取下排气歧管和垫片。
(4) 检查排气系统。检查排气管、三元催化器、消声器和固定装置是否正确安装,是否有泄漏、裂纹、损坏或老化。若有必要,则修理或更换损坏的零部件。

3. 按照拆卸相反顺序装配,各部件应按规定力矩拧紧。

五、注意事项

1. 每次重新组装都要更换排气管衬垫。
2. 修理或更换严重变形的隔热垫,并清除隔热垫上的泥浆等堆积物。
3. 安装隔热垫时,避免隔热垫和各个排气管之间出现大的间隙,也不要和排气管发生干涉。
4. 清除每个接头密封面上的沉积物。连接时要牢固,以防气体泄漏。
5. 预先拧紧排气歧管侧的固定螺母和螺栓,检查各个零部件之间是否有干涉,然后拧紧到规定的扭矩。
6. 安装固定橡胶时,应注意避免固定橡胶扭曲或拉伸。

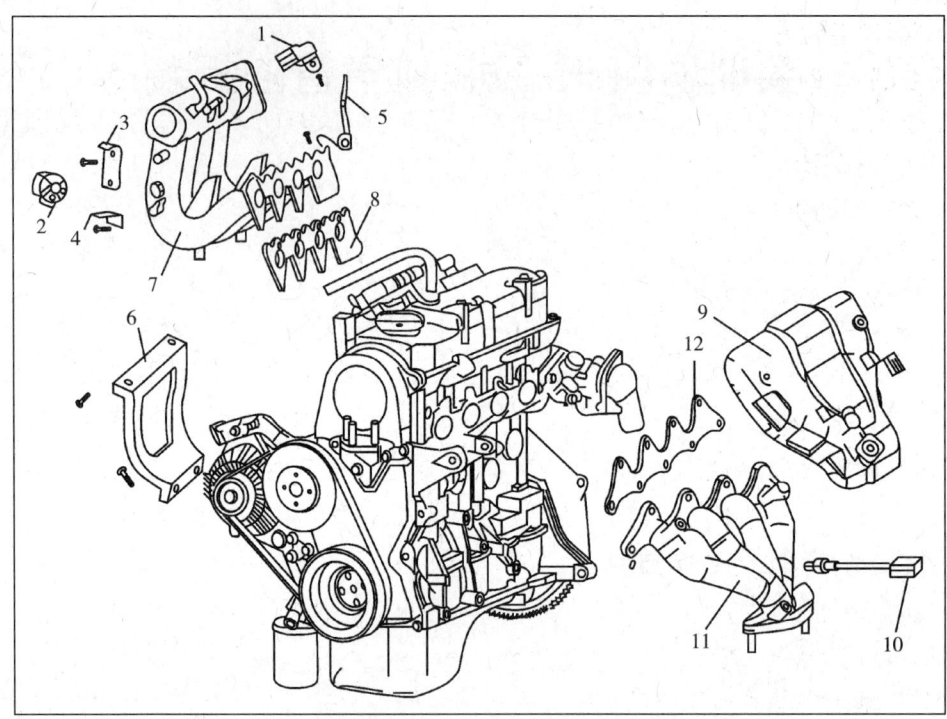

1—进气压力传感器　　2—碳罐电磁阀　　3—碳罐电磁阀支架　　4—爆震传感器支架
5—发动机吊耳　　6—进气歧管支撑　　7—进气歧管　　8—进气歧管垫片
9—排气隔热罩　　10—氧传感器　　11—排气歧管　　12—排气歧管垫片

进气歧管和排气歧管分解图

实训项目二　火花塞的拆装

一、实训课时
2课时。

二、主要内容及目的
1. 掌握火花塞的拆装和检测方法。
2. 掌握喷油器的拆装和检测方法。

三、教学准备
1. 和悦发动机1台。
2. 常用工具1套，专用工具1套。

四、操作步骤及工作要点
1. 点火线圈的拆检。
(1) 拧下固定点火线圈的1个螺栓，取下点火线圈。
(2) 从点火线圈上断开高压导线。

(3)拆卸后检查:

检查端子之间的初级线圈电阻。初级线圈电阻:0.77~0.95Ω。

检查1缸与4缸间高压端、2缸与3缸高压端次级线圈电阻。次级线圈电阻:7.75~10.23KΩ。

2.火花塞的拆检。

(1)检查火花塞绝缘体是否损坏或断裂。

(2)检查火花塞是否积碳。

(3)检查火花塞电极是否损坏。

(4)检查火花塞间隙。使用塞尺检查火花塞间隙。标准间隙:1.0~1.1mm。

3.高压线的检查。

(1)检查高压线是否损伤或破裂。

(2)检查高压线电阻(1缸:5.8kΩ;3缸:2.9kΩ)。

若电阻不在规定值内,需更换。

4.火花塞的装配。

(1)使用火花塞套筒安装火花塞,并拧紧至25N·m。

(2)安装点火线圈,并拧紧螺栓至10N·m。

(3)接上火花塞高压导线及点火线圈线束接插件,并把导线固定到夹子上。

(4)安装火花塞盖,并拧紧螺栓至3N·m。

5.喷油器的拆卸。

(1)拆卸燃油导轨2个固定螺栓。

(2)从进气歧管侧取出喷油器和燃油导轨。

6.喷油器的检查。

(1)检查喷油器的上下密封圈是否有裂纹、老化和破损。若有则更换。

(2)检查喷油器的喷油孔是否堵塞。

7.喷油器的装配。按照拆卸相反顺序装配,各部件应按规定力矩拧紧。

第6章

柴油机燃料供给系

知识目标

1. 能叙述柴油机燃料供给系统的组成和工作原理。
2. 能叙述柴油的使用性能指标。
3. 能描述柴油机燃烧室的结构特点。

技能目标

1. 能按照规定要求熟练拆装喷油器。
2. 能描述柴油机燃料供给系统主要部件的结构特点、功用以及工作原理。

6.1 概述

6.1.1 柴油

柴油机使用的是柴油。柴油黏度大，不易挥发，一般不能在气缸外部形成均匀的混合气，故采用高压喷射的方法供油。在接近压缩行程上止点时，柴油以高压喷入气缸，直接在气缸内部形成混合气，并借助气缸空气的高温自行发火燃烧。

1. 柴油的使用性能

柴油的使用性能指标主要是发火性、蒸发性、黏度和凝点。

(1) 发火性　发火性指柴油的自燃能力。柴油机工作时，柴油被喷入燃烧室后，并非立即着火燃烧，而要经过一段时间的物理和化学准备，这个准备时间称为备燃期。备燃期过长，在燃烧开始前燃烧室内积存的柴油过多，致使燃烧开始后气缸内压力升高过快，使柴油机工作粗暴；反之，备燃期短，会使发动机工作柔和，而且可在较低温度下发火，有利于起动。柴油的发火性用十六烷值表示，十六烷值越大，发火性越好。但十六烷值过高的柴油喷入燃烧室后，还来不及与空气混合就着火，使柴油在高温下裂解分离出大量的游离碳，造成油耗、烟度增加。因此，一般汽车用的柴油十六烷值应在 40~50 范围内。

(2) 蒸发性　蒸发性指柴油蒸发汽化的能力，用柴油馏出某一百分比的温度范围即馏程和闪点表示。比如，50%馏出温度即柴油馏出 50%的温度，此温度越低，柴油的蒸发性越好。国家标准规定此温度不得高于 300℃，但没有规定最低温度。为了控制柴油的蒸发性不致过强，标准中规定了闪点的最低数值。柴油的闪点指在一定的试验条件下，当柴油蒸气与周围空气形成的混合气接近火焰时，开始出现闪火的温度。闪点低，蒸发性好。

(3) 黏度　黏度决定柴油的流动性。黏度过大的柴油，流动阻力也过大，难以沉淀、滤清，影响喷雾质量；黏度过小的柴油，将增加精密偶件工作表面间的柴油流失量，并加剧这些表面的磨损。因此应选用黏度合适的柴油。

(4) 凝点　凝点是指柴油失去流动性开始凝固时的温度。柴油的凝点应比柴油机最低工作温度低 3~5℃以上，凝点过高将造成油路堵塞。

2. 柴油的牌号和规格

柴油按其质量分为优等品、一等品和合格品三个等级，每个等级又按柴油的凝点分为 10、0、-10、-20、-35 和 -50 等六种牌号。

6.1.2 柴油机燃料供给系统的功用和组成

1. 柴油机燃料供给系的功用

柴油机燃料供给系的功用是根据柴油机不同工况，定时、定压、定量地把柴油按一定规律注入气缸，与吸入气缸的清洁空气迅速地混合燃烧，并将燃烧后生成的废气排到大气中。

2. 柴油机燃料供给系的组成

柴油机燃料供给系统由燃油供给装置、空气供给装置、混合气形成装置和废气排出装置等组成。

(1) 柴油供给装置 包括柴油箱、输油泵、低压油路、滤清器、喷油泵、高压油管、喷油器及回油管等。

(2) 空气供给装置 包括空气滤清器、进气歧管等，增压发动机还装有增压器。

(3) 混合气形成装置 包括燃烧室。

(4) 排气装置 包括排气歧管、排气消声器等。

3. 柴油机燃料供给系的工作原理

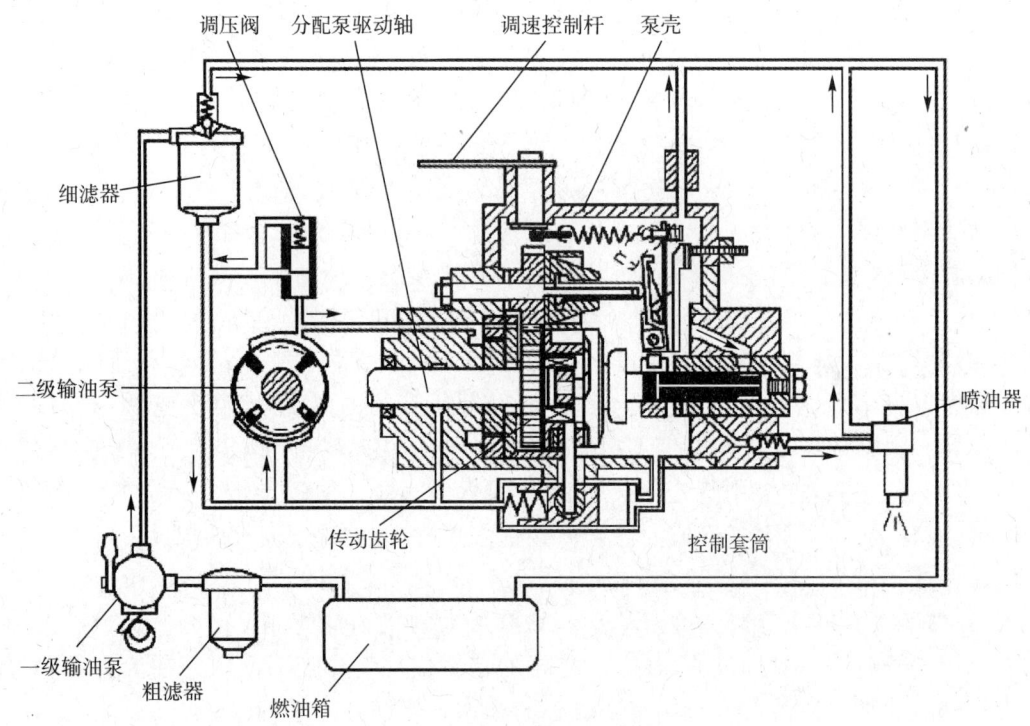

图 6-1 柴油机燃料供给系统示意图

如图 6-1 所示为装有分配式喷油泵的柴油机燃料供给系统示意图。它由凸轮驱动的一级输油泵将燃油从燃油箱内吸出后产生一定的压力，通过燃油滤清器后输送到二级输油泵，再由二级输油泵将压力提高到 40~50kPa 后输送到分配泵，由分配泵将压力进一步提高到 50MPa 以上，并按发动机工作顺序将高压油送到各个气缸喷油器喷入燃烧室，多余的燃油流回油箱。

6.1.3 可燃混合气的形成与燃烧室

1. 可燃混合气的形成

目前可燃混合气的形成方法基本上有两种：空间雾化混合和油膜蒸发混合。空间雾化混合是将柴油高压喷向燃烧室空间，形成雾状，与空气进行混合。为了使混合均匀，要求喷出的燃油与燃烧室形状相配合,并充分利用燃烧室中空气的运动。油膜蒸发混合是将大部分柴油喷射到燃烧室壁面上,形成一层油膜,受热蒸发,在燃烧室中强烈的旋转气流作用下,燃料蒸气与空气形成均匀的可燃混合气。

根据气缸中压力和温度变化的特点,可将混合气的形成与燃烧过程按曲轴转角划分为备燃期、速燃期、缓燃期和后燃期四个阶段,如图6-2所示。

(1)备燃期 从喷油开始的A点到燃烧始点B之间所对应的曲轴转角,即从开始喷油到火焰中心形成的这段时期称为备燃期。备燃期长易造成柴油机工作粗暴。

(2)速燃期 从燃烧始点B到气缸内产生最高压力点C之间所对应的曲轴转角,即从出现火焰中心到气缸内产生最高压力点称为速燃期。这期间火焰自火源向各处迅速传播,使燃烧速度迅速增加,气缸内气体的温度和压力迅速上升。

(3)缓燃期 从气缸内产生最高压力点C到出现最高温度点D所对应的曲轴转角时期称为缓燃期。这期间开始燃烧速度很快,但由于气缸内氧气减少,废气增多,燃烧条件不利,故燃烧速度越来越慢,热量积聚使燃气温度继续升高。

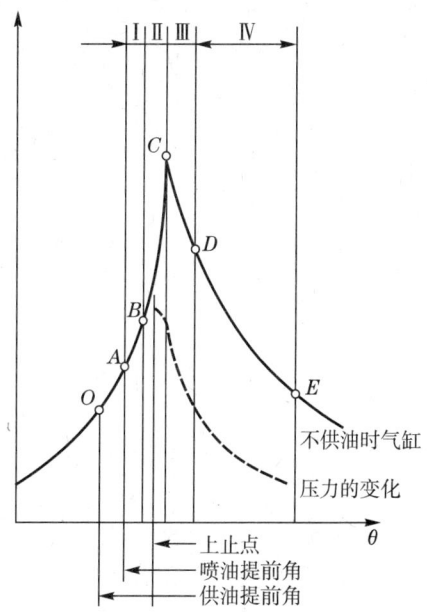

图6-2 气缸压力与曲轴转角的关系

(4)后燃期 从最高温度点D到燃烧基本结束点E所对应的曲轴转角时期称为后燃期。这期间压力和温度均降低,产生的热量往往通过冷却液和排气损失掉,所以应尽量缩短后燃期。

2. 燃烧室

由于柴油机可燃混合气的形成和燃烧主要是在燃烧室内进行的,所以燃烧室的形状对可燃混合气的形成和燃烧有着直接的影响。柴油机燃烧室按结构形式分为统一式燃烧室和分隔式燃烧室两大类。

(1)统一式燃烧室 统一式燃烧室的结构特点是只有一个燃烧室,位于活塞顶面与气缸底面之间。喷油器直接向燃烧室内喷射柴油,借助油束形状与燃烧室形状的合理匹配,以及空气的涡流运动,迅速形成可燃混合气,故这种燃烧室又称为直喷式燃烧室。统一式燃烧室主要集中在活塞顶的凹坑内,其中ω形燃烧室和球形燃烧室比较常用。

①ω形燃烧室(如图6-3所示)的活塞顶部凹坑的纵剖面为ω形,喷入的柴油绝大部分分布在燃烧室的空间,极少部分喷到燃烧室壁上形成油膜。所以混合气的形成以空间雾化为主。为促进混合气的形成和改善燃烧状况,通常采用切向进气道或螺旋进气道,以形成中等强度的进气涡流。这种燃烧室结构简单、紧凑,传热损失少,发动机的动力性、经济性和起动性都较好。但需要较高的喷油压力,要配以多孔式喷油器,工作起来也比较粗暴。

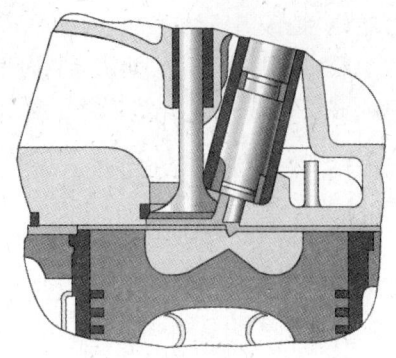

图 6-3 ω 形燃烧室

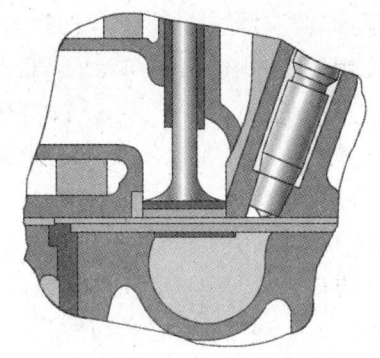

图 6-4 球形燃烧室

②球形燃烧室(如图 6-4 所示)位于活塞顶部中央,形状大于半个球。柴油顺气流方向喷射到燃烧室壁上形成油膜。所以混合气的形成以油膜蒸发混合为主。这种混合气形成方式使发动机工作平稳、柔和、燃烧彻底。它的缺点是起动性较差,低速、低负荷工作时混合气质量差,排烟较重,以及变工况的适应性等。

(2)分隔式燃烧室 分隔式燃烧室的结构特点是燃烧室被分隔为主、副两个燃烧室,二者用一个或数个通道相连。副燃烧室在气缸盖内,容积占总压缩容积的 50%~80%,主燃烧室在缸盖底平面与活塞顶面之间。燃料先喷入气缸盖中的副燃烧室进行预燃烧,再经过通道喷到活塞顶上的主燃烧室进一步燃烧。分隔式燃烧室根据结构的不同分为涡流室式和预燃室式两种。

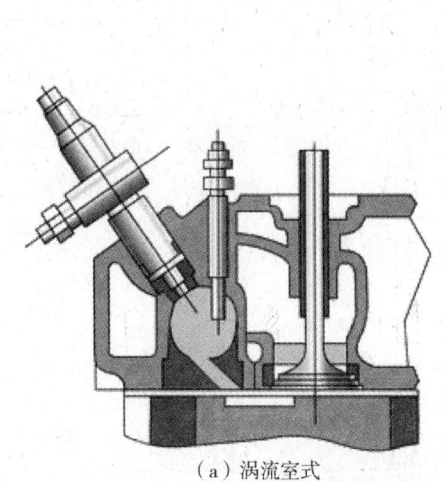

(a)涡流室式

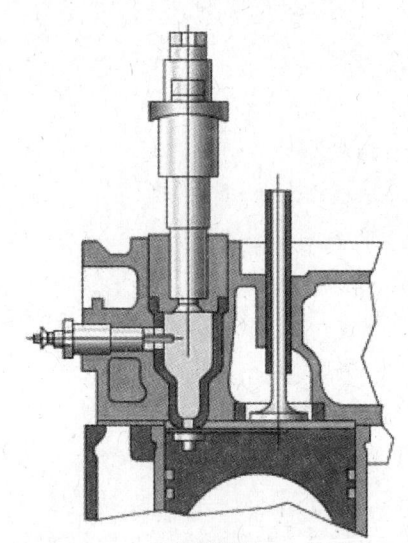

(b)预燃室式

图 6-5 分隔式燃烧室

涡流室式燃烧室如图 6-5a 所示。在压缩过程,气缸中的空气被活塞挤压,经过通道流入涡流室形成有组织的强烈涡流。接近压缩上止点时,喷油器开始顺气流喷油,在强涡流气流带动下,燃油被涂布到燃烧室壁面上,形成油膜。同时有少部分油雾分散在燃烧室空间,着火形成火源,并点燃从壁面蒸发出来的可燃混合气,迅速燃烧,高温、高压气体经通道喷入主燃烧室,形成二次涡流,与主燃烧室内的空气进一步混合燃烧。由于采取强烈有组织的气体二次涡流,空气利用率高,对喷雾质量要求不高,可采用单喷孔喷油嘴。这种喷油嘴故障少,喷油压力较低,调整方便,工作比较柔和。缺点是副燃烧室相对散热面积大,又直接与冷却液接触,加上主副燃烧室之间的通道节流,使热利用率减低,经济性较差,起动也较困难。

预燃室式燃烧室(如图6-5b所示)的副燃烧室与主燃烧室的通道截面较小,而且方向与喷油方向相对。压缩时,空气经通道被压向副燃烧室,形成强烈的紊流。燃料逆气流方向喷射,与空气相撞混合,并着火预燃烧,所以副燃烧室也称预燃室。随后不完全燃烧的混合气经通道到主燃烧室,与主燃烧室内的空气进一步混合燃烧。这种燃烧室工作比涡流室式燃烧室更柔和,而且可以燃用多种燃料,但它的节流损失比涡流室式更大,所以经济性能较差。

总之,分隔式燃烧室是依靠强烈的空气涡流形成良好的混合气,对空气的利用较为充分,可采用喷油压力较低的轴针式喷油器。由于分两级燃烧,故发动机工作柔和,排放污染小。然而燃烧室热损失大,起动性和经济性差,需较大的压缩比,涡流室内要装预热塞,以改善柴油机的起动性。

6.2 柴油机燃料供给系统的主要部件

6.2.1 柴油滤清器

柴油滤清器有粗细之分。柴油粗滤器一般安装在输油泵之前,用来清除柴油中颗粒较大的杂质。滤芯有纸质式、金属缝隙式、片式和网式等。柴油细滤器一般安装在输油泵之后,用来清除柴油中的微小杂质,它的滤芯有毛毡式、金属网式和纸质式等。目前,很多柴油机中设有两级滤清器,也有的只设单级滤清器。

纸质滤芯柴油滤清器的结构如图6-6所示。来自输油泵的柴油从进油口进入滤清器壳体与纸质滤芯之间的空隙,然后经过滤芯过滤,由中心杆经出油口流出。在滤清器盖上设限压阀,当油压超过0.1~0.15MPa时,限压阀开启,多余的柴油从进油口经限压阀直接返回柴油箱。

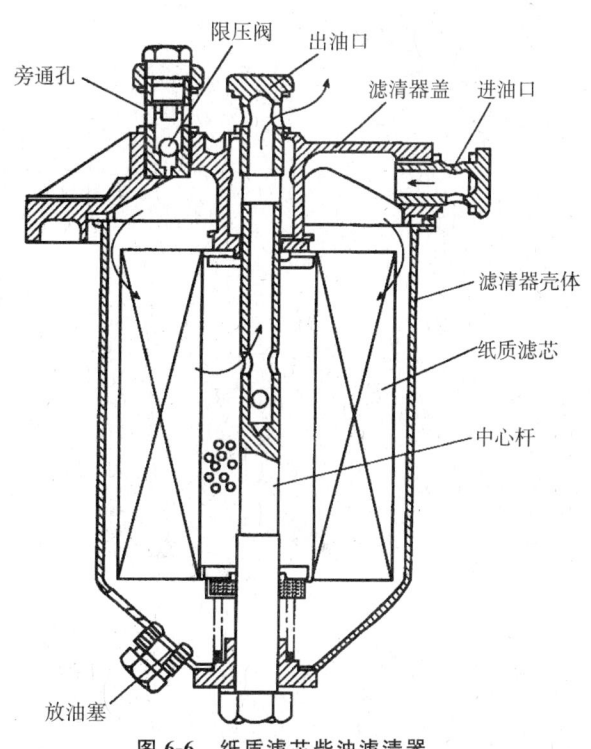

图6-6 纸质滤芯柴油滤清器

6.2.2 输油泵

输油泵的功用是保证有足够数量的柴油自柴油箱输送到喷油泵,并维持一定的供油压力以克服管路及柴油滤清器阻力,使柴油在低压管路中循环。输油泵的输油量一般为柴油机全负荷需要量的3~4倍。

输油泵有膜片式、滑片式、活塞式和齿轮式等几种形式。其中膜片式和滑片式输油泵分别作为分配式喷油泵的一级和二级输油泵。

6.2.3 喷油泵

1. 功用和分类

喷油泵是柴油机燃料供给系中最重要的部件,被称为柴油机的心脏。它的基本作用是定时、定量地向喷油器输送高压柴油。车用柴油机的喷油泵形式很多,根据其工作原理不同大体分为三类。

(1)柱塞式喷油泵　这种喷油泵应用历史较长,性能良好,工作可靠,一度为大多数柴油机所采用。但随着排放法规要求的提高,柱塞泵的使用逐渐减少。

(2)转子分喷式喷油泵　这种喷油泵只有一对柱塞偶件,依靠转子的转动实现燃油的增压与分配。它具有体积小、质量轻、成本低、使用方便等优点。尤其是体积小,对发动机和汽车的整体布置是十分有利的。转子分配泵又分为径向压缩式和轴向压缩式两种。径向压缩式分配泵部件配合精度要求高,结构复杂,近年来较少应用。

(3)喷油泵-喷油器(泵喷嘴)　将喷油泵和喷油器合为一体,直接安装在发动机气缸盖上,可以消除高压油管带来的不利影响,但要求发动机上另装驱动机构。在电控柴油燃油供给系统中常采用喷油泵-喷油器。

2. 转子分配式喷油泵

(1)转子分配泵结构　目前在轻型汽车上,较多的应用转子分配式喷油泵。这种泵不仅往复泵油,同时又连续旋转配油,并配有适当的调速器对供油时刻、油量和供油过程进行控制。下面以VE型转子分配泵为例简述其结构(如图6-7所示)与工作特点,VE型转子分配泵是一种轴向压缩式单柱塞泵,其左端为传动轴及滑片式输油泵(二级输油泵),中间由传动齿轮、联轴器、滚轮及滚轮座、平面凸轮等组成,右端有控制套筒、柱塞、电磁阀等。泵的上部为调速器,下部为供油提前角调节器。VE型转子分配泵由一个泵油元件向多个气缸供油,柱塞的外形如图6-8所示。

(2)VE型转子分配泵的工作过程

①进油过程(如图6-9所示)。滚轮由平面凸轮的凸起部分移到最低位置时,柱塞弹簧由右向左推移。在柱塞接近终点位置时,柱塞上部的进油槽与柱塞套筒上的进油孔相通,柴油经电磁阀下部的进油道流入柱塞右端的压油腔内。

②压油与配油过程(如图6-10所示)。随着滚轮由平面凸轮的最低处向凸起的部分移动,柱塞在旋转的同时,也在自左向右运动。当进油孔关闭后,柱塞即开始压缩压油腔内的燃油使之压力升高,此时柱塞上的配油槽与柱塞套上的出油孔之一相通,高压油即经出油孔和出油阀流向喷油器。

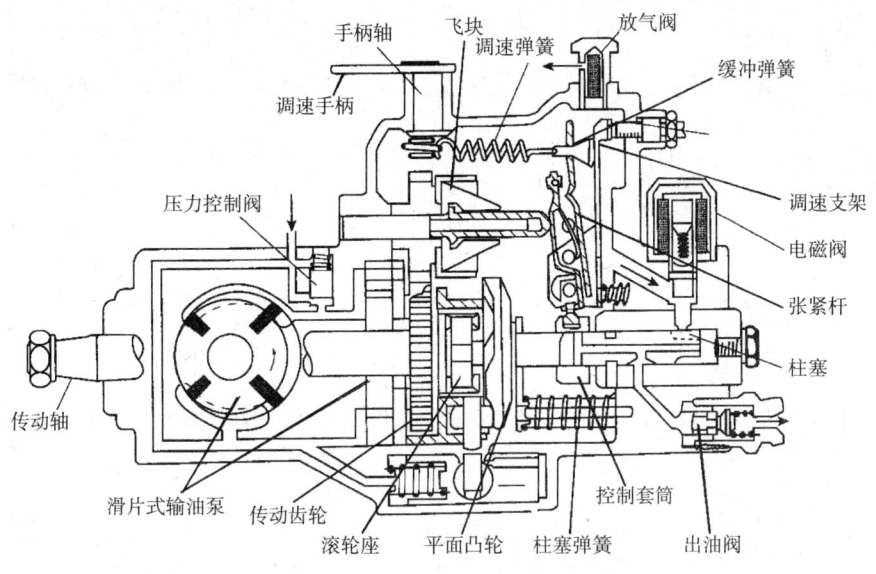

图 6-7 VE 型转子分配泵结构示意图

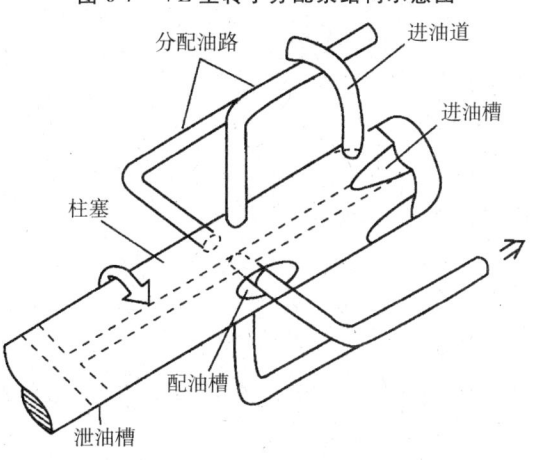

图 6-8 柱塞与油路

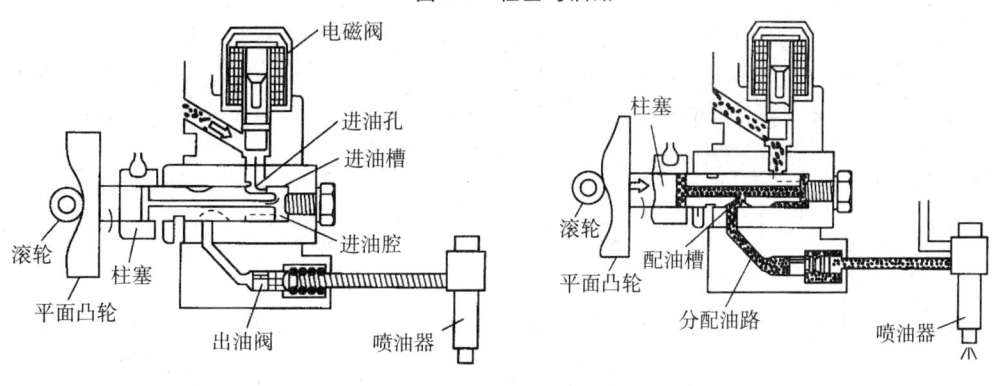

图 6-9 进油过程　　　　图 6-10 压油与配油过程

③供油结束(如图 6-11 所示)。柱塞在平面凸轮的推动下继续右移。柱塞左端的泄

油孔与分配泵内腔相通时,高压油立即经泄油孔流入泵内腔中,柴油压力下降,供油停止。从柱塞上的配油槽与出油孔相通起,到泄油孔与分配泵内腔相通止,为有效供油过程。

④压力平衡过程(如图 6-12 所示)。供油结束后,柱塞继续旋转。当柱塞上的压力平衡槽与分配油路相通时,分配油路中的柴油与分配内腔油压相同,这样可以保证各缸供油的均匀性。

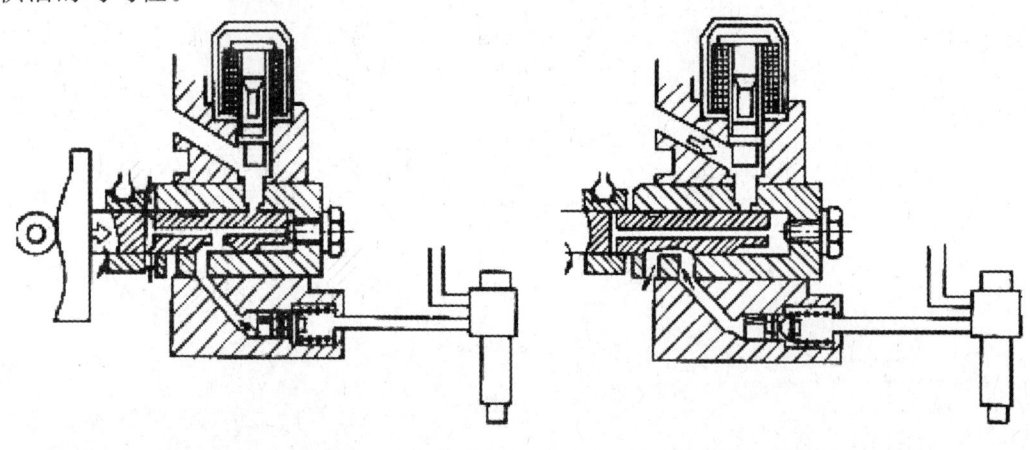

图 6-11 供油结束　　　　　　　　图 6-12 压力平衡过程

(3)电磁式停油装置　VE 型转子分配泵采用电磁阀控制停油。电磁阀装在柱塞套筒进油孔的上方(如图 6-10 所示)。柴油机起动时,电磁阀线路接通,从蓄电池来的电流经过电磁线圈,可以上下活动的阀门被电磁线圈吸起,并压缩弹簧,使进油道开启。当需要柴油机停车时,只需切断电源,电磁线圈内磁力消失,阀门在弹簧力的作用下下降,将进油道关闭,进油停止,柴油机即停止工作。

(4)调速器　调速器是一种自动调节装置,它根据柴油机负荷的变化,自动增减喷油泵的供油量,以达到稳定怠速、限制超速或保证发动机在工作转速范围内稳定工作的目的。

在柴油机上装设调速器是由柴油机的工作特性决定的。汽车柴油机的负荷经常变化,当负荷突然减小时,若不及时减少喷油泵的供油量,则柴油机的转速将迅速增高,甚至超出柴油机设计所允许的最高转速,这种现象称"超速"或"飞车"。相反,当负荷骤然增大时,若不及时增加喷油泵的供油量,则柴油机的转速将急速下降直至熄火。柴油机超速或怠速不稳,往往出自于偶然的原因,汽车驾驶员难于作出反应。这时,唯有借助调速器及时调节喷油泵的供油量,才能保持柴油机稳定运行。

按调速器起作用的转速范围不同,又可分为两极式调速器和全程式调速器。中、小型汽车柴油机多数采用两极式调速器,以起到防止超速和稳定怠速的作用。在重型汽车上则多采用全程式调速器。这种调速器除具有两极式调速器的功能外,还能对柴油机工作转速范围内的任何转速起调节作用,使柴油机在各种转速下都能稳定运转。

3. 喷油器

喷油器的作用是将喷油泵供给的高压柴油雾化成细微颗粒,以一定的速度和形状喷入燃烧室,有利于混合气的形成与燃烧。另外,喷油器在规定的停止喷油时刻能迅速切断柴油供给,不发生泄漏现象。喷油器分为孔式和轴针式两类。孔式喷油器多用于统一式燃烧室,轴针式喷油器多用于分隔式燃烧室。

(1)孔式喷油器　孔式喷油器主要用于统一式燃烧室中。燃油的喷射状况主要由针阀体下部喷孔的大小、方向和数目来控制,并与燃烧室的形状、大小及空气涡流情况相适应。喷孔数目一般为 1~8 个,喷孔直径为 0.2~0.8mm。喷孔越多则孔径越小,雾化越好,分布越均匀。但小孔径在使用时易积炭堵塞,同时需要较高的喷油压力。

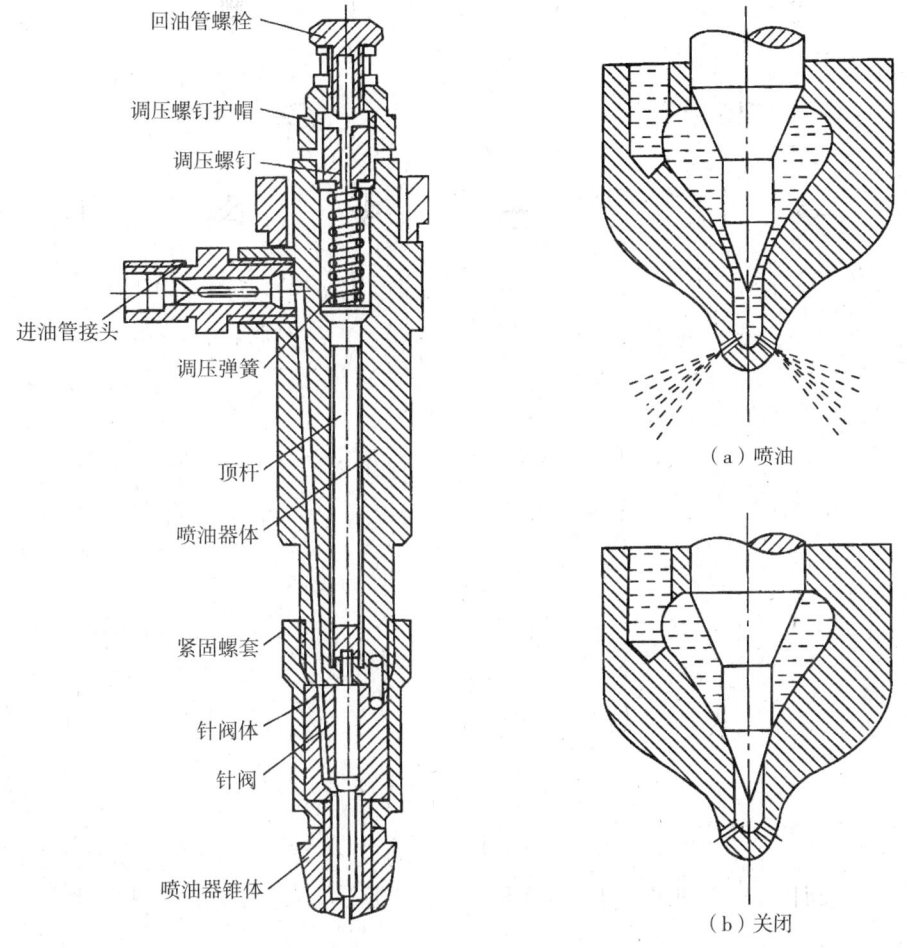

图 6-13　孔式喷油器的结构　　　图 6-14　孔式喷油器的工作原理

孔式喷油器的结构如图 6-13 所示,主要由针阀、针阀体、顶杆、调压弹簧及喷油器体等零部件组成。针阀中部的锥面位于针阀体的环形油腔内以承受油压,称为承压锥面;针阀下端的锥面与针阀体上相应的内锥面配合,起密封作用,称为密封锥面。调压弹簧通过顶杆将针阀的密封锥面压紧在针阀体的内锥面上,使喷孔关闭。

柴油机工作时,喷油泵供给的柴油经进油管接头和油道进入针阀体下部的环形油腔内。当油压升高到作用在针阀承压锥面上的轴向力大于调压弹簧的预紧力时,针阀开始向上移动,喷油器喷孔被打开,高压柴油通过喷孔喷入燃烧室,如图 6-14a 所示。当喷油泵停止供油时,油压突然下降,针阀在调压弹簧的作用下及时复位,将喷孔关闭,如图 6-14b 所示。喷油器的喷油压力与调压弹簧的预紧力有关,预紧力越大,喷油压力越高。调压弹簧的预紧力可通过调压螺钉来调整。喷油器工作时,会有少量柴油从针阀和针阀体的配合表面之间的间隙漏出。这部分柴油对针阀起密封作用,并沿顶杆周围的空隙上升,最后通过回油管螺栓进入回油管,流回柴油箱。

(2)轴针式喷油器 轴针式喷油器(如图 6-15 所示)与孔式喷油器相比,不同之处就是针阀下端的密封锥面以下还延伸出一个倒锥形或圆柱形的轴针,轴针伸出喷孔外,使喷孔成为圆环状的狭缝。这样,喷油时喷雾将呈空心的锥状或柱状。

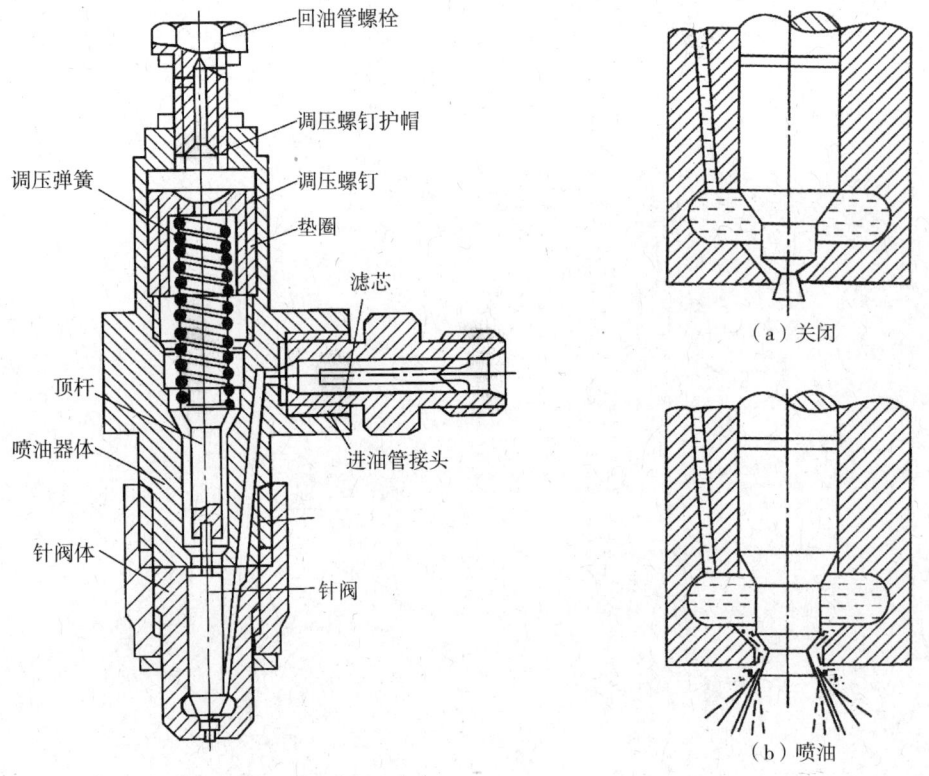

图 6-15 轴针式喷油器的结构   图 6-16 轴针式喷油器的工作原理

如图 6-16 所示,轴针式喷油器与孔式喷油器的工作原理基本相同。轴针式喷油器一般只有一个喷孔(孔径为 1~3mm),喷孔与轴针之间有微小的间隙(0.02~0.06mm)。当轴针刚升起时,由于轴针仍在喷孔中,喷出油量较少,直到轴针完全离开喷孔时,喷油量才达到最大;当喷油快结束时,情况正好相反。这样在备燃期内喷入燃烧室的油量较少,从而使发动机工作比较平稳。圆锥形轴针的喷油器在开始喷油时的喷油量比圆柱形轴针的喷油量更少,同时,不同角度的轴针还可以改变喷雾锥角的大小,以满足与燃烧室相配合的要求。因此,它适用于对喷雾质量要求不高的涡流室式燃烧室和预燃室式燃烧室。

 思考与练习

一、填空题

1. 柴油机燃料供给系统一般由_____、_____、_____和_____四部分组成。
2. 柴油机燃烧室按结构形式分为_____、_____两大类。
3. 柴油的主要性能指标有_____、_____、_____和_____。
4. 喷油器主要有_____、_____两种结构形式。

二、判断题

1. 柴油的发火性用十六烷值表示，车用柴油的十六烷值越高越好。（　）
2. 柴油和空气在进气管中混合并进入气缸中燃烧。（　）
3. 统一式燃烧室要求燃油的喷射压力高，一般与孔式喷油器配合使用。（　）
4. 柴油机输油泵的作用是给喷油器提供高压柴油。（　）
5. 柴油机调速器的作用是随着柴油机转速的提高，增加供油量。（　）
6. 提高喷油器调压弹簧的预紧度可以减小喷油器的开启压力。（　）

三、选择题

1. 柴油机混合气是在（　）内完成的。
   A. 进气管　　　　B. 燃烧室　　　　C. 喷油器
2. 柴油机混合气燃烧过程中，在（　）内气缸压力达到最高值。
   A. 备燃期　　　B. 速燃期　　　C. 缓燃期　　　D. 后燃期
3. 柴油机的ω形燃烧室属于（　）燃烧室。
   A. 统一式　　　B. 分隔式　　　C. 涡流室式　　　D. 预燃室式
4. 输油泵的输油量一般为柴油机全负荷时最大供油量的（　）。
   A. 1～2倍　　　B. 3～4倍　　　C. 6～8倍　　　D. 10～12倍
5. 柴油机的牌号是根据（　）编定的。
   A. 发火性　　　B. 蒸发性　　　C. 黏度　　　D. 凝点

四、简答题

1. 柴油机燃料供给系由哪几部分组成？各部分的功用是什么？
2. 如何选择柴油的牌号？
3. 喷油器是怎样工作的？

实训项目 柴油机喷油器的拆装

一、实训课时
4课时。

二、主要内容及目的
1. 能描述喷油器的结构和工作原理。
2. 能熟练进行柴油机喷油器的拆装。

三、教学准备
1. 喷油器手泵试验台、多孔喷油器。
2. 常用工具、专用工具各1套。

四、操作步骤及工作要点
1. 喷油器的拆卸。

(1) 喷油器的固定方式有压板固定、空心螺套固定和利用自身的凸缘固定三种。压板固定式喷油器在缸盖上正确的安装位置靠压板定位销固定。拆卸时首先拆下高压油管和固定螺母,然后用木棰震松喷油器,取出总成,视需要可用专用拉器拉出。

(2) 从发动机上拆下喷油器总成后,应先清洗外部,然后逐一在喷油5S手泵试验台上进行检验,检查喷射初始压力、喷雾质量和漏油情况,如质量良好就不必解体。

(3) 分解时先分解喷油器的上部,旋松调压螺钉紧固螺帽,取出调压螺钉、调压弹簧和顶杆,将喷油器倒夹在台钳上,旋下针阀体紧固螺帽,取下针阀体和针阀。

(4) 针阀偶件应成对浸泡在清洁的柴油里。如果针阀和针阀体难以分开,可用钳子垫上橡胶片夹住针阀尾端拉出。

2. 喷油器零件的清洗。

(1) 用钢丝刷清理零件表面的积炭和脏污,喷油器体和针阀体的油道可用通针或直径适当的钻头(cP0.7mm)疏通。

(2) 针阀体偶件应单独清洗。零件表面积垢的褐色物质可用乙醇或丙酮等有机溶剂浸泡后再仔细擦除。最后将喷油器偶件放在柴油中来回拉动针阀清洗,堵塞的喷孔用直径0.3mm的通针清理,清理时注意避免损伤喷孔。

(3) 清洗过的零件,用压缩空气吹去孔道中遗留的杂质,最后用汽油浸洗吹干备用。

3. 喷油器的装配。

(1) 将针阀、针阀体、紧固螺母装到喷油器体上,螺母的拧紧力矩为60～80N·m。

(2) 从喷油器体上部装入顶杆、调压弹簧、调压螺钉、拧上调压螺钉紧固螺帽。

(3) 安装进油管接头。总成调试完毕后,安装护帽。

4. 喷油器在发动机上的安装。

(1) 安装到气缸盖上的喷油器应检查喷油器伸出气缸盖底面的高度,玉柴YC6105QC为3.5～3.7mm。安装高度不符合规定时,可拆下锥形垫圈,在喷油器紧固螺套与锥形垫圈体之间加垫片调整,或更换锥形垫圈。

(2)锥形垫圈与气缸盖安装孔接触不严密时,可拆下锥形垫圈,加热后冷却减小其硬度后再安装。安装前用专用铰刀清除座孔内的积炭、污垢。

(3)喷油器体上的定位销(或定位块)安装时要嵌入座孔的定位槽内。紧固压板螺母拧紧力矩为22～28N·m。压板的圆弧状凸起面应朝向喷油器凸肩,以保证压紧力与喷油器轴线在同一平面内,有利于密封。

五、技术标准及要求

1. 分解过程中应注意保护针阀的精加工表面。

2. 在分解后,喷油器垫片应与原配喷油器体放置在一起保存好,喷油器与座孔间的锥形垫圈也应与原喷油器体放置在一起,装配时注意将针阀体和定位销钉对准。

3. 喷油器零件经清洗吹干、检验合格后,必须在高度清洁的场所进行装配。

六、注意事项

1. 分解过程中应注意保护针阀的精加工表面。

2. 在分解后,喷油器垫片应与原配喷油器体放置在一起保存好,喷油器与座孔间的锥形垫圈也应与原喷油器体放置在一起,装配时注意针阀体和定位销钉对准。

3. 喷油器零件经清洗吹干检验合格后,必须在高度清洁的场所进行装配。

第7章

润滑系

知识目标

1. 能叙述润滑系的作用、组成和工作原理。
2. 能描述润滑系各结构组成的功用和特点。
3. 能叙述润滑系中曲轴箱通风装置的功用。

技能目标

1. 掌握润滑系主要机件的拆装要领和调整方法。
2. 能够正确分析润滑系的油路。

7.1 概述

7.1.1 润滑系的功用

当发动机工作时，各运动零件均以一定的力作用在另一个零件上，并且发生高速的相对运动。有了相对运动，零件表面必然要产生摩擦，加速磨损。为了减轻磨损，减小摩擦阻力，延长使用寿命，发动机上都必须有润滑系。润滑系统的功用就是在发动机工作时连续不断地把数量足够、温度适当的洁净机油输送到全部传动件的摩擦表面，并在摩擦表面之间形成油膜，实现液体摩擦，从而减小摩擦阻力、降低功率消耗、减轻机件磨损，以达到提高发动机工作可靠性和耐久性的目的。此外，流动的润滑油还能起到清洁、吸热、密封、减震、降噪、防锈等功能。

7.1.2 润滑系的润滑方式

由于发动机传动件的工作条件不尽相同，因此，对负荷及相对运动速度不同的传动件采用不同的润滑方式。

1. 压力润滑

压力润滑是以一定的压力把机油供入摩擦表面的润滑方式。这种方式主要用于主轴承、连杆轴承及凸轮轴承等负荷较大的摩擦表面的润滑。

2. 飞溅润滑

利用发动机工作时运动件溅起来的油滴或油雾润滑摩擦表面的润滑方式，称飞溅润滑。该方式主要用来润滑负荷较轻的气缸壁面和配气机构的凸轮、挺柱、气门杆以及摇臂等零件的工作表面。

3. 润滑脂润滑

通过润滑脂嘴定期加注润滑脂来润滑零件的工作表面，如水泵及发电机轴承等。

7.1.3 润滑系的组成

为了保证发动机得到正常的润滑，发动机润滑系一般由以下几部分组成。如图 7-1 所示。

1. 润滑油储存与输送装置

包括油底壳、机油泵、输油管和气缸体与气缸盖上的润滑油道等。其作用是保证润滑油的储存、加压和循环流动。

2. 润滑油滤清装置

包括集滤器、粗滤器和细滤器等。其作用是滤除润滑油中的金属磨屑、机械杂质和胶质等，防止堵塞油道和油管。

3. 润滑油冷却装置

一些热负荷较高的发动机设有机油散热器，以加强润滑油的冷却，确保润滑油在最佳温度范围(70℃～90℃)内工作。

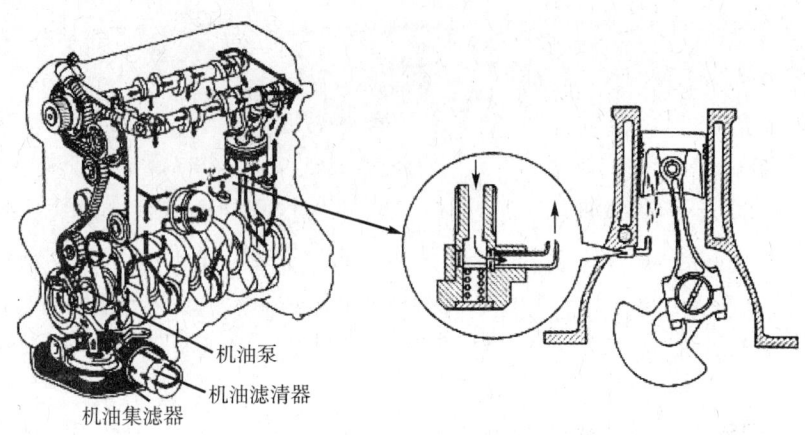

图 7-1 润滑系的组成

4. 安全与限压装置

在机油泵上或主油道中设有限压阀,粗滤器或细滤器上设有旁通阀,它们的作用是限制润滑系中的最高油压,保证润滑系在工作时有足够的润滑油量。

5. 润滑系工作检查装置

包括机油压力表、油温表、机油标尺和机油压力过低警告灯,以便驾驶员能随时掌握润滑系的工作状况。

7.1.4 润滑系的油路

现代汽车发动机润滑系的油路大致相同,只是由于润滑系的工作条件和一些具体结构不同而有所差别。图 7-2 所示为江淮和悦 4GA1 发动机润滑系油路示意图。

发动机工作时,机油泵将润滑油从油底壳中吸出,经集滤器过滤并经机油泵加压后输出。从机油泵输出的润滑油分成两条油路,大部分的润滑油通过粗滤器过滤后进入主油道,经曲轴箱的前、后端及隔板和气缸盖上的油道,分别到达各个所需要润滑的轴颈和摩擦表面进行压力润滑;飞溅的润滑油对活塞、活塞环、活塞销、气缸壁等部位进行飞溅润滑。少量的润滑油经限压阀进入与主油道并联的机油细滤器,滤去较细小的杂质和胶质后流回油底壳。

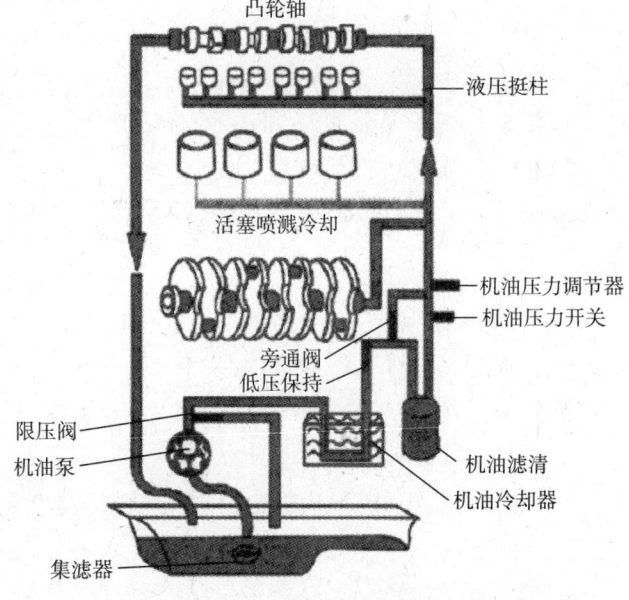

图 7-2 润滑系的油路

机油压力是由安装在机油滤清器支架上的两个油压开关(最低油压开关和标准油压开关)监控的。当发动机起动时,

第7章 润滑系

由于机油压力较低,低压报警开关触点闭合,机油报警灯亮。当机油压力超过标准油压时,低压报警开关触点断开,机油报警灯熄灭。当发动机转速升高,机油压力低于最低油压时,开关触点闭合,机油报警灯闪亮,同时蜂鸣器报警。

在润滑系油路中设有两个限压阀,一个装在机油泵上,另一个装在机油粗滤器支架上。当发动机处于冷态或机油黏度较大时,部分机油因油压高或流量过大,经限压阀流回油底壳,可避免机油压力过高而造成危险。在机油滤清器内有一个旁通阀,当滤清器堵塞时,旁通阀打开,未经滤清的机油仍能输送到各润滑点,避免发动机出现干摩擦的状态。在机油滤清器支架上还安装有一个回油关闭阀,当发动机停止运转时,能阻止主油道内的机油流回油底壳。

7.1.5 润滑油的种类和使用

国际上广泛采用 SAE(美国汽车工程学会)黏度分类法和 API(美国石油学会)使用性能分类法对机油进行分类,并已被国际标准化组织(ISO)确认。

SAE 按照不同的黏度等级,将机油分为冬季用机油和非冬季用机油两类。冬季用机油有 6 种牌号:SAE0W、SAE5W、SAE10W、SAE15W、SAE20W 和 SAE25W;非冬季用机油有 5 种牌号:SAE20、SAE30、SAE40、SAE50 和 SAE60。数字越大,机油的黏度也就越大,适合于在较高的环境温度下使用。

上述牌号的机油只有单一的黏度等级,称为单级油。当使用时,需要根据季节和气温的变化经常更换机油。目前普遍使用多级机油,其牌号有 SAE5W-20、SAE10W-30、SAE15W-40、SAE20W-40 等。例如,SAE5W-20 在低温下使用时,其黏度和 SAE5W 一样,在高温下,其黏度又与 SAE20 相同,因此,可以冬夏使用。

API 根据机油的性能及其适合使用的场合,将机油分为 S 系列和 C 系列两类。S 系列为汽油机油,目前有 SA~SH、SJ 和 SL 共 10 个级别;C 系列为柴油机油,目前有 CA~CD、CD-Ⅱ、CE、CF-4、CF、CF-Ⅱ 和 CG-4 共 10 个级别。级别越靠后,使用性能越好。其中 SA、SB、SC 和 CA 很少使用。

7.2 润滑系的主要部件

7.2.1 机油泵

机油泵的功用是保证机油在润滑系统内循环流动,并在发动机任何转速下都能以足够高的压力向润滑部位输送足够数量的机油。

机油泵结构形式可分为齿轮式和转子式两种。齿轮式机油泵又分为内啮合齿轮式和外啮合齿轮式,一般把后者称为齿轮式机油泵。

1. 外啮合齿轮式机油泵

外啮合齿轮式机油泵的结构和工作原理如图 7-3 所示。机油泵内装有一个主动齿轮和从动齿轮,齿轮的端面由机油泵盖密封,齿轮和泵体之间的间隙很小,泵体、泵盖和齿轮的各个齿槽间组成工作腔。主动齿轮由凸轮轴上的斜齿轮或曲轴前端齿轮驱动。

两个互相啮合的齿轮高速旋转,在进油口,由于两个轮齿逐渐脱离啮合而使进油腔容积增大,腔内产生一定的真空,机油经进油口被吸入进油腔,随后被轮齿带到出油腔。轮齿逐渐进入啮合而使出油腔的容积减小,使机油压力升高,机油经出油口被压入发动机内的润滑油道中。外啮合齿轮式机油泵由于驱动阻力最小,因此工作效率较高。

当轮齿进入啮合时,由于容积变小,轮齿间隙内润滑油的压力急剧升高,使齿轮受到很大的推力,从而加剧了机油泵轴与衬套的磨损。为此,在泵盖上对应啮合齿隙处铣出一条卸压槽与出油腔相连,以降低啮合齿隙间的油压。

泵盖上还装有限压阀,其一端与出油腔相通,另一端与进油腔相连。其作用是将主油道内的油压控制在额定范围内。当出油压力超过预设压力值时,油压克服限压弹簧的预紧力而顶开限压阀,部分润滑油流回进油腔,以达到泄油限压的目的。

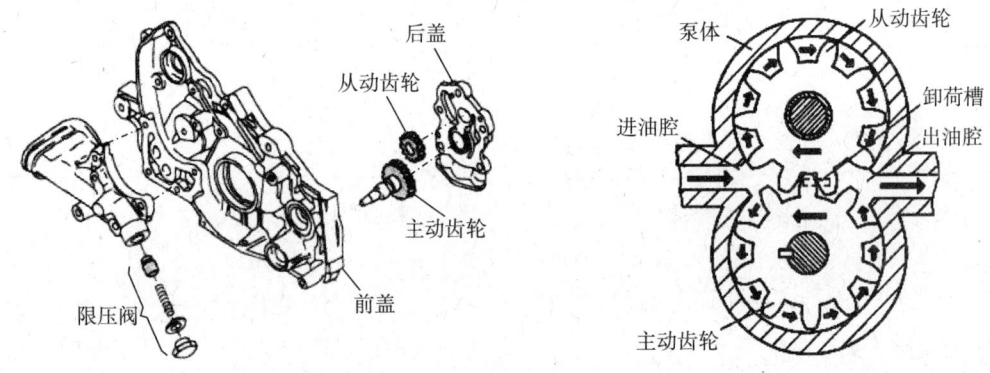

图 7-3 外啮合齿轮式机油泵

2. 内啮合齿轮式机油泵

如图 7-4 所示,内齿轮套在曲轴前端,为主动齿轮,机油通过月牙隔板左、右的间隙进行输送。由于这种机油泵内、外齿轮之间有多余空间,因此工作效率较低。

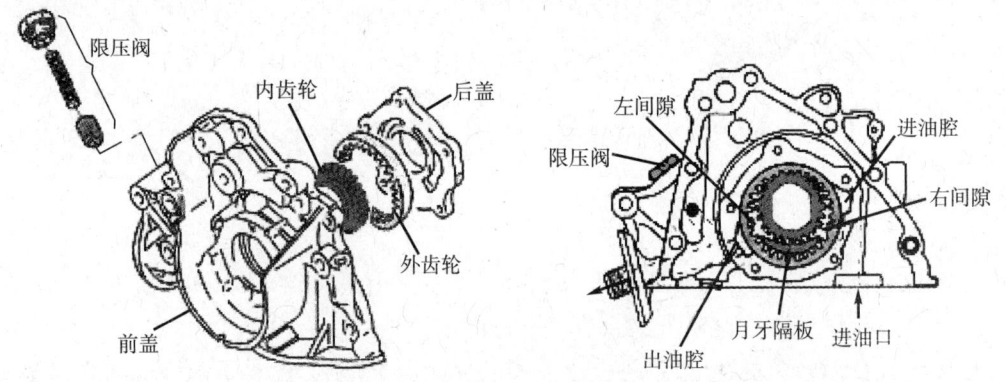

图 7-4 内啮合齿轮式机油泵

3. 转子式机油泵

转子式机油泵也称偏心内啮合转子式机油泵(如图 7-5 所示)。主要由泵体、泵盖、内转子、外转子、油泵轴和限压阀等组成。内转子为主动转子,内、外转子之间有一定的偏心距。内转子的凸齿比外转子的凹齿少一个,使得两转子之间存在转速差。旋转时两转子之间的工作腔容积不断改变,容积变大时吸油,变小时压油,这样不断完成吸油和压油过程。

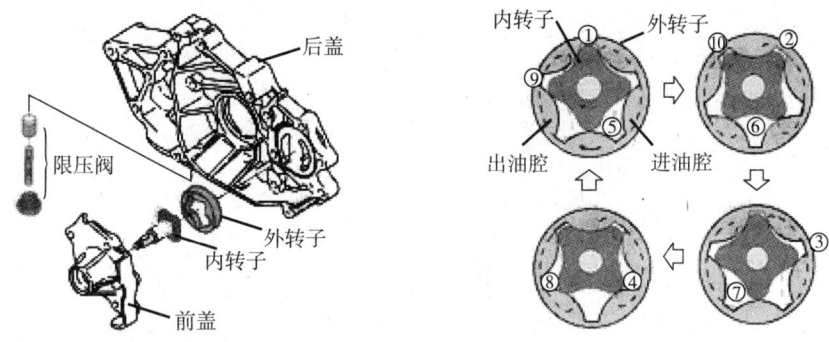

图 7-5　转子式机油泵

7.2.2　机油集滤器

机油集滤器一般安装在机油泵进油口的前端,多采用滤网式,主要作用是防止较大的机械杂质进入润滑油道。它由浮子、滤网、罩、固定管和焊接在浮子上的吸油管等组成。汽车发动机使用的集滤器有浮式集滤器和固定式集滤器两种。

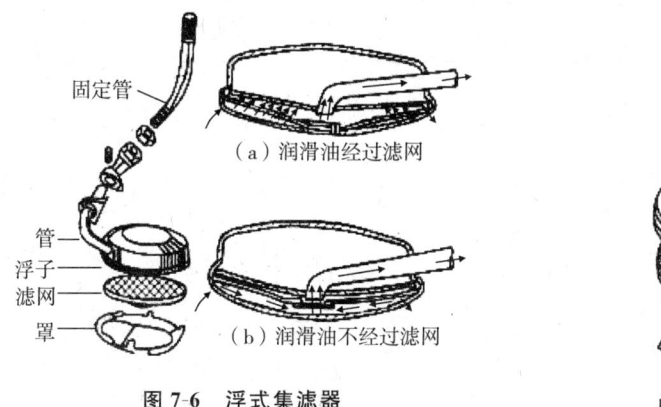

图 7-6　浮式集滤器

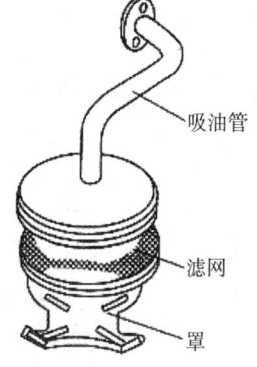

图 7-7　固定式集滤器

浮式集滤器(如图 7-6 所示)能吸入油面上较清洁的润滑油,但油面上的泡沫也容易被吸入机油泵,使润滑油的压力降低,导致润滑的可靠性下降。

固定式集滤器(如图 7-7 所示)结构简单,装在油面下,其吸入的润滑油清洁度稍逊于浮式集滤器,但可防止泡沫的吸入,保证润滑可靠。现代汽车发动机广泛采用固定式集滤器。

7.2.3　机油滤清器

机油滤清器(如图 7-8 所示)的功用是滤除机油中的金属磨屑、机械杂质和机油氧化物。如果这些杂质随同机油进入润滑系统,将加剧发动机零件的磨损,还可能堵塞油道,使发动机处于干摩擦状态。

机油滤清的方式有两种:全流式和分流式。全流式机油滤清器串联于机油泵和主油道之间,因此全部机油都经过它滤清。目前在轿车上普遍采用全流式机油滤清器。并且一般都采用整体式滤清器,即将滤芯与外壳制成一个整体,当使用时间达到更换周期时,需将滤芯和外壳一起更换。

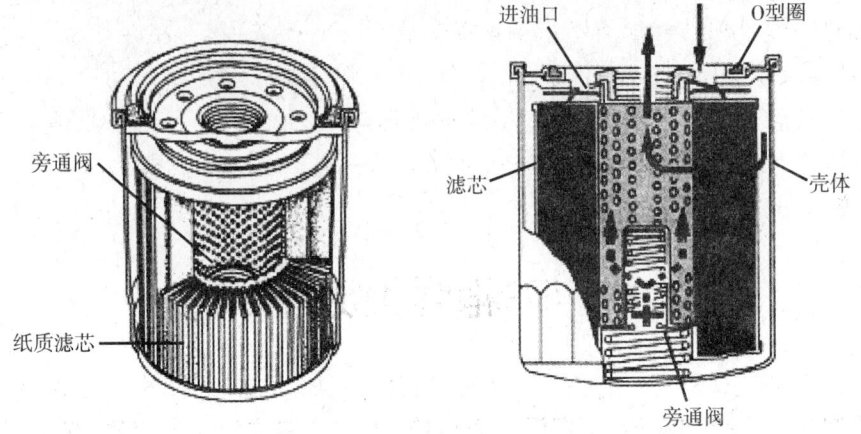

图 7-8　机油滤清器结构与原理图

机油滤清器的滤芯有褶纸滤芯和纤维材料滤芯。纸滤芯由经过酚醛树脂处理的微孔滤纸制造,这种滤纸具有较高的强度、较好的抗腐蚀性和抗湿性。纸滤芯具有质量轻、体积小、结构简单、滤清效果好、阻力小和成本低等优点,因而得到广泛的应用。

为了防止滤清器堵塞失效而导致油路中缺少润滑油,必须定期对其进行更换。一般在更换机油的同时更换机油滤清器。当滤清器没有及时更换或由其他原因造成滤芯堵塞时,会造成油压升高,使旁通阀开启,机油将不通过滤芯直接进入气缸体油道。

7.2.4　机油散热器

在一些高性能大功率的强化发动机上,由于热负荷大,必须装设机油冷却器,以对润滑油进行强制冷却。机油冷却器布置在润滑油路中,分为风冷式和水冷式两类。

风冷式机油冷却器(如图 7-9 所示)像一个小型散热器,利用汽车行驶时的迎面风对机油进行冷却。这种机油冷却器散热能力大,多用于赛车及热负荷大的增压汽车上。但是风冷式机油冷却器在发动机起动后需要很长的暖机时间才能使机油达到正常的工作温度,所以普通轿车上很少采用。水冷式机油冷却器(如图 7-10 所示)外形尺寸小,布置方便,机油温度稳定,且不会使机油冷却过度,因而在轿车上应用较广。

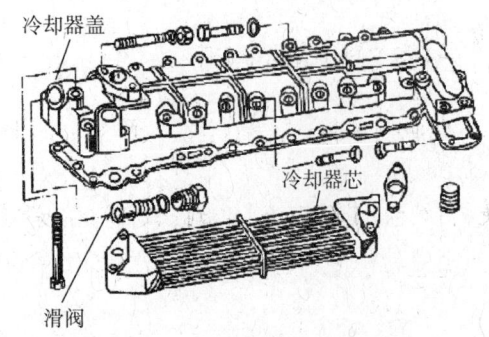

图 7-9　风冷式机油散热器

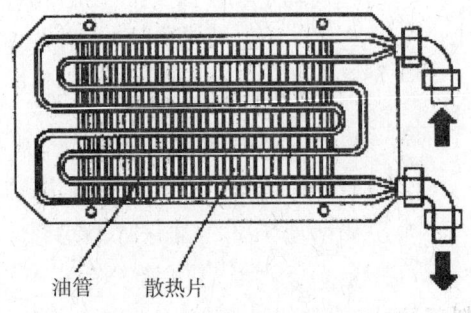

图 7-10　水冷式机油散热器

7.2.5 机油标尺

机油标尺是用来检查油底壳内油量和油面高低的。它的形状为一根扁平状的金属杆,从曲轴箱一侧的机油标尺管插入油底壳。在其下端刻有标记,机油的液面通过观察拔出的机油标尺来检查。

检查前,先将车置于水平位置,并将发动机运转3~5分钟后熄火。检查时,先拔出机油标尺,擦净上面的油污,再将机油标尺重新插入尺管内,然后再拔出机油标尺观察其上的油迹,以此判断润滑油的存量。

7.3 曲轴箱强制通风系统

发动机工作时,高压的可燃混合气或废气会通过气缸壁与活塞之间的间隙窜入曲轴箱内,使润滑油形成泡沫,破坏润滑油的供给,也可能造成润滑油变质、机油泄漏等不良后果。因此,发动机的曲轴箱必须设有通风装置,以便及时将进入曲轴箱内的混合气和废气排出,同时使新鲜的空气进入曲轴箱,形成不断的对流。

曲轴箱强制通风系统是利用发动机进气管道的真空度作用,使窜入曲轴箱内气体被吸入气缸。发动机工作时,在进气管内会形成真空,在这种真空度的作用下,窜入曲轴箱内的气体经钢丝网、曲轴箱通气软管和PCV阀被吸入进气歧管并进入气缸燃烧。新鲜的空气经滤网和空气软管进入到曲轴箱内,形成不断的对流。在曲轴箱通气软管上装有单向阀(PCV阀)是为了防止在发动机低速小负荷时,进气管的真空度太大而将机油从曲轴箱内吸出。

一、填空题

1. 发动机润滑系的主要作用有_____、_____、_____、_____、减震和防锈。

2. 发动机润滑系一般由润滑油储存与输送装置、_____装置、_____装置、_____装置和润滑系检查装置组成。

3. 机油泵根据结构形式的不同分为_____机油泵和_____机油泵两种。而齿轮式机油泵又分为_____机油泵和_____机油泵。

4. 机油滤清器上设有旁通阀,当滤芯堵塞使内、外空间的压力差达到一定值时,旁通阀_____,润滑油不经过滤芯的滤清直接进入_____,以保证润滑系所需的润滑油量。

二、判断题

1. 飞溅润滑是指发动机工作时,利用运动零件飞溅起来的油滴和油雾润滑摩擦表

面的润滑方式。它主要用来润滑外露表面和承受载荷较小的工作表面。（　）

2. 发动机工作时,机油泵的泵油量和泵油压力与发动机转速无关。（　）

3. 机油集滤器的作用是用来滤除润滑油中较大的颗粒。（　）

4. 机油标尺的作用是通过检查油底壳内润滑油液面高度,以判断润滑油的存量。

（　）

三、选择题

1. 压力润滑主要用于承受载荷大,相对运动速度较高的摩擦表面,因此下列（　）部件不属于压力润滑。
   A. 主轴颈   B. 连杆轴颈
   C. 凸轮轴轴颈   D. 活塞与气缸壁

2. 通常润滑系的滤清器上装有旁通阀,当滤清器堵塞时,旁通阀打开（　）。
   A. 使机油不经滤芯,直接流回油底壳   B. 使机油流回机油泵
   C. 使机油直接流入主油道

3. 下列哪个装置用来控制润滑系统的最高机油压力？（　）
   A. 限压阀   B. 集滤器
   C. 机油泵   D. 油底壳

四、问答题

1. 润滑系的润滑方式有哪些？各适用于哪些机构和部位？
2. 机油的选择原则是什么？
3. 简述润滑系的油路。
4. 曲轴箱强制通风系统的组成和作用是什么？

实训项目　润滑系的拆装

一、实训课时

2课时。

二、主要内容及目的

1. 掌握润滑系主要机件的拆装要领和调整方法。
2. 能够正确分析出润滑系的油路。

三、教学准备

1. 发动机1台。
2. 常用工具1套,厚薄规1把。

四、操作步骤及工作要点

1. 润滑系油路的分析。

（1）采用了传统的飞溅和压力润滑相结合的方式：

油底壳—机油集滤器—机油泵(限压阀)—机油滤清器(旁通阀)—中间轴前轴承—止回阀—缸盖油道—液力挺杆—凸轮轴轴承—主油道—曲轴主轴承—连杆轴承—中间轴后轴承

(2)压力报警开关。机油高压不足传感器装在机油滤清器座上,机油低压不足传感器装在汽缸盖油道的后端。

2.机油泵的拆装与调整。

(1)机油泵的拆卸。

①旋松分电器轴向限位卡板的紧固螺栓,拆去卡板,拔出分电器总成。

②旋松并拆卸两只将机油泵盖、机油泵体紧固到机体上去的长紧固螺栓,将机油吸油部件一起拆下。

③拧松并拆下吸油管组紧固螺栓,拆下吸油管组,检查并清洗滤网。

④旋松并拆下机油泵盖短紧固螺栓,取下机油泵组件,检查泵盖上的限压阀。

⑤分解主、被动齿轮,再分解齿轮和轴,垫片更换新件。

(2)检验与装配。

①检查主、被动齿轮的磨损情况,必要时更换,最好成对更换。

②机油泵盖与齿轮端面间隙:标准为 0.05mm,使用极限为 0.15mm。检查时,将钢尺直边紧靠在带齿轮的泵体端面上,将塞尺插入二者之间的缝隙进行测量。若不符,则可以通过增减泵盖与泵体之间的垫片来进行调整。

③主、被动齿轮与泵腔内壁间隙超过 0.3mm 时应换成新件。

④主、被动齿轮的啮合间隙:用塞尺插入啮合齿间,测量 120°三点齿侧,标准为0.05mm,使用极限为 0.20mm。

⑤将所有零件清洗干净,按分解的逆顺序进行装配。

五、技术标准及要求

1. 机油泵齿轮的侧隙 0.05mm。
2. 机油泵齿轮与泵体的端隙 0.05~0.1mm。
3. 机油泵主动轴与泵体孔的径向间隙 0.03~0.075mm。

六、注意事项

1. 正确操作,注意人身及机件安全。
2. 注意拆装顺序,保持场地整洁及零部件、工量具清洁。

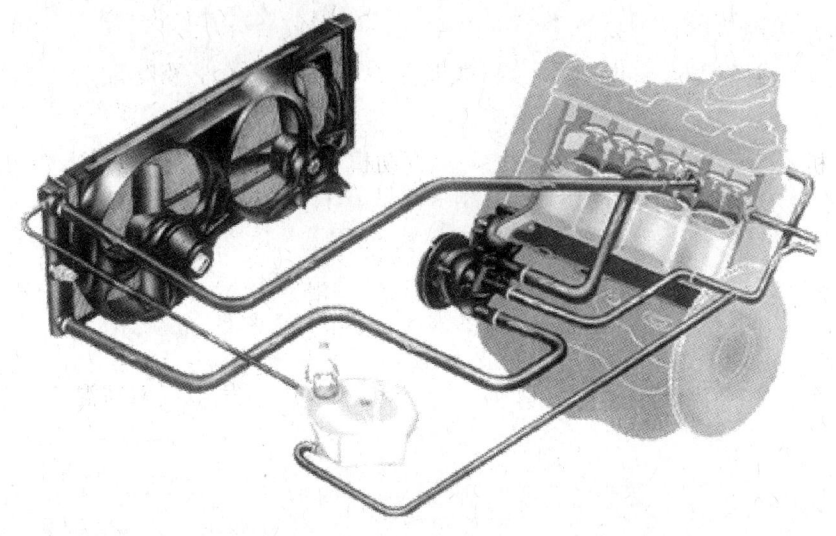

第8章

冷却系

知识目标

1. 能叙述冷却系的作用、组成和工作原理。
2. 能叙述冷却系各结构组成的功用和特点。
3. 能描述冷却系冷却水大小循环的路径。

技能目标

1. 能对照发动机描述冷却系各部件名称及基本工作原理。
2. 能绘制冷却系冷却水大小循环路径图。

8.1 概　述

8.1.1 冷却系的功用

冷却系的主要功用是把发动机过热零件吸收的部分热量及时散发出去,保证发动机在最适宜的温度状态下工作。另外,冷却系统还为暖风系统提供热能。

发动机的冷却要适度。既要防止夏季发动机过热,也要防止冬季发动机过冷。若冷却不足,会导致充气效率下降,早燃和爆燃的倾向加大,致使发动机功率下降;由于过热还会导致各机件损坏。若冷却过度,会使发动机过冷,导致可燃混合气雾化不好,造成燃烧不充分,使发动机功率下降及油耗上升;同时,润滑油黏度变大,造成润滑不良。

8.1.2 冷却系的类型

冷却系按照冷却介质不同可以分为风冷和水冷。将发动机中高温零件的热量,通过装在气缸体和气缸盖表面的散热片直接散入大气而进行冷却的装置称为风冷系。通过冷却水在发动机水套中循环流动而吸收多余的热量,再将此热量散发到大气而进行冷却的装置称为水冷系。由于水冷系冷却均匀,效果好,而且发动机运转噪音小,因此现代汽车发动机上广泛采用。

8.2 水冷系

8.2.1 水冷系的水路循环及组成

目前,汽车发动机普遍采用强制循环水冷系统,即利用水泵提高冷却液的压力,强制冷却液在发动机中循环流动(如图 8-1 所示)。

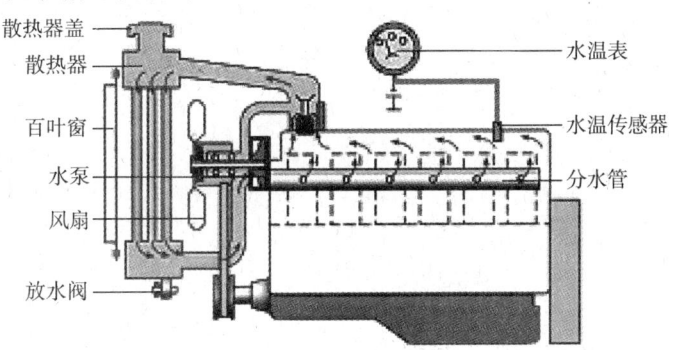

图 8-1　水冷系的组成

水冷发动机的气缸盖和气缸体中都铸有相互连通的水套。冷却液在水泵的作用下从散热器中吸出并加压,然后经分流水管流入气缸体和气缸盖内的水套中,冷却液在水套内吸收热量后经节温器流入散热器。由于汽车行驶和冷却风扇的强力抽吸作用,空气从前往后高速流经散热器,冷却液的热量不断散失到大气中,从而使冷却液的温度降低。冷却过的冷却液流入散热器的底部后,又在水泵的作用下再次压入水套,不断循环,从而保证发动机在最佳温度范围内工作。

冷却系中设有温度调节装置,如节温器、风扇和百叶窗等。为了便于驾驶员能及时掌握冷却系的工作情况,水冷系中还设有水温表和高温报警装置。

8.2.2 水冷系的主要部件

1. 水泵

水泵的功用是对冷却液加压,保证其在冷却系统中循环流动。现代汽车广泛采用离心式水泵。它具有结构简单紧凑、泵水量大及因故障而停止工作时不会妨碍水在冷却系内自然循环等优点。离心式水泵主要由壳体、叶轮、泵盖板、水泵轴、支撑轴承和水封等组成,如图8-2所示。

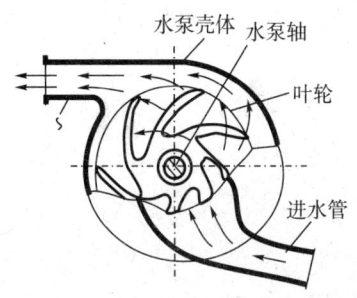
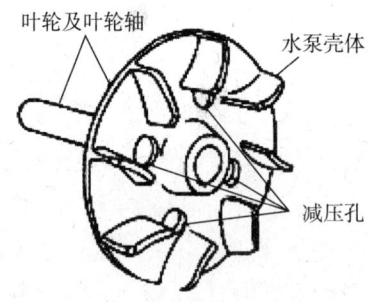

图8-2 离心式水泵及叶轮

当水泵叶轮旋转时,水泵中的冷却液被叶轮带动一起旋转,并在离心力的作用下甩向水泵壳体的边缘,同时产生一定的压力,然后从出水管流出。在叶轮的中心处由于冷却液被甩出而压力下降,散热器中的冷却液在水泵进口与叶轮中心的压差作用下经进水管流入叶轮中心。

2. 散热器

散热器的功用是使水套中出来的热水得到迅速的冷却,以保持发动机正常的水温。散热器由上储水室、下储水室、散热器芯和散热器盖等组成,如图8-3所示。在上、下储水室上分别装有进水管口和出水管口,它们分别用软管与发动机气缸盖上的出水管口及水泵的进水管口连接。冷却液在散热器芯内流动,空气在散热器芯外通过。热的冷却液由于向空气散热而变冷,冷空气则因为吸收冷却液散出的热量而升温,所以散热器是一个热交换器。

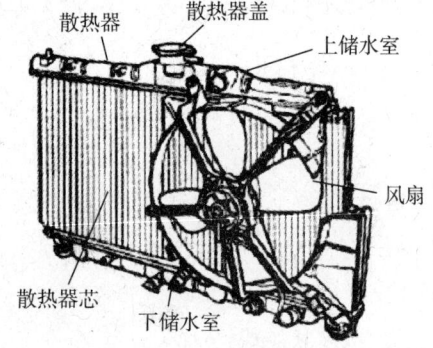

图8-3 散热器的组成

按照散热器中冷却液流动的方向,可将散热器分为纵流式和横流式两种。纵流式散热器芯竖直布置,上接进水室,下连出水室,冷却液由进水室自上而下地流过散热器芯进入出水室。横流式散热器芯横向布置,左右两端分别为进、出水室,冷却液自进水室经散热器芯到出水室横向流过散热器。大多数新型轿车均采用横流式散热器,这可以使发动机罩的外廓较低,有利于改善车身前端的空气动力性。

常见的散热器芯有管片式和管带式两种形式（如图8-4所示）。管片式散热器芯由散热管和散热片组成。散热管是焊在进、出水室之间的直管，作为冷却液的通道。散热管有扁管也有圆管。扁管与圆管相比，在容积相同的情况下有较大的散热表面。铝散热器芯多为圆管。在散热管的外表面焊有散热片以增加散热面积，增强散热能力，同时还增大了散热器的刚度和强度。管片式散热器的优点是散热面积大、气流阻力小、结构刚度好及承压能力强等。

管带式散热器芯由散热管及波形散热带组成。散热管为扁管，并与波形散热带相间地焊在一起。为增强散热能力，在波形散热带上加工有鳍片。与管片式散热器芯相比，管带式的散热能力强，制造简单，质量轻，成本低，但结构刚度差。

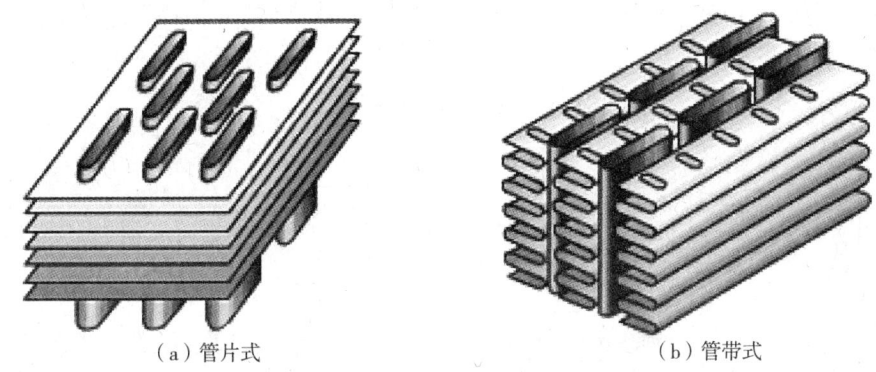

(a) 管片式　　　　(b) 管带式

图8-4　散热器芯

现代汽车发动机多采用封闭式水冷却系统，这种冷却系统的散热器盖装有一个空气阀和一个蒸汽阀，对冷却系统有密封加压作用。发动机处于正常热态时，阀门关闭，可将冷却系统与大气隔开，防止水蒸气溢出，使系统内压力稍高于大气压力，从而增高冷却液的沸点，保证发动机在较长的时间及较高负荷下工作。当散热器中压力升高到一定压力时，蒸汽阀便开启，使水蒸气从通气孔排出，以防止热膨胀压坏散热器芯管；当水温降低，冷却系统中蒸汽凝结为水，散热器内形成一定真空时，空气阀开启，空气从通气孔进入冷却系统，避免压力差将散热器芯管压瘪，如图8-5所示。

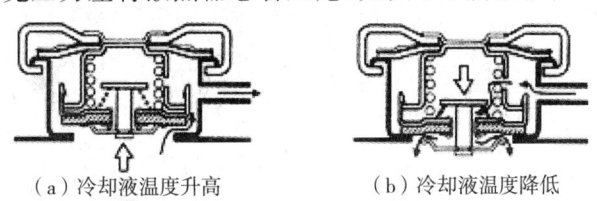

(a) 冷却液温度升高　　　　(b) 冷却液温度降低

图8-5　散热器盖结构及其工作原理

3. 冷却风扇

冷却风扇的功用是提高流经散热器的空气流速和流量，以增强散热器的散热能力，加快冷却液的冷却速度，如图8-6所示。冷却风扇一般置于散热器后面并与水泵同轴驱动。当发动机在车架上纵向布置时，风扇一般安装在水泵轴上，并由驱动水泵和发电机的同一根V带传动。汽车发动机水冷系多采用低压头、大风量、高效率的轴流式风扇。

即风扇旋转时,空气沿着风扇旋转轴的轴线方向流动,从前往后通过散热器芯,从而使散热器芯中的冷却水加速冷却。风扇的冷却效果与风扇的直径、转速、叶片形状、叶片安装角度以及叶片数目有关。

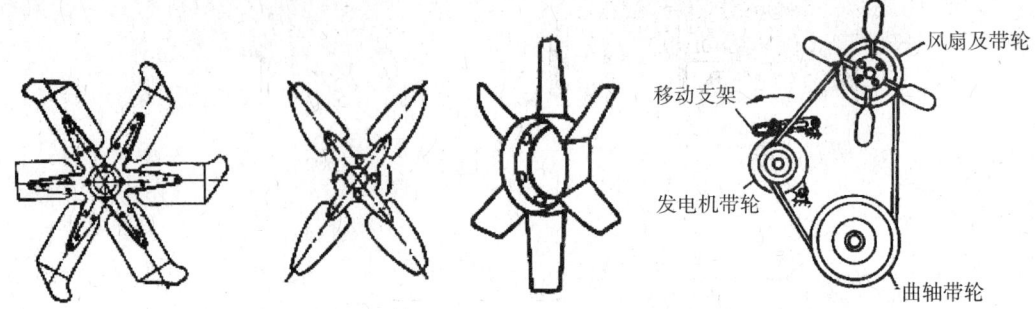

图 8-6　风扇的结构形式　　　　　　　　图 8-7　风扇的驱动及张紧装置

现代汽车上多采用电动冷却风扇,其转速与发动机转速无关。电动冷却风扇系统一般由温度传感器、风扇、电动机等组成。根据冷却液温度变化,使风扇断续工作,从而提高了整车的经济性能。另外,电动冷却风扇省去了风扇V带轮和发电机轴的驱动V带连接,风扇叶片尺寸和散热器等布置自由度大,具有能耗低、噪声小等优点。

4. 节温器

节温器是控制冷却液流动路径的阀门,安装在冷却水循环的通路中(一般安装在气缸盖的出水口),根据发动机负荷的大小和水温的高低自动改变水的循环流动路线,以达到调节冷却系统冷却强度的目的。汽车上广泛采用蜡式节温器,如图 8-8 所示。

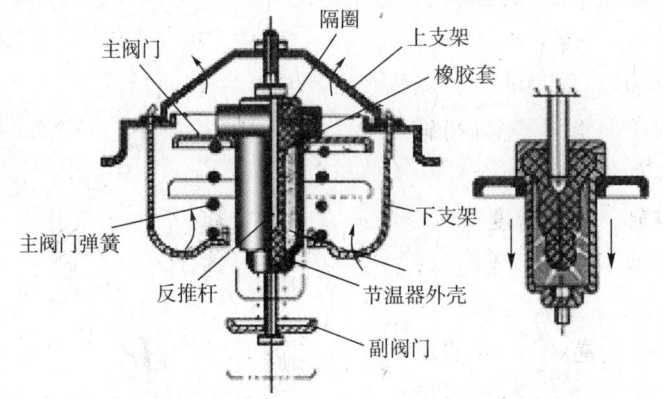

图 8-8　蜡式节温器

当冷却液温度低于规定值时,节温器感温体内的石蜡呈固态,节温器阀在弹簧的作用下关闭发动机与散热器间的通道,冷却液经水泵返回发动机,进行小循环。当冷却液温度达到规定值后,石蜡开始熔化逐渐变成液体,体积随之增大并压迫橡胶管使其收缩。在橡胶管收缩的同时给予推杆以向上的推力。由于推杆上端固定,因此,推杆对胶管和感温体产生向下的反推力使阀门开启。这时冷却液经由散热器和节温器阀,再经水泵流回发动机,进行大循环,如图 8-9 所示。

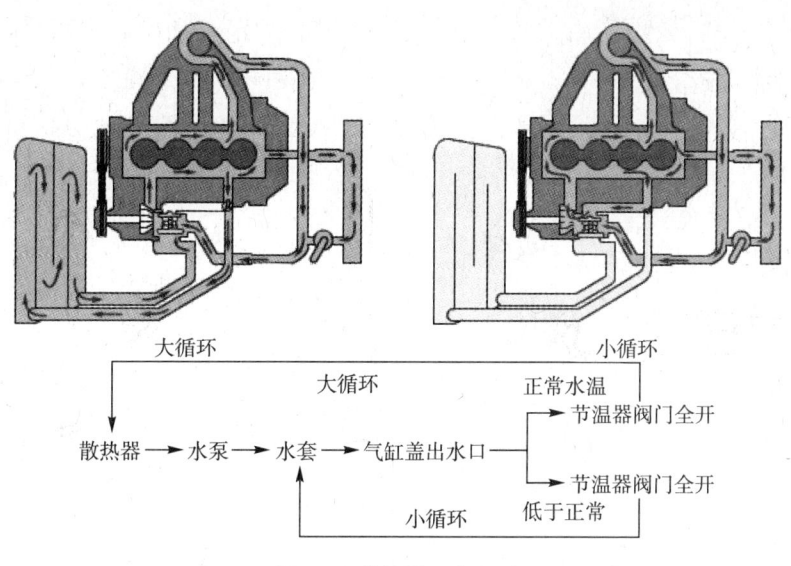

图 8-9 节温器工作原理

5．风扇离合器

为了减少发动机的功率损失，减小风扇噪声，改善低温启动性能，节约燃料和降低排放，在有些汽车发动机上采用风扇离合器来控制风扇的转速，自动调节冷却强度，来达到上述目的。

风扇离合器主要有硅油式和电磁式。图 8-10 所示为硅油风扇离合器。当冷却水温度不高时，双金属感温器不带动阀片偏转，进油孔关闭，工作腔内无油，风扇离合器处于分离状态。这时仅由于密封毛毡圈和轴承的摩擦，使风扇随同离合器壳体一起在主动轴上空转打滑，速度很低。当发动机的负荷增加而使吹向双金属感温器的气流温度升高时，阀片转到将进油孔打开的位置，于是硅油从储油腔进入工作腔。主动板利用硅油的黏性带动离合器壳体和风扇转动。此时离合器处于结合状态，风扇转速得到提高以适应发动机增强冷却强度的需要。若发动机的负荷减小，流经双金属感温器的气流温度较低时，双金属感温器复原，阀片将进油孔关闭。工作腔内油也继续从会油孔流向储油腔，直至甩空为止。这时风扇离合器又回到分离状态。漏油孔的作用是防止风扇离合器在静态时从阀片轴周围泄露硅油。

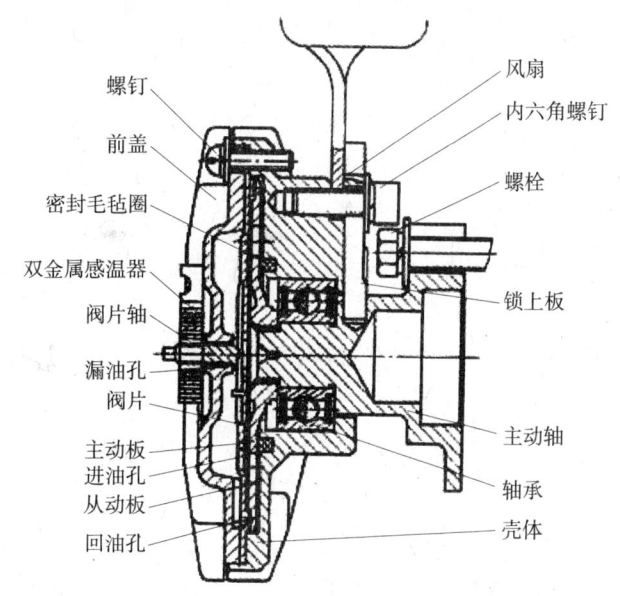

图 8-10 硅油风扇离合器结构示意图

6. 膨胀水箱

膨胀水箱由塑料制成并用软管与散热器加冷却液口上的溢流管连接。膨胀水箱的工作原理如图 8-11 所示,其作用是当冷却液受热膨胀时,部分冷却液流入补偿水桶;而当冷却液降温时,部分冷却液又被吸回散热器,所以冷却液不会溢失。膨胀水箱内的液面有时升高,有时降低,而散热器却总是由冷却液所充满。在膨胀水箱的外表面上刻有两条标记线:"低"线和"高"线,膨胀水箱内的液面应位于两条标记线之间。若液面低于"低"线时,应向膨胀水箱补充冷却液。在向箱内添加冷却液时,液面不应超过"高"线。膨胀水箱还可消除水冷系中的所有气泡。

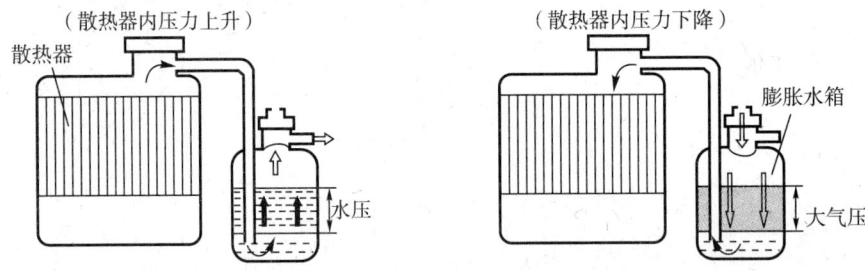

图 8-11 膨胀水箱的工作原理

7. 百叶窗

有些发动机在散热器前面装有百叶窗,其作用是通过改变吹过散热器的空气流量来调节发动机的冷却强度,以保证发动机经常在适当的温度范围内工作。在发动机冷起动或暖车期间,冷却液的温度较低,这时将百叶窗部分或完全关闭,以减少吹过散热器的空气流量,使冷却液的温度迅速升高。百叶窗可由驾驶人通过驾驶室内的手柄来操纵其开闭,也可用感温器自动控制。

8. 冷却液和防冻剂

冷却液是水与防冻剂的混合物。冷却液用水最好是清洁的软水,如雨水、自来水等。否则易在发动机水套中产生水垢,使传热受阻,易造成发动机过热。纯净水在 0℃ 时结冰。如果发动机冷却系统中的水结冰,将使冷却水终止循环引起发动机过热。尤其严重的是水结冰时体积膨胀,可能将机体、气缸盖和散热器胀裂。为了适应冬季行车的需要,在水中加入防冻剂制成冷却液以防止循环冷却水的冻结。最常用的防冻剂是乙二醇。冷却液中水与乙二醇的比例不同,其冰点也不同。50% 的水与 50% 的乙二醇混合而成的冷却液,其冰点约为 $-35.5℃$。

在水中加入防冻剂还提高了冷却液的沸点。例如,含 50% 乙二醇的冷却液在大气压力下的沸点是 130℃。因此,防冻剂有防止冷却液过早沸腾的附加作用。

防冻剂中通常含有防锈剂和泡沫抑制剂。防锈剂可延缓或阻止发动机水套壁及散热器的锈蚀或腐蚀。冷却液中的空气在水泵叶轮的搅动下会产生很多泡沫,这些泡沫将妨碍水套壁的散热。泡沫抑制剂能有效地抑制泡沫的产生。在使用过程中,防锈剂和泡沫剂会逐渐消耗殆尽,因此,定期更换冷却液是十分必要的。在防冻剂中一般还要加入着色剂,使冷却液呈蓝绿色或黄色以便识别。

8.3 风冷系

风冷发动机利用大流量风扇使高速空气流直接吹过气缸盖和气缸体的外表面。为了有效地降低受热零件的温度和改善其温度的分布,在气缸盖和气缸体的外表面精心布置了一定形状的散热片,确保发动机在最适当的温度范围内可靠地工作(如图 8-12 所示)。风冷发动机的主要特点有以下几点。

(1)对地理环境和气候环境的适应性强　风冷发动机特别适于在沙漠或高原等缺水的地区工作。另外,在酷热的气候条件下工作不会过热,在严寒季节也不易过冷。因为散热片的温度很高,散热片与环境空气间的温差远比水冷系统中冷却液与环境空气间的温差为大,所以气温的变化对散热片与环境空气间温差的影响相对较小,即风冷发动机对气温的变化不敏感。

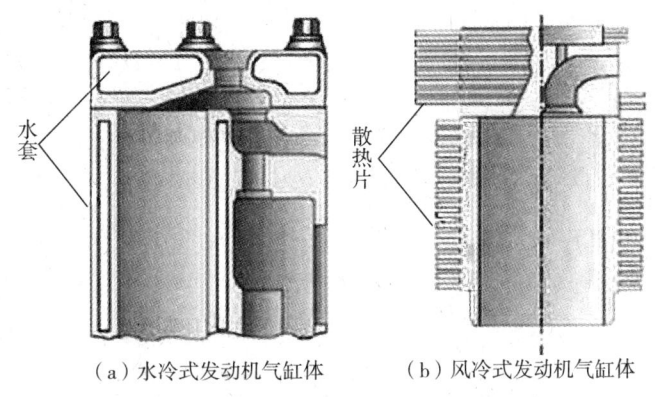

图 8-12　风冷、水冷发动机气缸体

(2)热负荷高　风冷发动机的气缸盖、气缸体等受热零件的温度高。这是因为空气的传热系数只有水的传热系数的 1/20～1/30,空气的比热容只有水的 1/4。这表明风冷发动机要得到足够的冷却,不仅要合理地布置散热片,而且需要较大的空气流量。

(3)冷起动后暖机时间短　风冷发动机在冷起动后气缸温度上升快,在短时间内即可进入大负荷工作状态。

(4)维护简便　风冷发动机由于省去了散热器和许多管道而减少了维护点,而且由于通用化、系列化的程度高,主要零件均可互换;因此拆装容易,维修简便。

思考与练习

一、填空题

1.冷却系的作用是将发动机中受热零件吸收的_____散发到大气中去,以保证发动机在_____的温度范围内工作。

2.发动机根据所用冷却介质不同,一般分为_____和_____两种。

3. 节温器是通过自动调节冷却液的循环_____和_____,从而调节发动机的冷却强度。目前汽车上多采用_____节温器。

4. 冷却液中添加剂的作用有_____、_____、_____和_____等。

二、判断题

1. 发动机在使用中,冷却液的温度越低,则说明发动机的冷却强度越好。( )
2. 离心式水泵因故障而停止工作时,不妨碍冷却液在系统中的热对流。( )
3. 现代轿车发动机广泛采用封闭式水冷却系统,它可以调节系统的工作压力,并减少冷却液外溢和蒸发损失,但不能提高冷却液的沸点。( )
4. 任何清洁的水都可以作为冷却液加注。( )
5. 发动机工作时,风扇向散热器方向吹风,以利于散热器散热。( )
6. 发动机工作时,如果节温器的阀门打不开,发动机将出现升温快的现象。( )

三、选择题

1. 封闭式冷却系中,膨胀水箱的主要作用是( )。
   A. 避免冷却液损耗时降低制冷效果   B. 提高冷却液沸点
   C. 加强散热效果   D. 防止冷却液变质

2. 发动机冷却液进行大循环时,从气缸盖出水口出来的冷却液经主阀门( )内。
   A. 部分进入散热器   B. 全部进入散热器
   C. 部分进入水泵   D. 全部进入水泵

3. 汽车发动机中冷却液用水最好选用清洁的( )。
   A. 井水   B. 雨雪水
   C. 蒸馏水   D. 矿泉水

4. 散热器盖的蒸汽阀弹簧过软,会使( )。
   A. 散热器内气压过低   B. 散热器内气压过高
   C. 散热器芯管容易被压坏   D. 冷却液不易沸腾

四、问答题

1. 冷却系的功用是什么?
2. 节温器是怎样来控制冷却系大小循环的?
3. 膨胀水箱有何功用?
4. 怎样选用冷却液?

实训项目　冷却系的拆装

一、实训课时

2课时。

二、主要内容及目的

1. 了解冷却系的组成和水循环路线。

2. 熟悉水泵的拆装要领。

三、教学准备

1. 发动机支架、水泵、节温器等各一。
2. 专用拉器、压器、水温计、加热装置、常用工量具各一。
3. 相关挂图或图册若干。

四、操作步骤及工作要点

1. 冷却系的拆装。

(1)冷却液的排放与补充。将仪表板的暖风开关拨至右端,将暖风控制阀全开;拧下冷却液膨胀水箱盖(必须在冷态时拧下,热机时不能操作);松开水管的卡箍。拉出冷却液软管,放出冷却液,用容器收集,以便今后使用(注意:冷却液有毒,操作时小心)。

(2)散热器总成的拆卸。从散热器上拆下冷却液上、下水管、与膨胀水箱的连接管,最后取下散热器总成。

(3)散热器总成的分解。旋下螺栓取下风扇及风扇罩。旋下螺母,从风扇罩上取下风扇及电机。从散热器上旋下风扇电机热敏开关及O型圈。

(4)水泵总成的拆卸。从水泵上取下水循环管、热交换器回水管、冷却液下水管。取下水泵传动皮带,拆下水泵总成。

(5)水泵总成的分解。取下水泵皮带轮。旋下螺栓取下水泵和衬垫、取下节温器盖、节温器O型圈和节温器。

(6)节温器的检查。节温器为蜡式节温器,检查节温器的功能是否正常,可将节温器置于热水中,观察温度变化时节温器的动作。温度为87℃开始打开,温度达102℃时,其升程大于7mm。

(7)V型带张紧度的检查。因为交流发动机及水泵是用三角带传动的,使用一段时间后,由于皮带磨损或其他原因,皮带的张紧程度变松,影响传动效率,降低传动件的使用寿命。一般在水泵皮带中间处用拇指按压,其挠度为10mm,否则应予以调整。

2. 冷却系的装配。

(1)水泵的安装。将水泵及发动机的水道清洁干净,再将水泵、衬垫装到水泵体上,紧固力矩为10N·m;再装上水泵皮带轮,紧固力矩为20N·m;装上节温器、O型圈及节温器盖,紧固力矩为10N·m,最后将组装好的水泵总成装到汽缸体左侧,紧固力矩为20N·m。

(2)散热器的安装。将风扇电机装到风扇罩上,紧固力矩为10N·m,然后一起装到散热器上,紧固力矩为10N·m;旋紧风扇电机热敏开关,紧固力矩为25N·m,散热器装上橡胶垫后,放入车身的安装孔中,再装上支架,紧固力矩为10N·m。

(3)冷却水管的连接。在汽缸盖的左侧装上连接管、衬垫,紧固力矩为10N·m。在汽缸盖后面装上衬垫、去热交换器的水管接头,紧固力矩为10N·m。装上小循环水管及冷却液上水管、冷却液下水管。在热交换器水管接头上旋下水温感应塞,紧固力矩为10N·m,最后安装膨胀箱及其连接水管。

(4)冷却液的选择和添加。一般应根据环境温度来选择冷却液,并添加至规定数量,符合要求为止。

五、技术标准及要求

1. 节温器开启温度85℃,开启行程7mm。
2. 风扇电机热敏开关开启温度90~98℃,关闭温度88~93℃。
3. 散热器盖开启压力120~150kPa。

六、注意事项

1. 放出冷却液时要小心,冷却液有毒。
2. 冷却液要按照厂家规定来选择和添加。

第9章

传动系

知识目标

1. 能叙述传动系的功用、组成和动力传动路线。
2. 能叙述离合器的功用、结构特点和工作原理。
3. 能叙述变速器的功用、结构特点和基本原理。
4. 能叙述万向传动装置的功用、结构特点和工作原理。
5. 能叙述驱动桥的功用、组成和工作原理。

技能目标

1. 能对照整车描述传动系各部件名称及基本原理。
2. 能制定传动系主要部件的拆装步骤与方法,并在规定时间完成操作。

9.1 概述

汽车传动系的基本功用是将发动机输出的动力传给驱动车轮,同时还必须随着行驶条件的需要改变转矩的大小。

普通的机械式传动系统如图 9-1 所示,发动机发出的动力依次经过离合器、变速器和由万向节和传动轴组成的万向传动装置,以及安装在驱动桥中的主减速器、差速器和半轴,最后传到驱动车轮。现代汽车中,采用自动变速器的越来越多,其传动系统包括自动变速器、万向传动装置、驱动桥等,即用自动变速器取代了离合器和手动变速器。

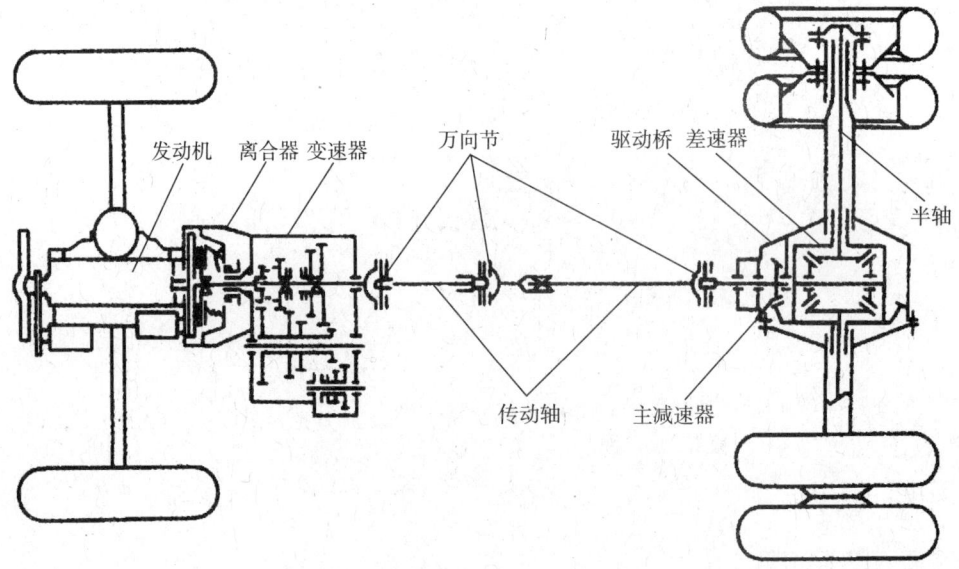

图 9-1 普通机械式传动系统

采用自动变速器的轿车包括多数进口轿车、国内新生产的先进轿车,如上海大众的帕萨特、奥迪 A6、江淮宾悦等中高级轿车,都广泛采用了液力机械传动,其传动系由自动变速器、万向传动装置和驱动桥等组成。

本章主要介绍普通机械式传动系。

9.2 离合器

9.2.1 离合器的概述

1.离合器的功用

离合器是汽车传动系中直接与发动机相连接的部件,安装在发动机与变速器之间。在手动挡的汽车中,其主要功用如下:

(1)使发动机与传动系逐渐结合,保证汽车平稳起步。

(2)暂时切断发动机的动力,保证变速器换挡时工作平顺。

(3)限制所传递的转矩,防止传动系统过载。

2. 离合器的基本结构

离合器的基本结构如图 9-2 所示。离合器可分为主动部分、从动部分、压紧装置和操纵机构。压紧装置(膜片弹簧或螺旋弹簧)将从动盘压紧在飞轮端面上,发动机转矩靠飞轮与从动盘接触面之间的摩擦作用而传递到从动盘上,再经过从动轴等传给变速器。

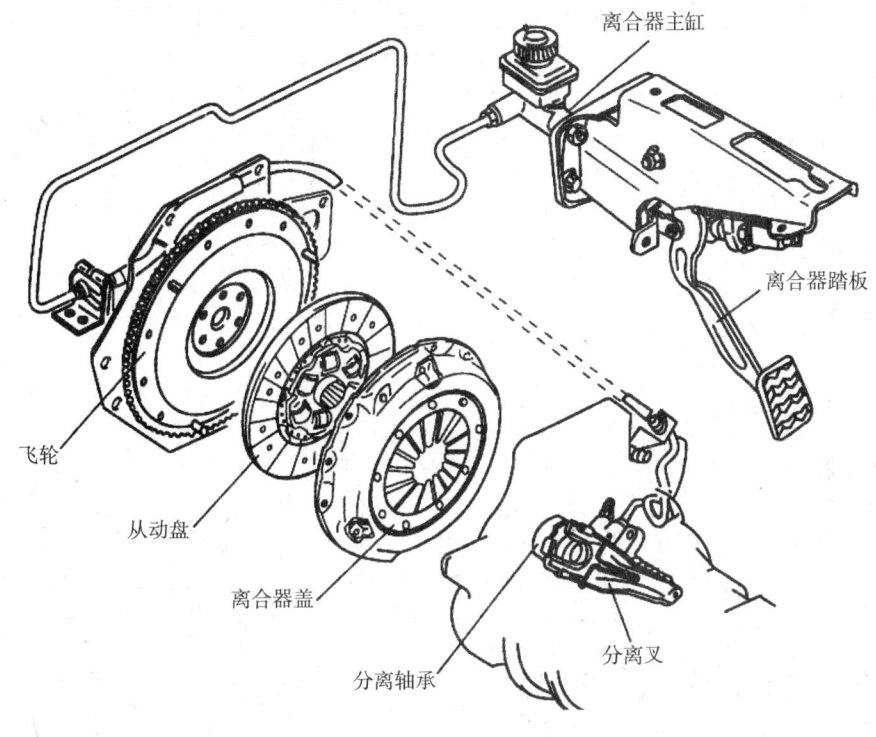

图 9-2 离合器的基本结构

3. 离合器的工作原理

离合器的工作原理如图 9-3 所示。从动盘通过花键和变速器主动轴相连,可以前后运动。在压紧弹簧的作用下,离合器处于结合状态。当驾驶员踩下离合器踏板,分离套筒和分离轴承在分离叉的推动下,推动从动盘克服压紧弹簧的力而后移,使离合器处于分离状态,中断动力传动。逐渐抬起离合器踏板,压盘在压紧弹簧的作用下前移逐渐压紧从动盘。此时从动盘与压盘、飞轮的接触面之间产生摩擦力矩并逐渐增大,动力由飞轮、压盘传给从动盘经输出轴输出。在这一过程中,从动盘及输出轴转速逐渐提高,直至与主动部分转速相同,主、从动部分完全接合。在离合器的接合过程中,飞轮、压盘和从动盘之间接合还不紧密时,所能传递的摩擦力矩较小,其主、从动部分未达到同步,处于相对打滑的状态称为半联动状态,这种状态在汽车起步时是必要的。

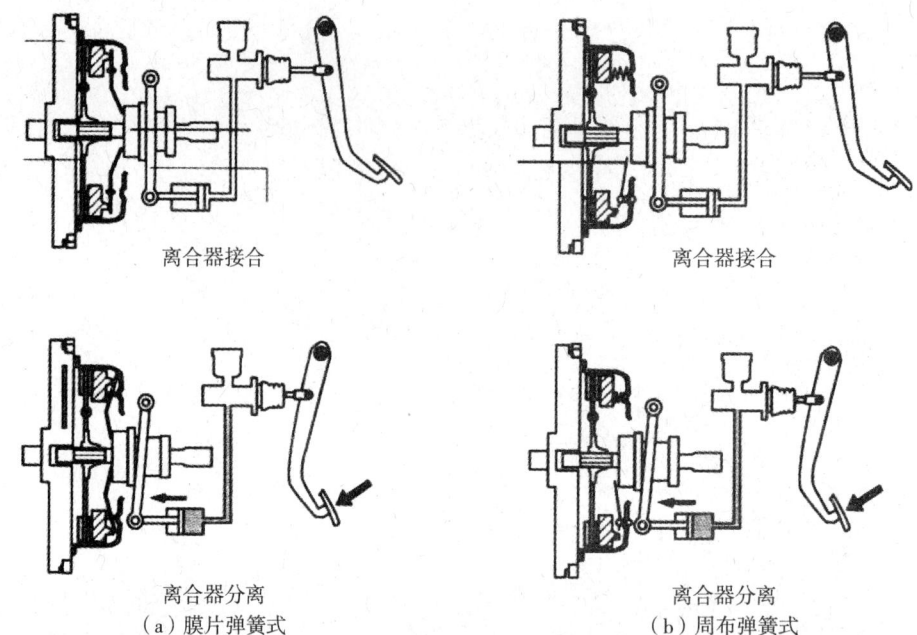

图 9-3 离合器的工作原理

4. 离合器踏板的自由行程

由离合器的工作原理可知,当从动盘摩擦片磨损变薄后,为了保证离合器能处于结合状态并传递发动机转矩,则压盘必须向前移动。此时膜片弹簧(或分离杠杆)外端和压盘一起向前移,其内端向后移。如果膜片弹簧(或分离杠杆)与分离轴承之间没有间隙,则由于机械式操纵机构的干涉作用,压盘最终无法前移,即导致离合器不能结合,出现打滑现象。为此,在离合器膜片弹簧(或分离杠杆)内端与分离轴承之间预留一定的间隙,这个间隙称为离合器的自由间隙,如图 9-4 所示。

离合器分离过程中,为消除离合器自由间隙和操纵机构零件的弹性变形所需要踩下的踏板行程称为离合器踏板的自由行程。

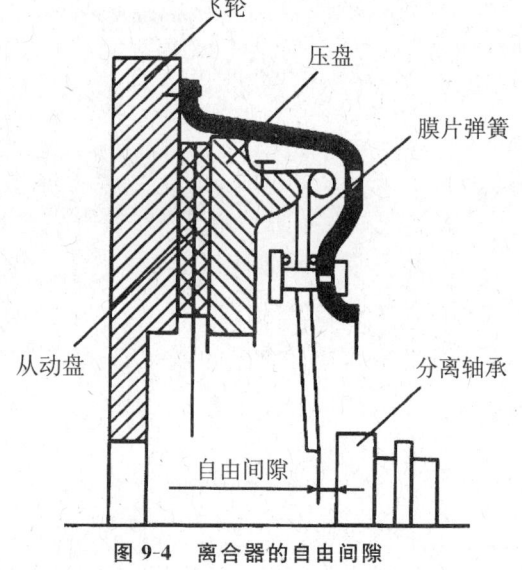

图 9-4 离合器的自由间隙

9.2.2 离合器主要部件的构造

1. 膜片弹簧式离合器

膜片弹簧离合器的结构如图 9-5、9-6 所示。膜片弹簧式离合器以膜片弹簧取代周布弹簧离合器中的螺旋弹簧及分离杠杆,构造简单,并可免除调整分离杠杆高度的麻烦,且膜片弹簧弹力特性优于螺旋弹簧,操作省力,故为目前使用最广的离合器。

第9章 传动系

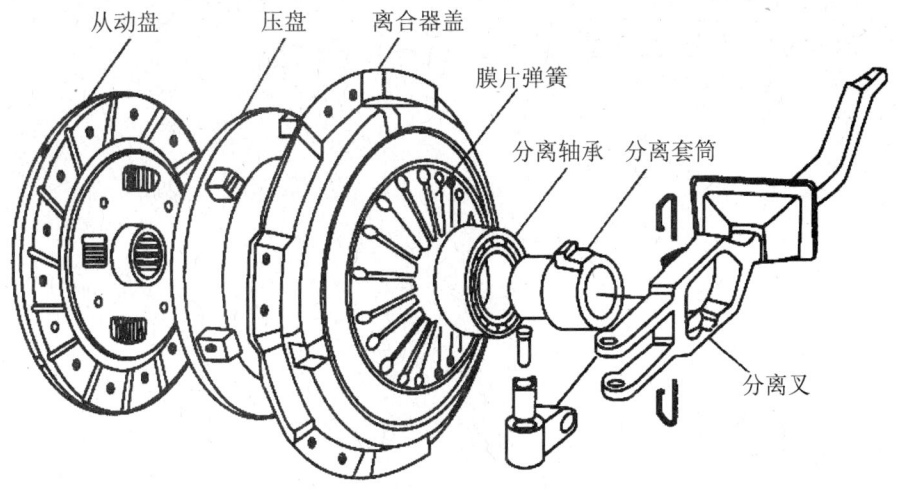

图 9-5 膜片弹簧式离合器构造

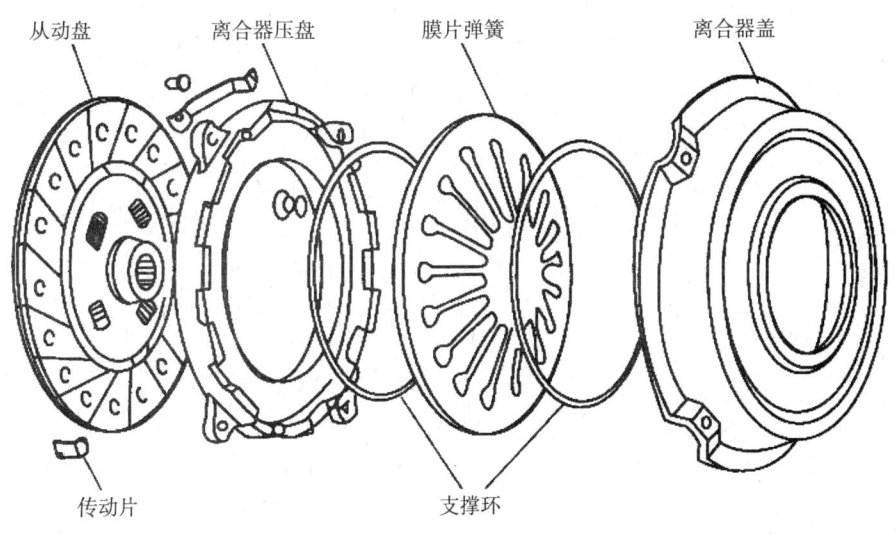

图 9-6 膜片弹簧式离合器分解图

离合器盖通过螺栓固定在飞轮上。为了保持正确的安装位置,离合器盖通过定位销进行定位。压盘与离合器盖之间通过周向均布的 3 组或 4 组传动片来传递转矩。传动片用弹簧钢片制成,每组 2 片,一端用铆钉铆在离合器盖上,另一端用螺钉连接在压盘上。

从动盘主要由从动盘本体、摩擦片和从动盘毂等组成,如图 9-7、9-8 所示。为消除传动系统的扭转振动,从动盘一般都带有扭转减振器。膜片弹簧的径向开有若干切槽,形成弹性杠杆。切槽末端有圆孔,固定铆钉穿过圆孔,并固定在离合器盖上。膜片弹簧两侧装有钢丝支撑环,这两个钢丝支撑环是膜片弹簧工作时的支点。膜片弹簧的外缘通过分离钩与压盘联系起来。

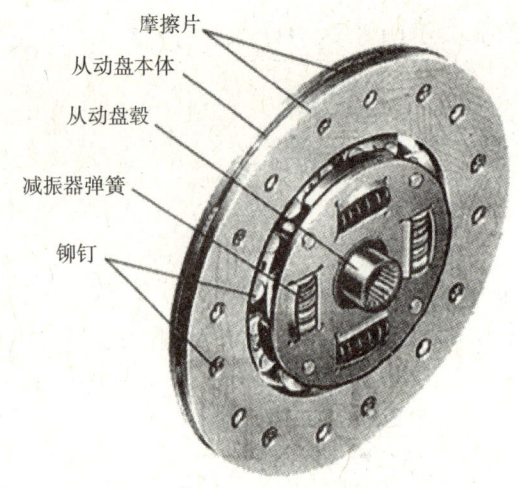

图 9-7 从动盘的结构

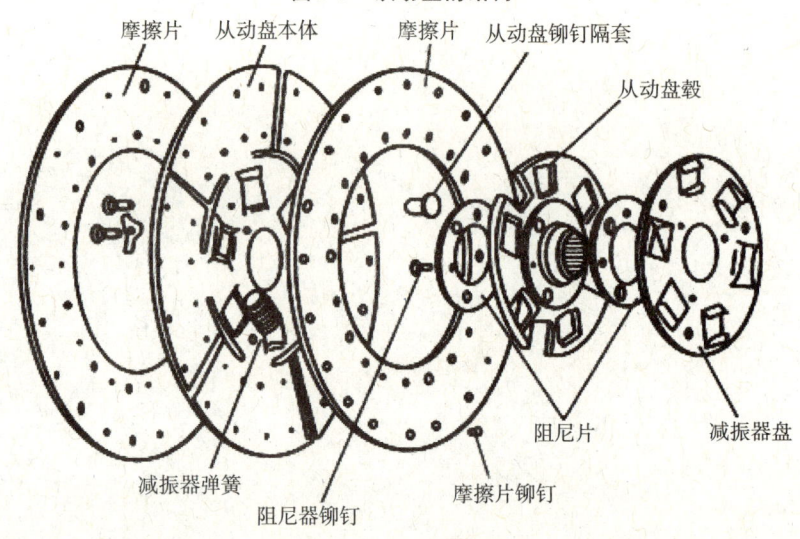

图 9-8 从动盘分解图

2. 离合器的操纵机构

离合器的操纵机构起始于离合器踏板，终止于分离杠杆（或膜片弹簧），可分为机械式和液压式。

（1）机械式操纵机构　机械式操纵机构有杠杆传动和钢索传动两种。钢索传动操纵机构如图 9-9 所示。由于钢索是挠性件，因此对其他装置的布置没有大的影响，且安装方便、成本低、维护容易，所以使用较多。

（2）液压式操纵机构　液压式操纵机构如图 9-10 所示，由离合器踏板、离合器主缸、离合器工作缸、分离叉和油管等组成。

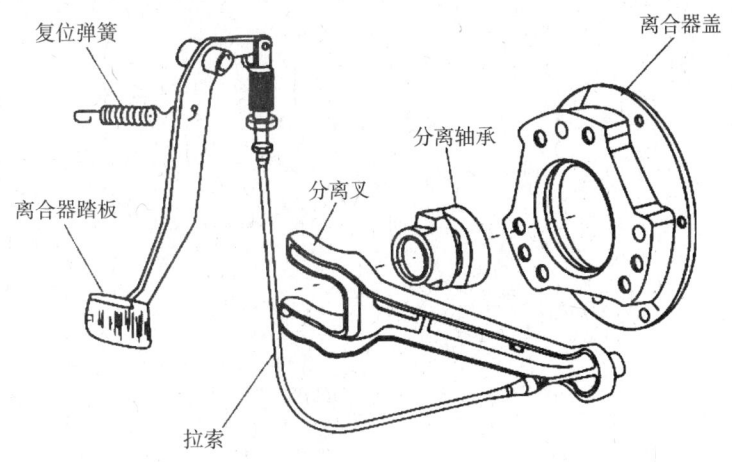

图 9-9 钢索传动操纵机构

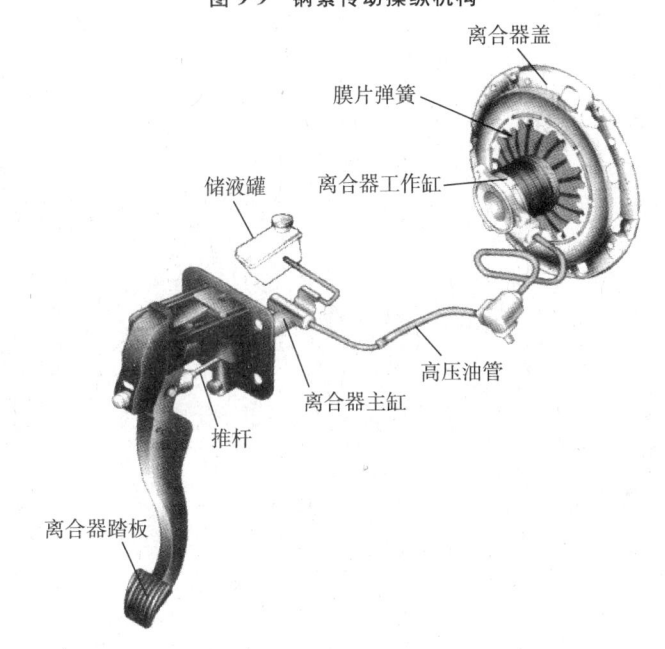

图 9-10 离合器液压操纵机构

①离合器主缸。离合器主缸结构如图 9-11 所示。主缸壳体上的回油孔、补偿孔通过进油软管与储液罐相通。主缸内装有活塞,活塞两端装有皮碗,左端中部装有止回阀,经小孔与活塞右方主缸内腔的油室相通。当离合器踏板处于完全放松位置时,活塞左端皮碗位于回油孔与补偿孔之间,两孔均与储液罐相通。

②离合器工作缸。离合器工作缸结构如图 9-12 所示。工作缸内装有活塞、皮碗、推杆等,壳体上还设有放气螺钉。当管路内有空气存在而导致离合器不能分离时,需要拧出放气螺钉进行放气。工作缸活塞直径略大于主缸活塞直径,故液压系统具有增力作用,以使操纵轻便。

③工作情况。分离过程:当离合器踏板踩下时,离合器主缸推杆推动主缸活塞,离合器主缸产生油压,压力油经油管使工作缸的活塞推出,经推杆推动分离叉、推移分离轴

承等使离合器分离。

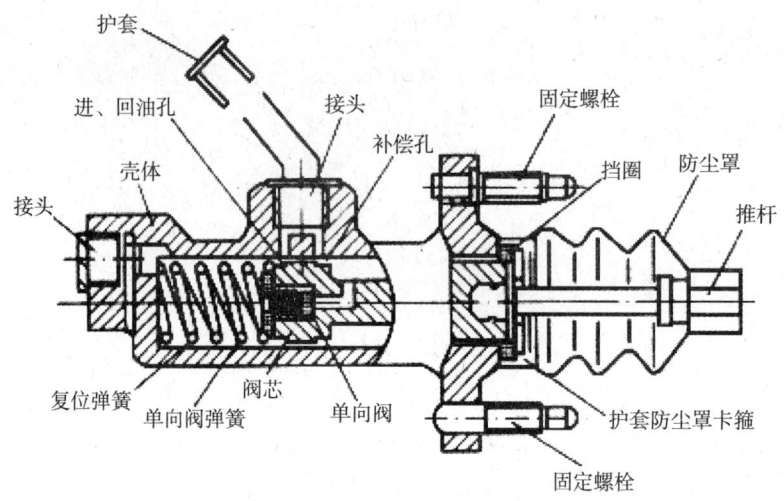

图 9-11　离合器主缸结构

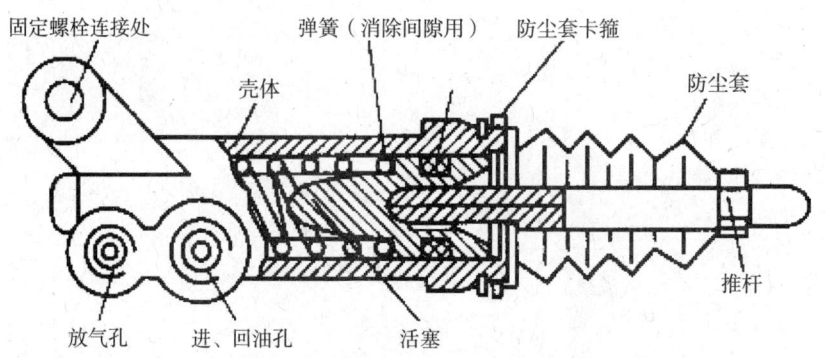

图 9-12　离合器工作缸结构

结合过程：离合器踏板放松时，踏板复位弹簧将踏板拉回，离合器主缸油压消失，各机件复原，离合器接合。

补偿过程：当管路系统渗入空气时，可利用补偿孔来排除渗入的空气。当踩下离合器踏板难以使离合器分离时，可迅速放松踏板，在踏板复位弹簧的作用下，主缸活塞快速右移。储液罐中的油液从补偿孔经主缸活塞上的止回阀流入活塞左面。再迅速踩下踏板，工作缸活塞前移，以弥补因从动盘磨损或系统渗入少量空气后引起的在相同踏板位置工作缸活塞移动量的不足，从而保证离合器的正常工作。

9.3　手动变速器

9.3.1　变速器的概述

1. 变速器的分类

变速器按传动比的级数可分为有级式、无级式和综合式三种；按操纵方式可分为手动变速器、自动变速器和手动自动一体变速器三种。

2. 变速器的功用

(1)实现变速、变矩 改变传动比,扩大驱动轮转速和转矩的变化范围,以适应汽车在不同工况下所需的牵引力和合适的行驶速度,并使发动机尽量在最佳的工况下工作。变速器通过不同的挡位来实现这一功用。

(2)实现倒车 发动机的旋转方向从前往后看为顺时针方向,且是不能改变的,为了实现汽车的倒向行驶,变速器中设置了倒挡。

(3)中断动力传动 在发动机起动和怠速运转、变速器换挡、汽车滑行和暂时停车等情况下,都需要中断发动机的动力传递,因此变速器中设有空挡。

3. 变速器齿轮传动的基本原理

(1)变速变矩原理 齿轮传动的基本原理如图9-13所示。一对齿数不同的齿轮啮合传动时可以实现变速,而且两齿轮的转速之比与其齿数成反比。图9-13a所示,设主动齿轮转速为 n_1,齿数为 Z_1;从动齿轮转速为 n_2,齿数为 Z_2。传动比是主动齿轮(即输入轴)转速与从动齿轮(即输出轴)转速的比值,用字母 i_{12} 表示。即:

$$i_{12} = n_1/n_2 = Z_1/Z_2$$

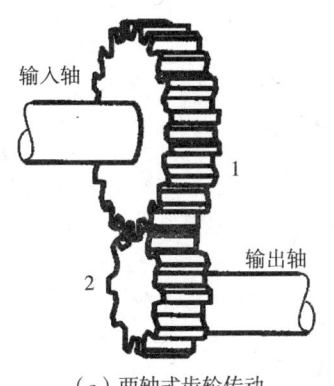
(a)两轴式齿轮传动

1—输入轴齿轮;2—输出轴齿轮

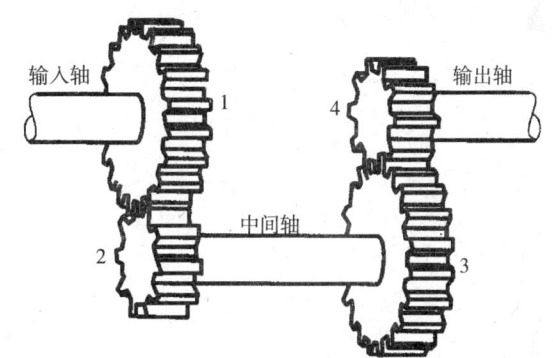
(b)三轴式齿轮传动

1—输入轴齿轮;2—中间轴主动齿轮;
3—中间轴从动齿轮;4—输出轴齿轮

图 9-13 齿轮传动基本原理

当小齿轮为主动齿轮带动大齿轮转动时,输出轴转速降低,为减速传动,则轴转矩则增加,此时传动比 $i>1$;当大齿轮驱动小齿轮时,输出轴转速升高,为增速传动,转矩减小,此时传动比 $i<1$。汽车变速器就是根据这一原理利用若干大小不同的齿轮副传动来实现变速变矩的。

汽车变速器某一挡位的传动比就是这一挡位各级齿轮传动比的连乘积。图9-13所示的两对齿轮的传动比 i_{14} 为:

$$i_{14} = n_1/n_4 = i_{12} \cdot i_{34} = \frac{Z_2 Z_4}{Z_1 Z_3}$$

(2)变向原理 外啮合的一对齿轮旋向相反,每经一对传动副,其轴便改变一次转向。为了满足汽车倒向行驶,需改变变速器输出轴的旋转方向。所以,二轴式变速器的倒挡是在输入轴与输出轴之间加装了一根倒挡轴和倒挡齿轮(此为惰轮),使其输出轴与前进挡的旋向相反,从而可以使汽车倒向行驶。三轴式变速器前进挡的输入轴与输出轴转向相同,其倒挡则是在中间轴与输出轴之间加装一根倒挡轴和倒挡齿轮,使输出轴与输入轴转向相反,从而使汽车倒向行驶。

9.3.2 变速器的结构和工作原理

变速器包括变速传动机构和操纵机构两大部分。

1. 变速器的变速传动机构

(1)两轴式变速器变速传动机构 两轴式变速器用于发动机前置前轮驱动的汽车,一般与驱动桥(前桥)合称为手动变速驱动桥。前置发动机有纵向布置和横向布置两种形式,与其配套的两轴式变速器也有两种不同的结构形式。发动机纵置时,主减速器为一对圆锥齿轮;发动机横置时,主减速器采用一对圆柱齿轮。

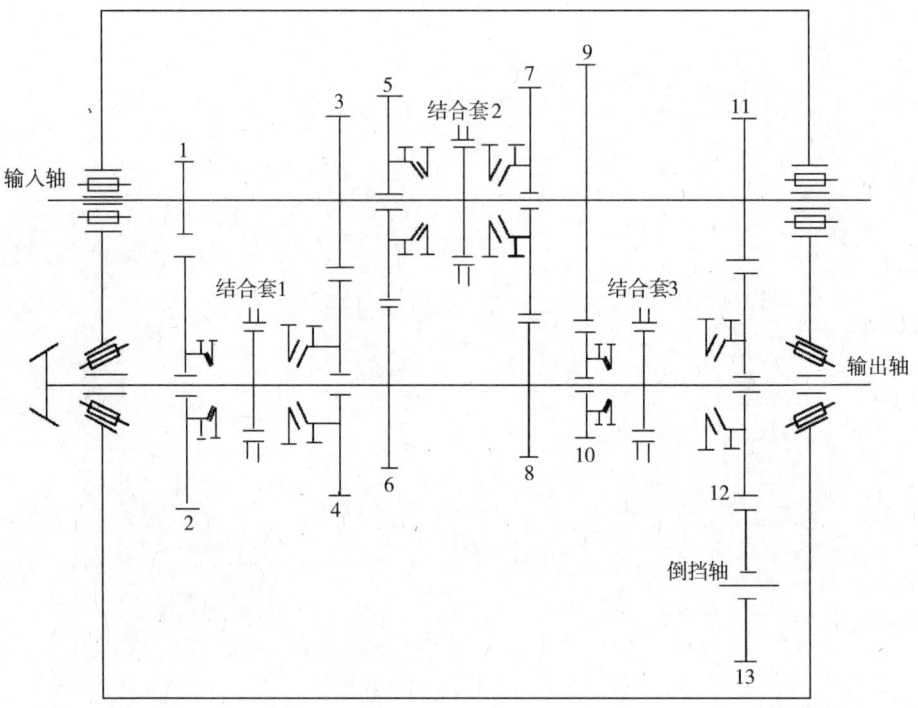

1—输入轴1挡齿轮;2—输出轴1挡齿轮;3—输入轴2挡齿轮;4—输出轴2挡齿轮;
5—输入轴3挡齿轮;6—输出轴3挡齿轮;7—输入轴4挡齿轮;8—输出轴4挡齿轮;
9—输入轴5挡齿轮;10—输出轴5挡齿轮;11—输入轴倒挡齿轮;12—输出轴倒挡齿轮;
13—倒挡轴齿轮

图 9-14 两轴式五挡手动变速器结构简图

图 9-14 所示是两轴式五挡手动变速器的结构简图。该变速器具有 5 个前进挡、1 个倒挡,输入轴(第一轴)和输出轴(第二轴)平行。输入轴的前端借离合器与发动机曲轴相连,它与输入轴1挡齿轮1、输入轴2挡齿轮3和输入轴倒挡齿轮11制成一体。输入轴上还装有输入轴3挡齿轮5和输入轴4挡齿轮7,两个主动齿轮都通过滚针轴承空套在

输入轴上,3、4挡花键毂与该轴花键毂紧配合,输入轴5挡齿轮9与该轴是压装配合。输出轴与主减速器主动锥齿轮制成一体,输出轴上装有6个从动轮2、4、6、8、10、12,1挡、2挡和5挡、倒挡花键毂以其内花键与输出轴上的外花键紧配合。3、4挡从动齿轮6、8以花键与输出轴紧配合,其他各挡从动轮则通过滚针轴承空套在输出轴上。各挡动力传递路线见表9-1。

表9-1 两轴式五挡手动变速器各挡动力传递路线

挡位	动力传递路线
1挡	结合套1左移 动力→输入轴→输入轴1挡齿轮1→输出轴1挡齿轮2→结合套1→输出轴
2挡	结合套1右移 动力→输入轴→输入轴2挡齿轮3→输出轴2挡齿轮4→结合套1→输出轴
3挡	结合套2左移 动力→输入轴→结合套2→输入轴3挡齿轮5→输出轴3挡齿轮6→输出轴
4挡	结合套2右移 动力→输入轴→结合套2→输入轴4挡齿轮7→输出轴4挡齿轮8→输出轴
5挡	结合套3左移 动力→输入轴→输入轴5挡齿轮9→输出轴5挡齿轮10→结合套3→输出轴
倒挡	结合套3右移 动力→输入轴→输入轴倒挡齿轮11→倒挡齿轮13→输出轴倒挡齿轮12→结合套3→输出轴

(2)三轴式变速器变速传动机构 三轴式变速器用于发动机前置后轮驱动的布置形式,多用于中型载货汽车。

图9-15是三轴式六挡手动变速器结构简图。该变速器有6个前进挡和1个倒挡,并设置有第一轴(输入轴)、第二轴(输出轴)和中间轴。第一轴前端通过离合器与发动机曲轴相连,第二轴后端通过凸缘连接万向传动装置,而中间轴则主要用来固定安装各挡的变速器传动齿轮。各挡动力传递路线见表9-2。

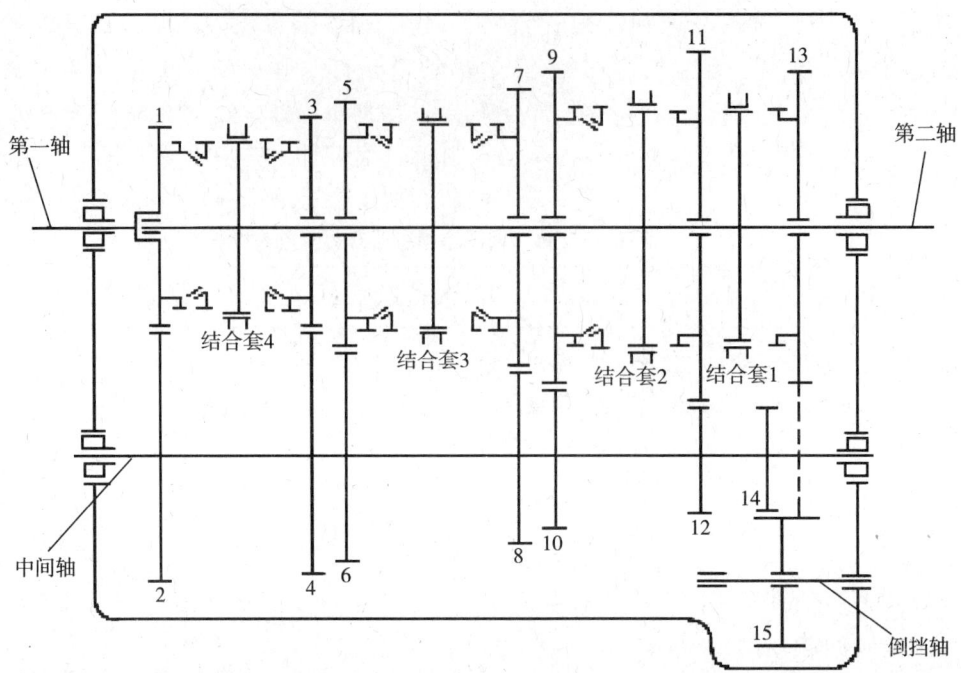

三轴式注释：1—第一轴常啮合齿轮；2—中间轴常啮合齿轮；3—第二轴5挡齿轮；4—中间轴5挡齿轮；5—第二轴4挡齿轮；6—中间轴4挡齿轮；7—第二轴3挡齿轮；8—中间轴3挡齿轮；9—第二轴1挡齿轮；10—中间轴2挡齿轮；11—第二轴1挡齿轮；12—中间轴1挡齿轮；13—第二轴倒挡齿轮；14—中间轴倒挡齿轮；15—倒挡轴齿轮

图 9-15　三轴式六挡手动变速器结构简图

表 9-2　三轴式六挡手动变速器各挡动力传递路线

挡位	动力传递路线
1挡	结合套2右移 动力→输入轴→第一轴常啮合齿轮1→中间轴常啮合齿轮2→中间轴→中间轴1挡齿轮12→第二轴1挡齿轮11→结合套1→第二轴
2挡	结合套2左移 动力→输入轴→第一轴常啮合齿轮1→中间轴常啮合齿轮2→中间轴→中间轴2挡齿轮10→第二轴1挡齿轮9→结合套2→第二轴
3挡	结合套3右移 动力→输入轴→第一轴常啮合齿轮1→中间轴常啮合齿轮2→中间轴→中间轴3挡齿轮8→第二轴3挡齿轮7→结合套3→第二轴
4挡	结合套3左移 动力→输入轴→第一轴常啮合齿轮1→中间轴常啮合齿轮2→中间轴→中间轴4挡齿轮6→第二轴4挡齿轮5→结合套3→第二轴
5挡	结合套4右移 动力→输入轴→第一轴常啮合齿轮1→中间轴常啮合齿轮2→中间轴→中间轴5挡齿轮4→第二轴5挡齿轮3→结合套4→第二轴

6挡	结合套4左移 动力→输入轴→第一轴常啮合齿轮1→中间轴常啮合齿轮2→中间轴→中间轴6挡齿轮2→第二轴6挡齿轮1→结合套4→第二轴
倒挡	结合套1左移 动力→输入轴→第一轴常啮合齿轮1→中间轴常啮合齿轮2→中间轴→中间轴倒挡齿轮14→倒挡轴齿轮15→第二轴倒挡齿轮13→结合套1→第二轴

2. 同步器

同步器的功用是使结合套与待啮合的齿圈迅速同步,缩短换挡时间,防止在同步前啮合而产生换挡冲击。目前所采用的同步器几乎都是摩擦式惯性同步器,按锁止装置不同,可分为锁环式惯性同步器和锁销式惯性同步器。

锁环式惯性同步器的结构如图9-16所示。花键毂用内花键套装在二轴外花键上,用垫圈、卡环轴向定位。3个滑块分别装在花键毂上3个均布的轴向槽内,沿槽可以轴向移动。花键毂两端与齿轮之间各有一个青铜制成的锁环(即同步环)。锁环有内锥面,与结合齿圈外锥面相配合,组成锥面摩擦副。通过这对锥面摩擦副的摩擦,可使转速不等的两齿轮在结合之前迅速达到同步。锁环上的花键齿在对着结合套的一端制有倒角(称为锁止角),且与结合套齿端的倒角相同。

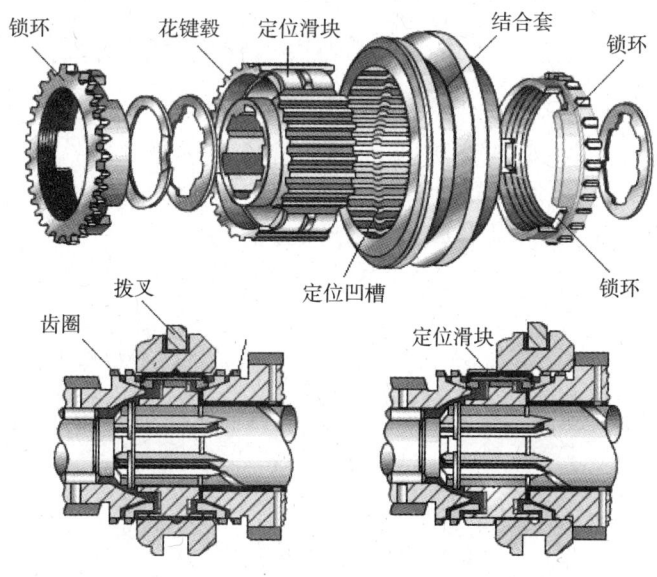

图9-16 锁环式惯性同步器

3. 变速器的操纵机构

变速器操纵机构按照变速操纵杆(变速杆)位置的不同,可分为直接操纵式和远距离操纵式两种类型。

直接操纵式的变速器布置在驾驶员座椅附近,变速杆由驾驶室底板伸出,驾驶员可以直接操纵,多用于发动机前置后轮驱动的车辆。解放CA1091中型货车六挡变速器操纵机构就采用这种直接操纵方式，如图9-17所示。

在有些汽车上，变速器离驾驶员座位较远，则需要在变速杆与拨叉之间加装一些辅助杠杆或一套传动机构，构成远距离操纵机构。这种操纵机构多用于发动机前置前轮驱动的车型，如江淮和悦的五挡手动变速器。由于其变速器安装在前驱动桥处，远离驾驶员的座椅，需要采用这种远距离操纵方式。

为了保证变速器在任何情况下都能准确、安全、可靠地工作，变速器操纵机构一般都具有换挡锁止装置，包括自锁装置、互锁装置和倒挡锁装置：自锁装置用于防止变速器自动脱挡或换挡，并保证轮齿以全齿宽啮合；互锁装置用于防止同时挂上2个挡位；倒挡锁装置用于防止误挂倒挡。

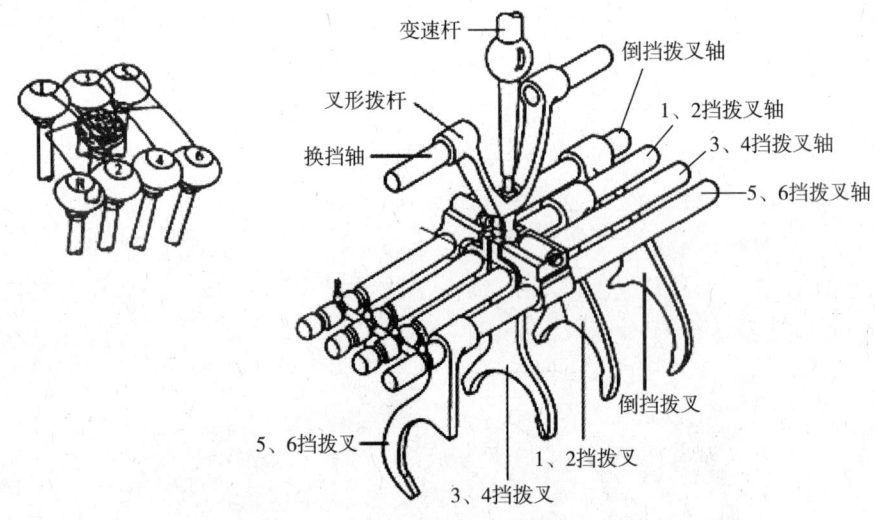

图 9-17　六挡变速器直接操纵机构示意图

自锁装置的机构原理如图9-18所示。换挡拨叉轴上方有3个凹坑，上面有被弹簧压紧的钢珠。当拨叉轴位置处于空挡或某一挡位时，钢珠压在凹坑内，起到了自锁作用。

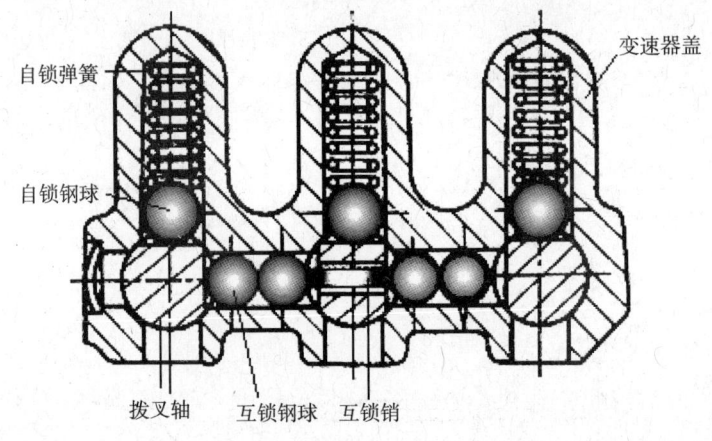

图 9-18　变速器的自锁和互锁装置

互锁装置的结构原理如图9-19所示。当某一拨叉移动换挡时，另外2个拨叉轴被钢球锁住，防止同时换上2个挡而使变速器卡死或损坏，起到了互锁的作用。

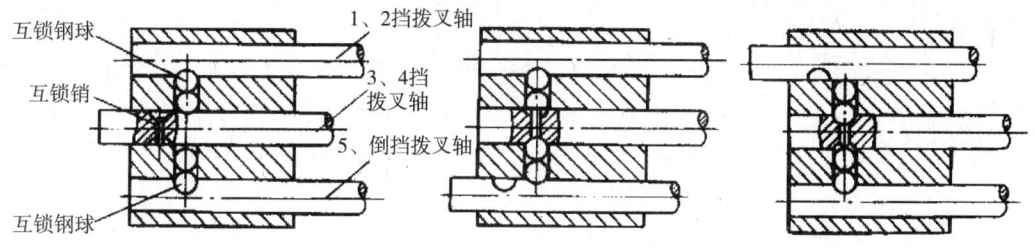

图 9-19 变速器的互锁装置

倒挡锁装置的结构原理如图 9-20 所示。当换挡杆下端向倒挡拨叉移动时，必须压缩弹簧才能进入倒挡拨叉轴上的拨块槽中。这样防止了在汽车前进时因误挂倒挡而导致零件损坏，起到了倒挡锁的作用。当倒挡拨叉轴移动换挡时，另外 2 个拨叉轴被钢球锁住。

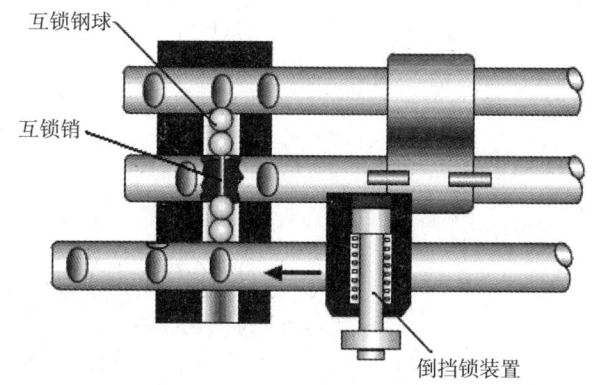

图 9-20 变速器的倒挡锁和互锁装置

9.4 万向传动装置

9.4.1 万向传动装置概述

1. 万向传动装置的功用

万向传动装置在汽车上有很多应用，结构也稍有不同，但其功用都是一样的，即在轴线相交且相互位置经常发生变化的两转轴之间传递动力。图 9-21 所示为万向传动装置在汽车中最常见的应用，位于变速器与驱动桥之间。

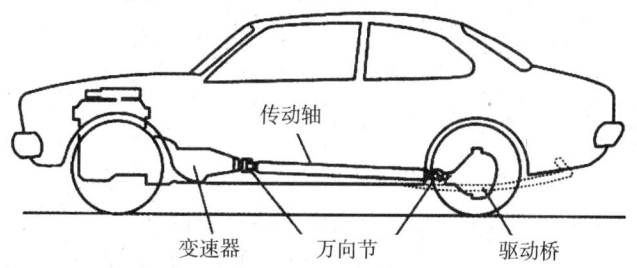

图 9-21 变速器与驱动桥之间的万向传动装

2. 万向传动装置的组成

万向传动装置主要包括万向节和传动轴。对于传动距离较远的分段式传动轴，为了提高传动轴的刚度，还设置有中间支撑，如图9-22所示。

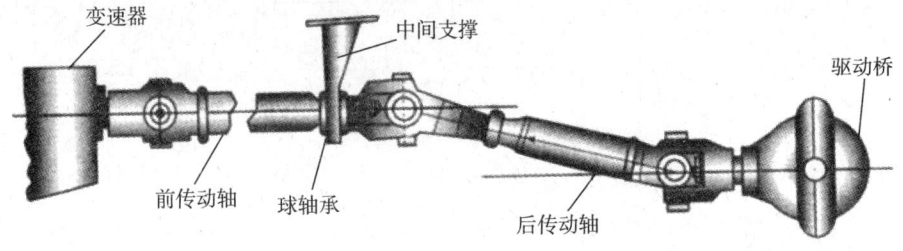

图 9-22　万向传动装置的组成

3. 万向传动装置的应用

万向传动装置在汽车上的应用主要有以下五个方面。

（1）变速器与驱动桥之间（4×2汽车）（如图9-23所示）　一般汽车的变速器、离合器与发动机三者装合为一体装在车架上，驱动桥通过悬架与车架相连。在负荷变化及汽车在不平路面行驶时引起的跳动，会使驱动桥输入轴与变速器输出轴之间的夹角和距离发生变化，需安装万向传动装置。

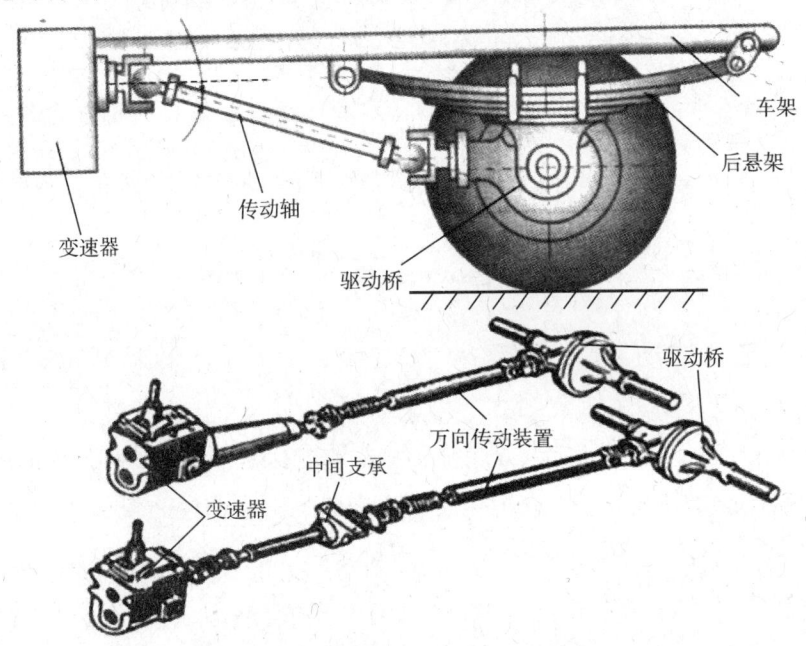

图 9-23　变速器与驱动桥之间的万向传动装置

（2）变速器与分动器、分动器与驱动桥之间（越野汽车）（如图9-24所示）　为消除车架变形及制造、装配误差等引起的轴线同轴度误差对动力传递的影响，需装有万向传动装置。

（3）转向驱动桥的内、外半轴之间（如图9-25所示）　转向时两段半轴轴线相交且交角变化，因此要用万向节。

（4）断开式驱动桥的半轴之间（如图9-26所示） 主减速器壳在车架上是固定的，桥壳上下摆动，半轴是分段的，需用万向节。

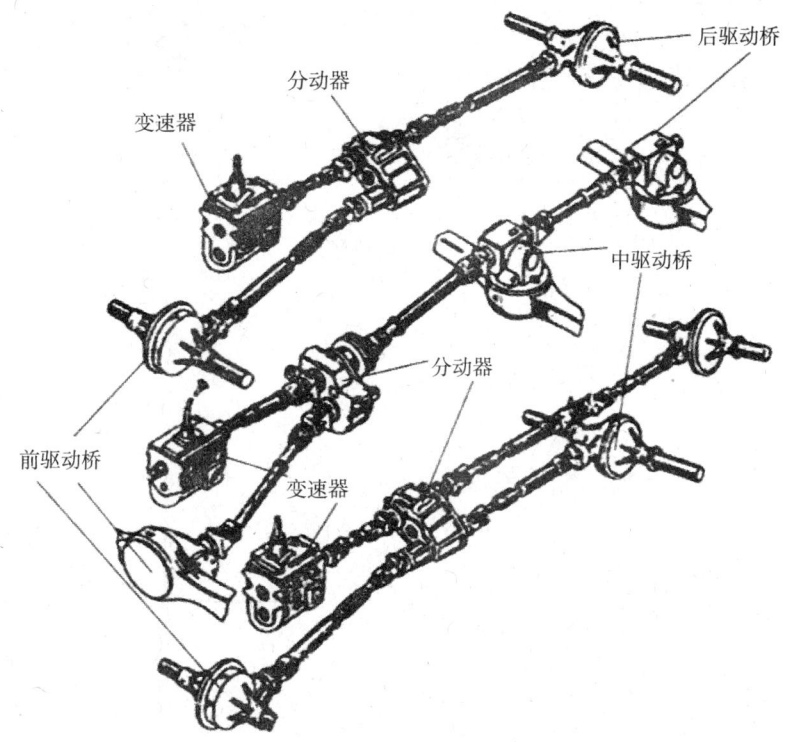

图9-24 变速器与分动器、分动器与驱动桥之间的万向传动装置

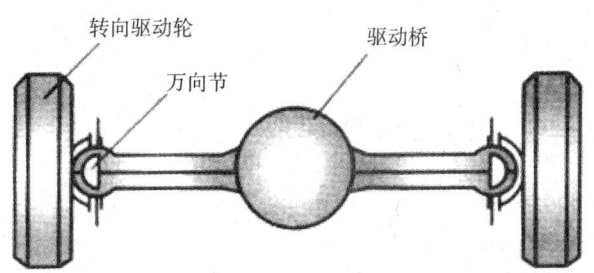

图9-25 转向驱动器内、外半轴之间的万向传动装置

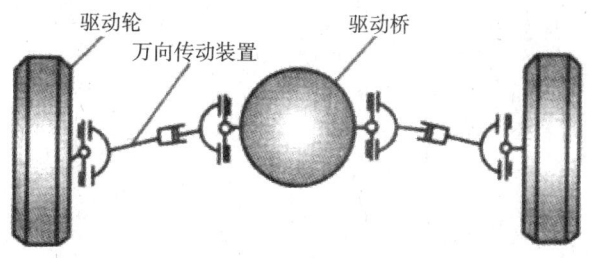

图9-26 断开式驱动桥半轴之间的万向传动装置

(5)转向机构的转向轴和转向器之间(如图 9-27 所示) 有利于转向机构的总体布置。

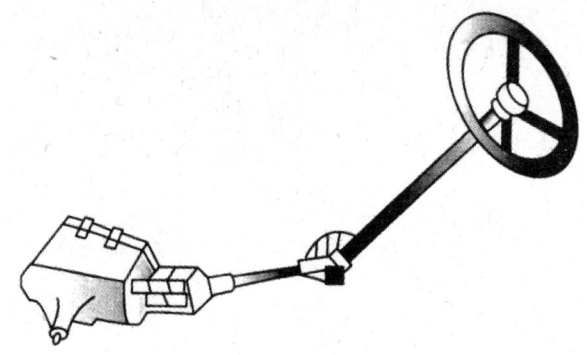

图 9-27 转向机构的转向轴和转向器之间的万向传动装置

9.4.2 万向传动装置主要部件的结构

1. 万向节

在汽车上使用的万向节按其刚度大小,可分为刚性万向节和柔性万向节。刚性万向节按其速度特性分为不等速万向节(常用的为十字轴式)、准等速万向节(双联式和三销轴式)和等速万向节(包括球叉式和球笼式等)。目前在汽车上应用较多的是十字轴式刚性万向节和等速万向节。十字轴式刚性万向节主要用于发动机前置后轮驱动的变速器与驱动桥之间,等角速万向节主要用于发动机前置前轮驱动的内、外半轴之间。

(1)十字轴式刚性万向节 常见的不等速万向节为十字轴式刚性万向节,如图 9-28 所示。它允许相邻两轴的最大交角为 15°~20°。十字轴式刚性万向节主要由十字轴、万向节叉等组成。万向节叉上的孔分别套在十字轴的四个轴颈上。在十字轴轴颈与万向节叉孔之间装有滚针和套筒,用带有锁片的螺钉和轴承盖来使之轴向定位。为了润滑轴承,十字轴内钻有油道,且与油嘴、安全阀相通,如图 9-29 所示。为避免润滑油流出及尘垢进入轴承,十字轴轴颈的内端套装油封。

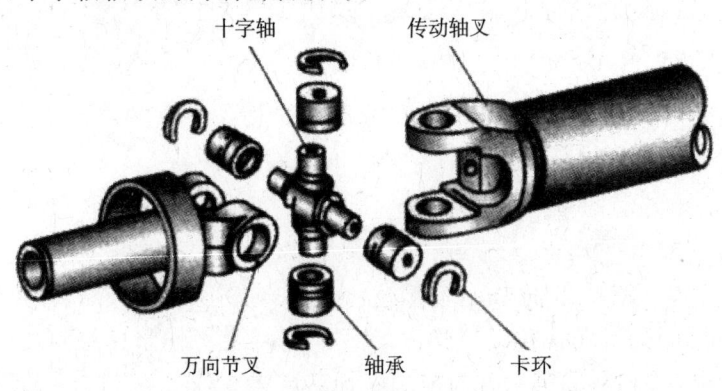

图 9-28 十字轴式刚性万向节

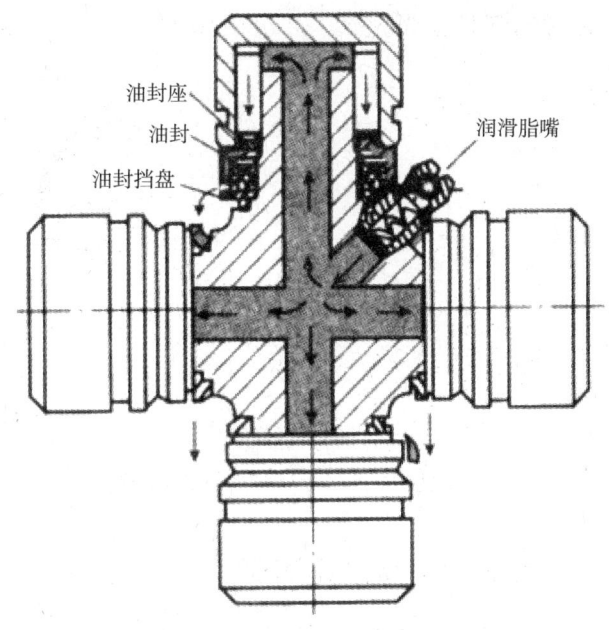

图 9-29 润滑油道及密封装置

单个十字轴式刚性万向节在主动轴和从动轴之间有夹角的情况下,当主动叉等角速转动时,从动叉是不等角速的,这称为十字轴式刚性万向节的不等速特性。且两转轴之间的夹角越大,不等速性就越大。图 9-30 所示为传动轴每转一圈时速度的变化情况。

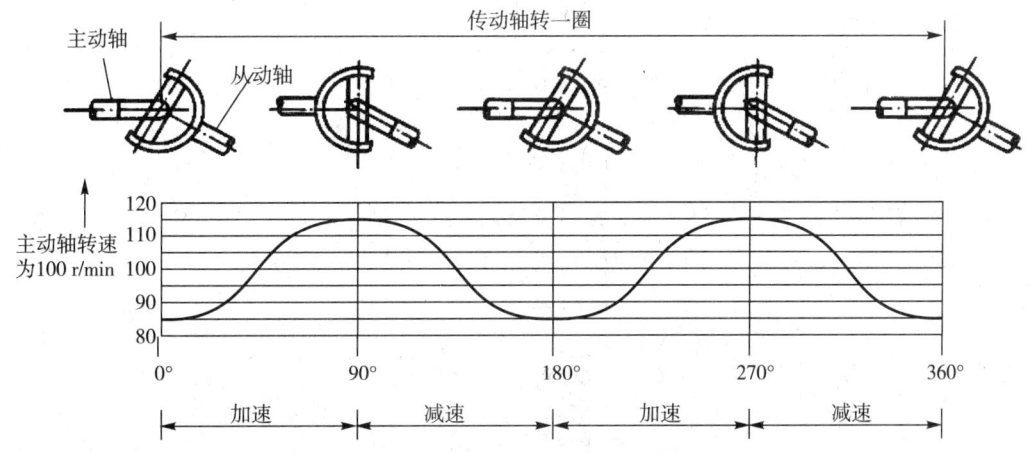

图 9-30 十字轴刚性万向节的不等速特性

十字轴式刚性万向节的不等速特性将使从动轴及其相连的传动部件产生扭转振动,从而产生附加的交变载荷,影响部件寿命。可以采用如图 9-31 所示的双十字轴刚性万向节的传动方式。第一万向节的不等速特性可以被第二万向节的不等速特性所抵消,从而实现两轴间的等角速传动。具体条件是:①第一万向节两轴间夹角 α_1 与第二万向节两轴间夹角 α_2 相等;②第一万向节的从动叉与第二万向节的主动叉处于同一平面。

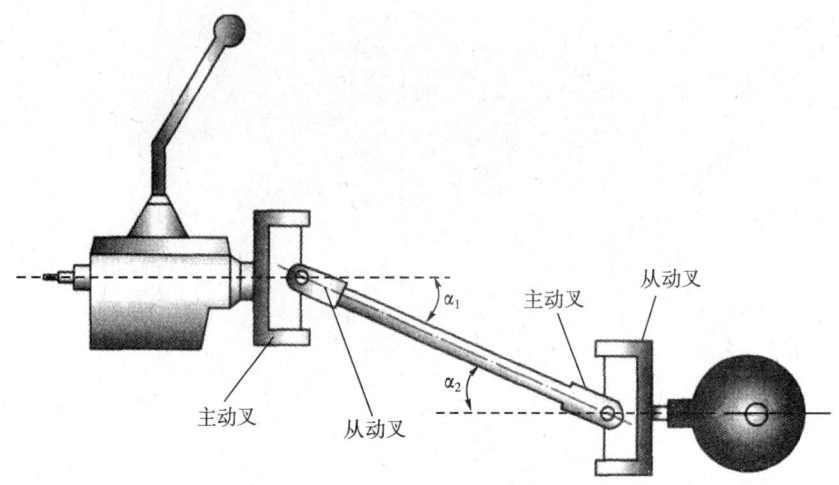

图 9-31 双十字轴刚性万向节等速传动布置

由于悬架的振动,不可能在任何时候都保证 $\alpha_1 = \alpha_2$,因此这种双十字轴刚性万向节的传动只能近似地解决等速传动问题。由于两轴夹角最大只能是 20°,因此使用上受到限制。

(2)等速万向节　等速万向节的工作原理是保证万向节在工作过程中,其传力点永远位于两轴交角的平分面上,如图 9-32 所示。常见的球笼式等速万向节有固定型球笼式等速万向节(RF 节)和伸缩型球笼式等速万向节(VL 节)。

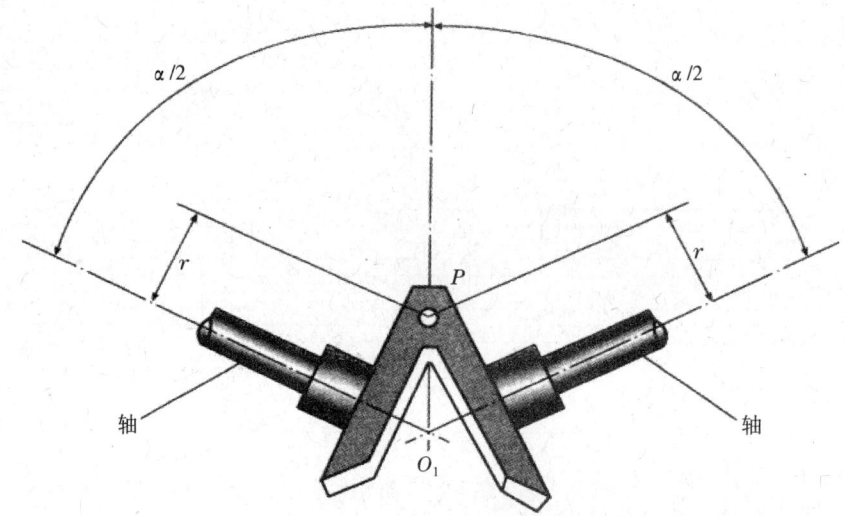

图 9-32 等速万向节的工作原理

①固定型球笼式万向节(RF 节)。如图 9-33 所示,固定型球笼式万向节由 6 个钢球、星形壳和保持架等组成。万向节星形套与主动轴用花键固定连接在一起。星形套外表面有 6 条弧形凹槽滚道,球型壳的内表面有相应的 6 条凹槽,6 个钢球分别装在各条凹槽中,由球笼使其保持在同一平面内。动力由主动轴、钢球、球形壳输出。

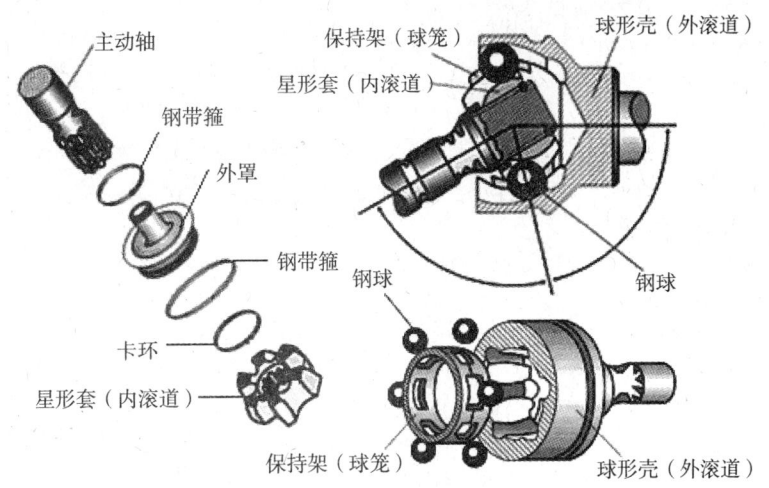

图 9-33　固定型球笼式等速万向节组成

球笼式万向节工作时 6 个钢球都参与传力,故承载能力强、磨损小、寿命长。它被广泛应用于各种型号的转向驱动桥和独立悬架的驱动桥。

② 伸缩型球笼式万向节(VL 节)。伸缩型球笼式等角速万向节又称直槽滚道型等速万向节。如图 9-34 所示,其结构与上述球笼式相近,只是内、外滚道为圆筒形直槽,使万向节本身可轴向伸缩(伸缩量可达 40~50mm),省去其他万向节传动中的滑动花键。且滚动阻力小,适用于断开式驱动桥的万向传动装置。这种万向节所连接的两轴夹角不能太大,因此常常和固定型球笼式等速万向节组合在一起使用,以保证在夹角和距离发生变化的情况下传递动力。

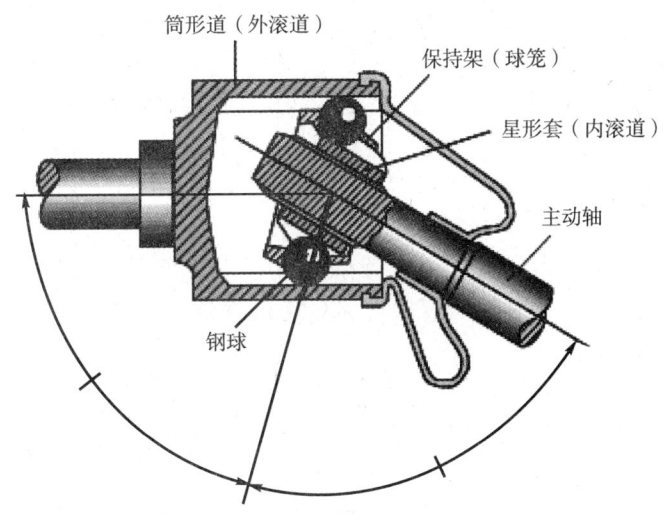

图 9-34　伸缩型球笼式等速万向节

RF 节和 VL 节广泛应用于采用独立悬架的汽车转向驱动桥,如红旗、桑塔纳、捷达、宝来、奥迪等。其中 RF 节用于靠近车轮处,VL 节用于靠近驱动桥处,如图 9-35 所示。

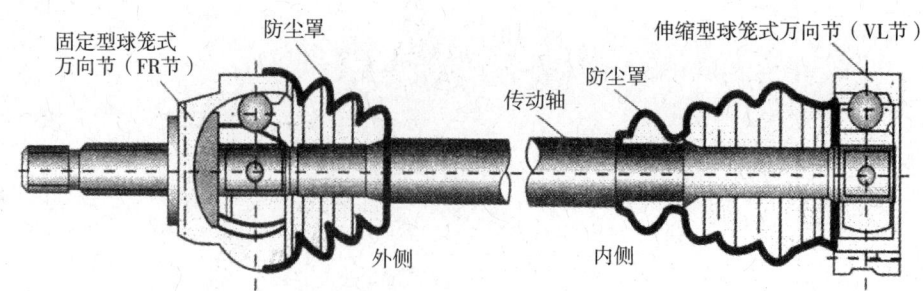

图 9-35　FR 节与 VL 节在转向驱动桥中的布置

2. 传动轴

传动轴是万向传动装置中的主要传力部件。通常用来连接变速器（或分动器）和驱动桥；在转向驱动桥和断开式驱动桥中，则用来连接差速器和驱动车轮。

图 9-36 所示为传动轴的构造图。传动轴有实心轴和空心轴之分。为了减轻传动轴的质量，节省材料，提高轴的强度、刚度，传动轴多为空心轴。超重型货车则直接采用无缝钢管。转向驱动桥、断开式驱动桥或微型汽车的传动轴通常制成实心轴。传动轴为高速旋转件，因而一般要求传动轴与万向节装配后，必须满足动平衡要求。在质量轻的一侧补焊平衡片，使其不平衡量不超过规定值。

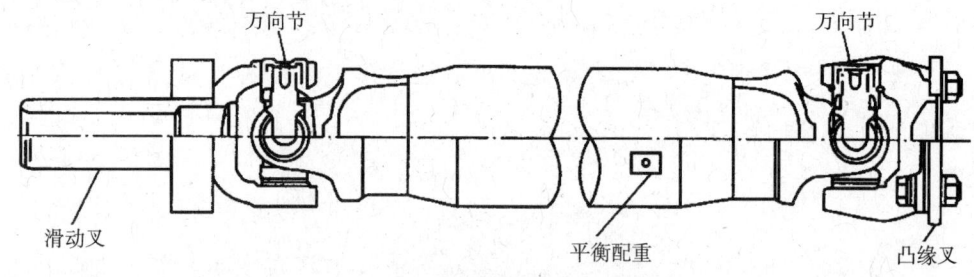

图 9-36　传动轴的构造

3. 中间支撑

传动轴分段时需加中间支撑。中间支撑通常安装在车架横梁上。中间支撑应能补偿传动轴轴向和角度方向的安装误差，以及车辆行驶过程中由于发动机窜动或车架等变形所引起的位移。

中间支撑由支架和轴承等组成，轴承固定在中间传动轴后部的轴颈上。带油封的支撑盖之间装有弹性元件橡胶垫环，用几个螺栓紧固。紧固时，橡胶垫环会径向扩张，其外圆被挤紧于支架的内孔。

9.5 驱动桥

9.5.1 驱动桥概述

1. 驱动桥的功用

驱动桥的功用是将由万向传动装置传来的发动机转矩传给驱动轮,并经减速增矩、改变动力传动方向,使汽车行驶,而且允许左右驱动车轮以不同的转速旋转。

2. 驱动桥的组成

驱动桥是传动系的最后一个总成,一般由主减速器、差速器、半轴和桥壳等组成,如图 9-37 所示。驱动桥的主要零部件都装在驱动桥的桥壳中。

3. 驱动桥的分类

按照悬架结构的不同,驱动桥可以分为整体式驱动桥和断开式驱动桥。整体式驱动桥又称为非断开式驱动桥。

(1)整体式驱动桥　当车轮采用非独立悬架时,驱动桥采用整体式,如图 9-37 所示。其驱动桥壳为一刚性的整体,驱动桥两端通过悬架与车架或车身连接,左右半轴始终在一条直线上,即左右驱动轮不能相互独立地跳动。当某一侧车轮通过地面的凸出物或凹坑升高或下降时,整个驱动桥及车身都要随之发生倾斜,车身波动大。

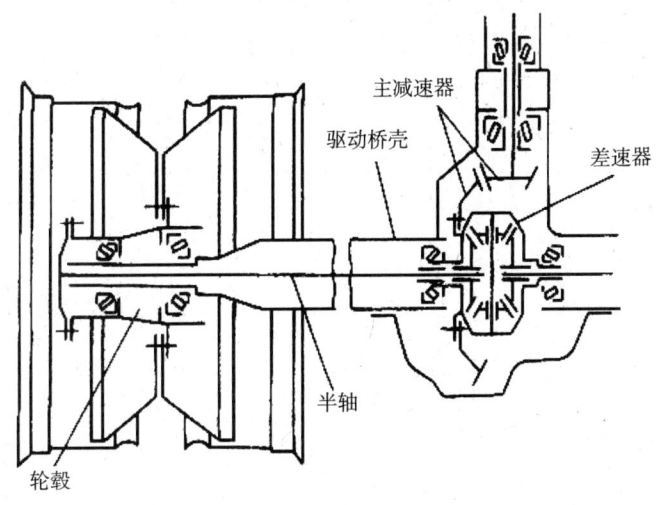

图 9-37　整体式驱动桥

(2)断开式驱动桥　当车轮采用独立悬架时,驱动桥采用断开式,如图 9-38 所示。其主减速器固定在车架或车身上,驱动桥壳制成分段并用铰链连接,半轴也分段并用万向节连接。驱动桥两端分别用悬架与车架或车身连接。这样,两侧驱动车轮及桥壳可以彼此独立地相对于车架或车身上下跳动。

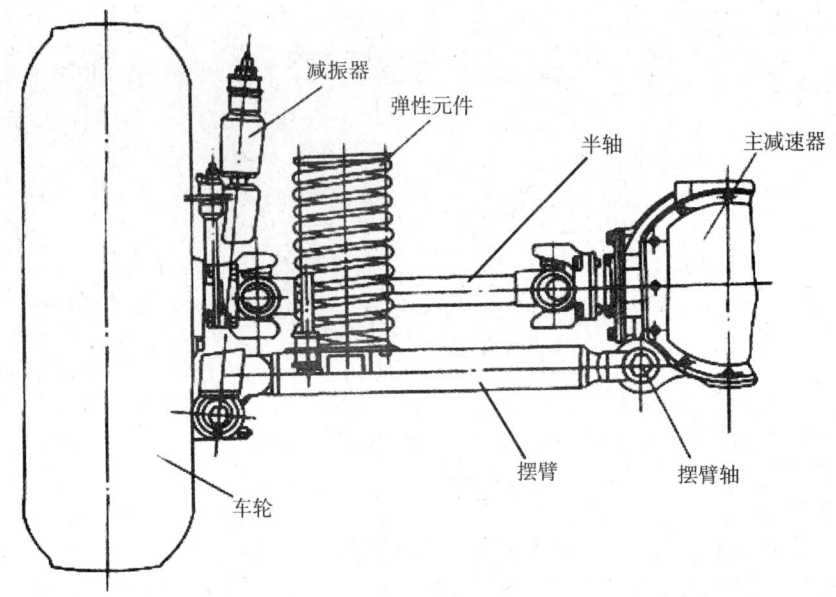

图 9-38　断开式驱动桥

9.5.2　驱动桥主要部件的构造

1. 主减速器

(1) 主减速器的功用　主减速器的功用是:将发动机转矩传给差速器;在动力的传动过程中将转矩增大并相应降低转速;对于纵置发动机,还要将转矩的旋转方向改变 90°。

(2) 主减速器的类型　按参加减速传动的齿轮副数目,可分为单级式主减速器和双级式主减速器。除了一些要求大传动比的中、重型车采用双级主减速器外,一般微、轻、中型车基本采用单级主减速器。单级主减速器具有结构简单、体积小、重量轻和传动效率高等优点。

按主减速器传动比个数,可分为单速式和双速式主减速器。目前,国产汽车基本都采用了传动比固定的单速式主减速器。在双速式主减速器上,设有供选择的两个传动比,这种主减速器实际上又起到了副变速器的作用。

按齿轮副结构形式,可分为圆柱齿轮式、圆锥齿轮式和准双曲面齿轮式。在发动机横向布置汽车的驱动桥上,主减速器往往采用简单的斜齿圆柱齿轮;在发动机纵向布置汽车的驱动桥上,主减速器往往采用圆锥齿轮和准双曲面齿轮等型式。与圆锥齿轮相比,准双曲面齿轮工作平稳性更好,弯曲强度和接触强度更高,还可以使主动齿轮轴线相对于从动齿轮轴线偏移。当主动齿轮轴线向下偏移时,可以降低传动轴的位置,从而有利于降低车身及整车重心高度,提高汽车的行驶稳定性。

(3) 单级主减速器　单级主减速器只有一对锥齿轮传动,结构简单、重量轻、体积小、传动效率高,主要用于中型及中型以下客货车。

桑塔纳 2000 车型主减速器和差速器如图 9-39 所示,其传动比为 4.444。由于发动机纵向前置前轮驱动,对于整个传动系都集中布置在汽车前部,因此其主减速器装于变速器壳体内,没有专门的主减速器壳体。由于省去了变速器到主减速器之间的万向传动装置,所以变速器输出轴即为主减速器主动轴。

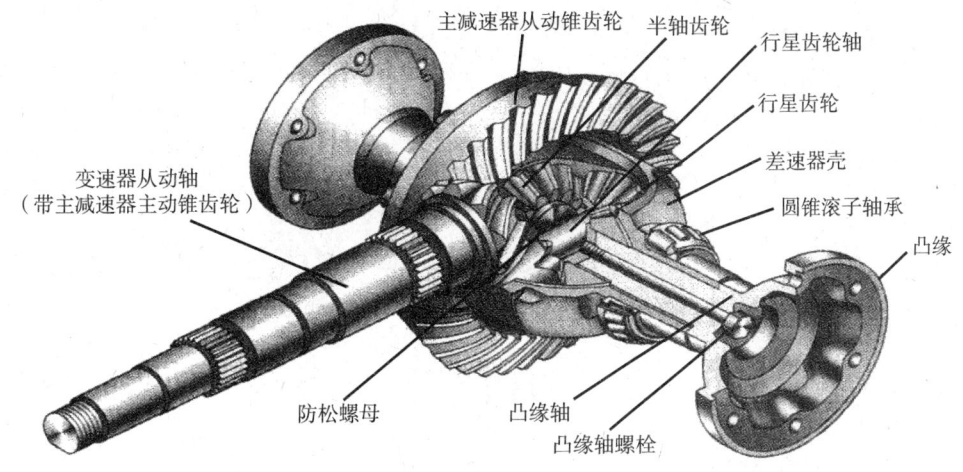

图 9-39　桑塔纳 2000 车型主减速器和差速器

2. 差速器

(1) 差速器的功用　差速器的功用是将主减速器传来的动力传给左右两半轴,并在必要时允许左右半轴以不同转速旋转,使左右驱动车轮相对地面纯滚动而不是滑动。

当汽车转弯行驶时,内外两侧车轮中心在同一时间内移过的曲线距离显然不同,即外侧车轮移过的距离大于内侧车轮,如图 9-40 所示。若两侧车轮都固定在同一刚性转轴上,两轮角速度相等,则此时外轮必然是边滚动边滑移,内轮必然是边滚动边滑转。

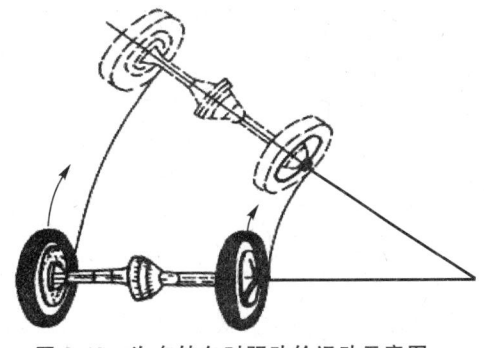

图 9-40　汽车转向时驱动轮运动示意图

(2) 差速器的结构和工作原理

① 结构。普通齿轮差速器中应用最为广泛的是锥齿轮差速器,其结构如图 9-41 所示。主要由行星齿轮轴(十字轴)、4 个圆锥行星齿轮、2 个圆锥半轴齿轮和差速器壳等组成。

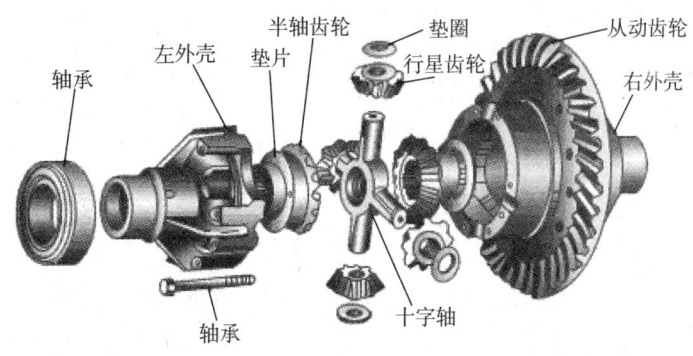

图 9-41　对称式锥齿轮差速器零件分解图

某些轻型车和轿车因传递的转矩较小,只用 2 个行星齿轮,因而其行星齿轮轴相应为一根带锁止销的直轴。差速器壳也制成整体式，只是在前后两侧都开有大孔，以便拆装行星齿轮和半轴齿轮，如图9-42所示。

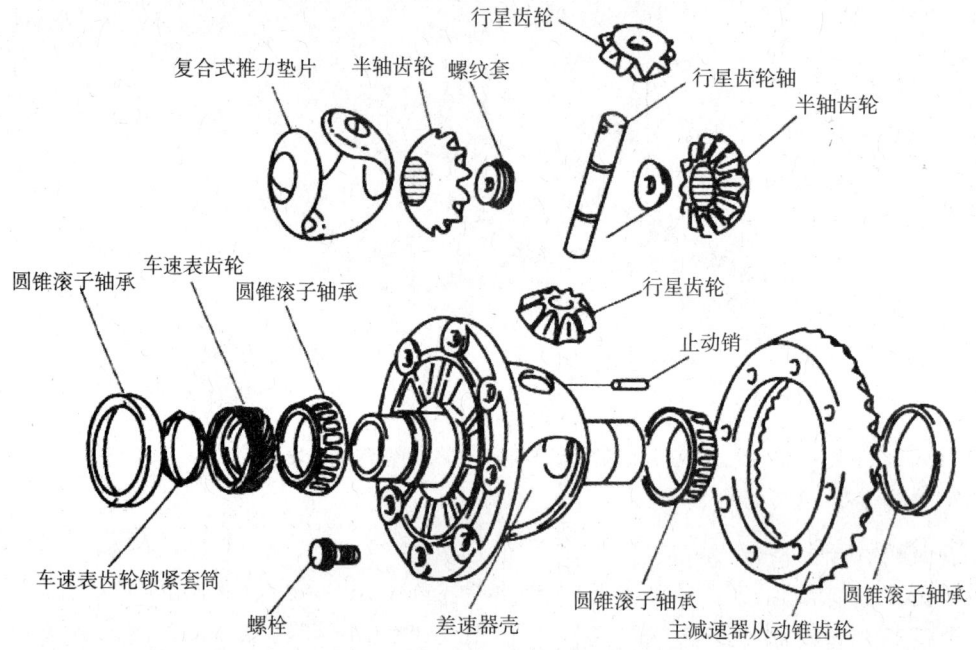

图9-42 桑塔纳2000车型差速器

② 工作原理。以普通锥齿轮差速器为例来说明其工作原理，其结构简图如图9-43所示。设主动件差速器壳的角速度为 ω_0，两从动件半轴齿轮1和2的角速度为 ω_1 和 ω_2，行星齿轮自转角速度为 ω_4。A、B两点分别为行星齿轮4与两半轴齿轮的啮合点。行星齿轮的中心点为C，A、B、C三点到差速器旋转轴线的距离均为 r。

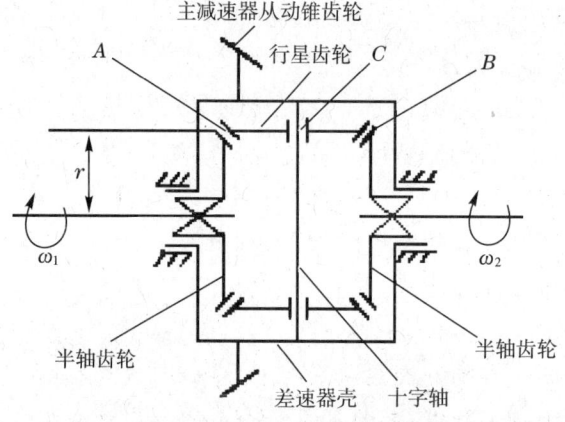

图9-43 差速器的结构简图

当汽车直线行驶时，左右驱动轮所处路面状况相同，则左右驱动轮受到的路面阻力相等。行星齿轮在其轴上不会发生自转，而是在差速器壳、行星齿轮轴带动下，以相等的转矩同时带动左右半轴齿轮旋转，使左右驱动轮以与差速器壳相同的转速滚动，即直线行驶时行星齿轮公转不自转。A、B、C三点的圆周速度相等，其值为 $\omega_0 r$。如图9-44a所示。

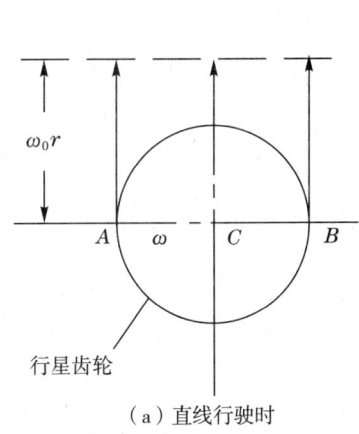 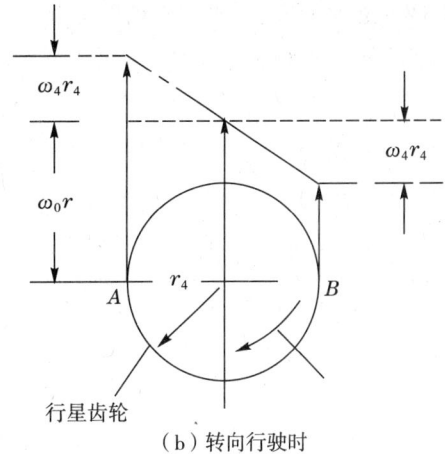

(a) 直线行驶时　　　　　　　　　(b) 转向行驶时

图 9-44　差速器运动分析

当汽车右转弯时,道路将要求右侧车轮应该滚慢些,左侧车轮应该滚快些。这时,行星齿轮在绕半轴轴线公转的同时又绕自身轴线自转,从而使右侧半轴齿轮转速减慢,左侧半轴齿轮转速加快。如图 9-44b 所示,若行星齿轮自转的角速度为 ω_4,则啮合点 A 的圆周速度为

$$\omega_1 r = \omega_0 r + \omega_4 r_4$$

啮合点 B 的圆周速度为

$$\omega_2 r = \omega_0 r - \omega_4 r_4$$

于是有

$$\omega_1 r + \omega_2 r = (\omega_0 r + \omega_4 r_4) + (\omega_0 r - \omega_4 r_4)$$

即

$$\omega_1 + \omega_2 = 2\omega_0$$

或写成

$$n_1 + n_2 = 2n_0$$

此即普通锥齿轮差速器的运动特性关系式。它表明,左右半轴齿轮的转速之和等于差速器壳转速的 2 倍,而与行星齿轮转速无关。因此,在汽车转弯行驶或在其他行驶状况下,都可以借助行星齿轮以相应转速自转,使两侧驱动轮以不同转速在地面上滚动。

3. 半轴

半轴的功用是将差速器传来的动力传给驱动轮。因其传递的转矩较大,常制成实心轴。半轴的内端与差速器的半轴齿轮连接,而外端则与驱动轮的轮毂相连。

半轴的结构因驱动桥结构形式的不同而异。整体式驱动桥中的半轴为一刚性整轴。而转向驱动桥和断开式驱动桥中的半轴则分段并用万向节连接。现代汽车常采用全浮式和半浮式两种半轴支撑形式。

(1) 全浮式半轴支撑　全浮式半轴支撑广泛应用于各型货车上。图 9-45 所示为全浮式半轴支撑的示意图。半轴外端锻造有半轴凸缘,用螺栓紧固在轮毂上。轮毂用一对圆锥滚子轴承支撑在半轴套管上,半轴套管与空心梁压配成一体,组成驱动桥壳。这种半轴支撑形式,半轴与桥壳没有直接联系,半轴只在两端承受转矩,不承受其他任何反力和弯矩,所以称为全浮式半轴支撑。

(2) 半浮式半轴支撑　如图 9-46 所示为半浮式半轴支撑的示意图。半轴用一个圆锥滚子轴承直接支撑在桥壳凸缘的座孔内。车轮与桥壳之间无直接联系,而支撑于悬伸出的半轴外端。因此,地面作用于车轮的各种反力都需经半轴外端的悬伸部分传给

桥壳，使半轴外端不仅要承受转矩，而且还要承受各种反力及其形成的弯矩。半轴内端通过花键与半轴齿轮连接，不承受弯矩，故称这种支撑形式为半浮式半轴支撑。

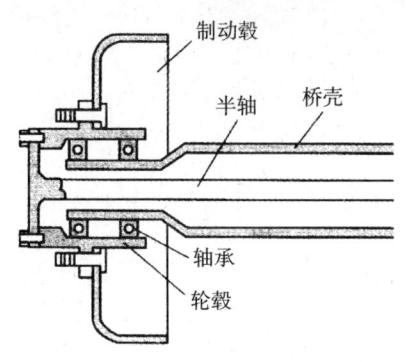

图 9-45　全浮式半轴示意图

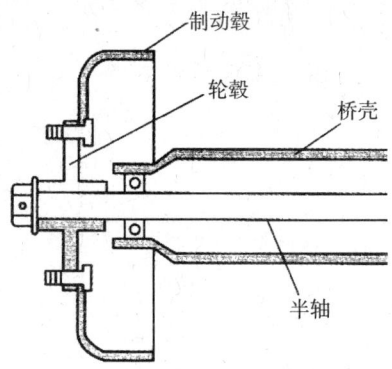

图 9-46　半浮式半轴示意图

4. 桥壳

驱动桥壳既是传动系的组成部分，同时也是行驶系的组成部分。作为传动系的组成部分，其功用是安装并保护主减速器、差速器和半轴；作为行驶系的组成部分，其功用是安装悬架或轮毂，和从动桥一起支撑汽车悬架以上各部分质量，承受驱动轮传来的反力和力矩，并在驱动轮与悬架之间传力。驱动桥壳可分为整体式桥壳和分段式桥壳两种类型。

（1）整体式　整体式桥壳一般是铸造的，具有较大的强度和刚度，且便于主减速器的拆装和调整，适用于中型以上货车，如图 9-47 所示。

（2）分段式　分段式桥壳一般分为两段，由螺栓将两段连成一体，现已很少应用，如图 9-48 所示。

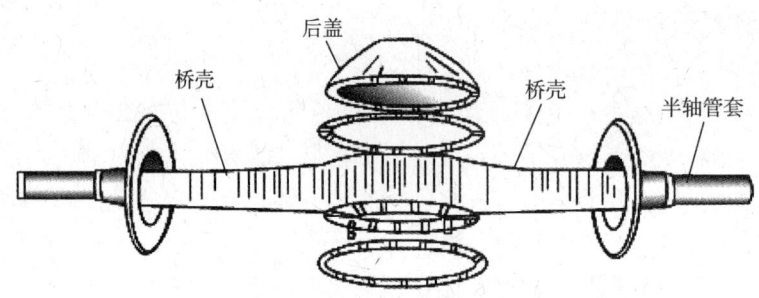

图 9-47　整体式驱动桥壳

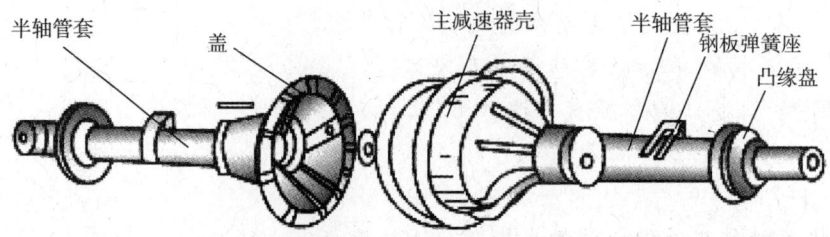

图 9-48　分段式驱动桥壳

第9章 传动系

 思考与练习

一、填空题

1. 传动系的基本功用是将_____的转矩传递给_____，同时还必须适应行驶条件的需要，改变_____的大小。
2. 离合器一般由_____、_____、_____和_____组成。
3. 从动盘主要由_____、_____和_____等组成，为消除传动系的扭转振动，从动盘一般都带有_____。
4. 机械式离合器的操纵机构有_____和_____两种。
5. 汽车手动变速器的操纵机构有_____式和_____式两种形式，前置发动机前轮驱动车辆一般采用_____式。
6. 两轴式变速器多用于发动机前置_____驱动的汽车，一般与驱动桥合称为_____。
7. 换挡锁装置包括_____装置、_____装置和_____装置。
8. 万向传动装置一般由_____、_____和_____等组成。
9. 刚性万向节按其速度特性分为_____万向节、_____万向节和_____万向节。
10. 驱动桥一般由_____、_____、_____和_____等组成。
11. 按照悬架结构的不同，驱动桥可以分为_____驱动桥和_____驱动桥。

二、判断题

1. 离合器在使用过程中，不允许出现摩擦片与压盘、飞轮之间有任何相对滑移的现象。（　　）
2. 膜片弹簧离合器的结构特点之一是用膜片弹簧取代压紧弹簧和分离杠杆。（　　）
3. 离合器在紧急制动时，可防止传动系过载。（　　）
4. 为使离合器结合柔和，驾驶人应逐渐放松离合器踏板。（　　）
5. 变速器的挡位越低，传动比越小，汽车的行驶速度越低。（　　）
6. 手动变速器各挡位的传动比等于该挡位所有从动齿轮齿数的乘积与所有主动齿轮齿数的乘积之比。（　　）
7. 手动变速器自锁装置的作用是防止手动变速器同时挂入2个挡。（　　）
8. 同步器能够保证变速器换挡时，待啮合齿轮的圆周速度迅速达到一致，以减少冲击和磨损。（　　）
9. 汽车行驶中，传动轴的长度可以自由变化。（　　）
10. 传动轴的安装，应注意使其两端的万向节叉位于同一平面内。（　　）
11. 当差速器中行星齿轮没有自转时，总是将转矩平均分配给左右两半轴齿轮。（　　）
12. 差速器的作用是保证两侧车轮以相同转速旋转。（　　）
13. 对于发动机纵向布置的汽车，由于需要改变动力传递方向，单级主减速器都采用

一对圆锥齿轮传动。 (　　)

三、选择题

1. 当膜片弹簧离合器摩擦片磨损后,离合器踏板的自由行程如何变化?(　　)。
   A. 变大　　　　B. 不变化　　　　C. 变小　　　　D. 以上都有可能

2. 汽车离合器安装于(　　)。
   A. 发动机与变速器之间　　　　B. 变速器与后驱动轴之间
   C. 分动器与变速器之间　　　　D. 变速器与主减速器之间

3. 下面(　　)是离合器的主要作用。
   A. 保证汽车怠速平稳　　　　B. 使换挡时工作平顺
   C. 实现倒车　　　　D. 增加变速比

4. 下列不属于汽车离合器部分的是(　　)。
   A. 分离轴承　　B. 曲轴　　C. 压盘　　D. 从动轴

5. 一对啮合齿轮的传动比是其从动齿轮与主动齿轮的(　　)之比。
   A. 齿数　　B. 转速　　C. 角速度　　D. 圆周速度

6. 目前手动变速器较多采用(　　)同步器。
   A. 常压式　　B. 惯性式　　C. 自增力式　　D. 其他形式

7. 汽车挡位越低,(　　),获得转矩越大。
   A. 速比越小,驱动轴的转速便越低　　B. 速比越大,驱动轴的转速便越低
   C. 速比越大,驱动轴的转速便越高　　D. 速比越小,驱动轴的转速便越高

8. 当自锁装置失效时,手动变速器容易造成(　　)故障。
   A. 乱挡　　　　　　　　B. 跳挡
   C. 异响　　　　　　　　D. 换挡后不能退回空挡

9. 手动变速器是利用(　　)工作的。
   A. 皮带传动变速原理　　　　B. 齿轮传动变速原理
   C. 摩擦轮传动变速原理　　　　D. 涡轮、蜗杆传动变速原理

10. 以下手动变速器的作用中不正确的是(　　)。
    A. 在一定范围内任意改变传动比
    B. 提供空挡
    C. 在不改变曲轴旋转方向的情况下,使汽车能倒退
    D. 可以换挡以改变汽车的牵引力

11. 倒挡轴的倒挡惰轮的主要作用是(　　)。
    A. 增加倒挡变速比　　　　B. 减小倒挡变速比
    C. 改变输出轴的旋转方向　　　　D. 以上都不是

12. 不等速万向节是指(　　)。
    A. 球叉式万向节　　　　B. 三销轴式万向节
    C. 十字轴刚性万向节　　　　D. 球笼式万向节

13. 十字轴式不等速万向节,当主动轴转过一周时,从动轴转过(　　)。

A. 一周 B. 小于一周 C. 大于一周 D. 不一定

14. 等角速万向节的基本原理是从结构上保证万向节在工作过程中,其传力点永远位于两轴交角的(　　)。
   A. 平面上 B. 垂直平面上
   C. 平分面上 D. 静止不动

15. 汽车转弯行驶时,差速器中的行星齿轮(　　)。
   A. 只有自转,没有公转 B. 只有公转,没有自转
   C. 既有公转,又有自转 D. 静止不动

16. 驱动桥主减速器是用来改变传动方向、降低转速和(　　)。
   A. 产生离地间隙 B. 产生减速比
   C. 增大转矩 D. 减少转矩

四、简答题

1. 什么是离合器的自由间隙和离合器踏板的自由行程?
2. 膜片弹簧式离合器是如何工作的?
3. 离合器液压操作机构的工作原理是什么?
4. 变速器的功用有哪些?
5. 画出三轴式六挡手动变速器的结构简图,并指出 2 挡的动力传递路线。
6. 举例说明万向传动装置在汽车上的典型应用。
7. 什么是十字轴万向节的不等速特性?如何才能实现等速传动?
8. 驱动桥一般由哪些元件组成?它的功用是什么?
9. 主减速器的功用有哪些?常见的主减速器有哪些类型?
10. 简述减速差速器的结构及其工作原理。

实训项目一　离合器的拆装

一、教学目标

知识目标

1. 能对照汽车描述离合器各部件名称及功用。
2. 能制定离合器的拆装步骤和方法。

技能目标

1. 能按要求对离合器进行拆装。
2. 能对离合器踏板的自由行程进行调整。

二、教学准备

1. 江淮宾悦轿车。

2. 离合器拆装作业台、压力机各1台。
3. 离合器拆装常用套筒扳手及专用工具、套筒扳手、扭力扳手等。
4. 相关挂图或图册若干。

三、操作步骤及工作要点

1. 离合器的拆卸。
（1）拆卸离合器时，首先要拆下变速器。
（2）用专用工具，将飞轮固定，然后将离合器的固定螺栓对角拧松（注意观察压盘和飞轮的装配标记）。取下压盘总成，离合器从动盘。
（3）用 A＝78.5～23.5 的内拉头拉出分离轴承。
（4）拆下分离轴承导向套和橡胶防尘套、回位弹簧。
（5）用尖嘴钳取出卡簧及衬套座，取出分离叉轴。

2. 离合器的装配。
（1）将从动盘装在发动机飞轮上，用定芯棒定位。从动盘上减振弹簧突出的一面朝外。
（2）装上压板组件，用扭力扳手间隔拧紧螺栓，力矩为25N·m。
（3）用专用工具将分离叉轴套压入变速器壳上。
（4）将分离叉轴的左端装上回位弹簧，先穿入变速器壳左边的孔中，再将分离叉轴的右端装入右边的衬套孔中，然后再装入左边的分离叉轴衬套和分离叉轴衬套座，将衬垫及导向套涂上密封胶，装到变速器壳前面，旋紧螺栓，力矩为15N·m。
（5）在变速器的后面旋紧螺栓，力矩为15N·m，将分离叉轴锁住；检查分离叉轴能够灵活转动，但不能左右移动。
（6）用专用工具将分离轴承压入分离轴承座内。

3. 离合器的调整。
（1）离合器踏板自由行程标准：6～13mm。调整方法为螺母调整，改变拉索长度。
（2）离合器踏板总行程标准：162～167mm。离合器分离时，离合器踏板与搁脚板之间的距离标准值：大于85mm。调整方法为驱动臂的调整。

四、技术标准及要求

1. 离合器踏板自由行程6～13mm，总行程162～167mm。
2. 离合器摩擦片外径210mm。

五、注意事项

1. 分离叉两端衬套必须同心。
2. 安装离合器压盘总成时，需用导向定位器或变速器输入轴确定中心位置，使从动盘与压盘同心，便于安装输入轴。
3. 离合器从动盘有减振弹簧保持架的一面应朝向压盘。

第9章 传动系

实训项目二 机械变速器的拆装

一、教学目标

知识目标

1. 能对照汽车描述变速器各部件名称及功用。
2. 能制定变速器的拆装步骤和方法。
3. 能对照变速器描述各挡动力传递路线。
4. 能对照变速器描述操纵机构锁止装置的工作过程。

技能目标

能按要求对变速器进行拆装。

二、教学准备

1. JV1.8L 发动机配四速变速器。
2. 常用工量具1套,专用工具1套,拉器、铜棒各1套。
3. 相关挂图或图册若干。

三、操作步骤及工作要点

1. 变速器总成的分解。

(1)把变速器放在修理台或修理架上,放出变速器机油。

(2)将变速器后盖拆下,取出调整垫片和密封圈。

(3)小心地将第3、4挡换挡滑杆向第3挡方向拉至小的挡块取出,将换挡杆重新推至空挡位置(注意:换挡滑杆不能拉出太远,否则同步器内的挡块会弹出,换挡滑杆不能回到空挡位置)。

(4)倒挡和1挡齿轮同时啮合,锁住轴,旋下主动锥齿轮螺母。

(5)用工具顶住输入轴的中心,取下输入轴的挡圈和垫片。

(6)用拉器拉出输入轴的向心轴承。

(7)若没有专用工具,先旋出壳体和后盖的连接螺栓,用塑料锤(或木棰)敲击输入轴的前端和后壳体,直至后盖和后壳体结合处出现松动。

(8)变速器壳体固定在台钳,钳口应有较软的金属保护垫片,以防夹坏机件。

(9)取出第3、4换挡拨叉的夹紧套筒,将第3、4换挡杆往回拉,直至可以将第3、4换挡杆拨叉取出为止。

(10)将换挡拨叉重新放在空挡位置,取出输入轴。

(11)压出倒挡齿轮轴,并取出倒挡齿轮。

(12)用小冲头冲出1、2挡换挡拨块上的弹性销,并取出弹性夹片。

(13)用工具拉出输出轴总成(注意:在拉出输出轴总成的同时,应注意1、2挡拨叉轴的间隙,以防卡住)。

2. 变速器输入轴总成的分解与组装。

(1)输入轴总成的分解。拆下挡圈,取下4挡齿轮,用压床压出3、4挡同步器齿毂。

(2)输入轴总成的组装。组装好3挡齿轮和轴承,压入3、4挡齿毂齿套,齿毂内花键的倒角朝向3挡齿轮的方齿轮和4挡齿轮(注意:压出前应拆下各轴向挡圈)。

(3)输出轴总成的组装。

①压入4挡齿轮,齿轮的凸肩应朝向轴承。

②4挡齿轮的挡圈与挡圈槽的间隙应尽量小些,可通过选择厚度合适的挡圈来达到。

③将3挡齿轮通过加热板加热至120℃后压入,凸肩朝向4挡齿轮。

④同步器的组装。1挡同步环有三个位置缺齿,这种同步环只能用于1挡。更换时,也可以使用不缺齿的,备件号为014311295D。组装1、2挡同步器时,齿毂上行槽的一面朝向1挡,即朝向齿套拨叉环一侧。

⑤将1、2挡同步器总成压入到轴上,齿毂有槽的一面朝向1挡齿轮(即朝后)。然后再装入1挡齿轮中的滚针轴承,套上1挡齿轮后,最后压入双列滚锥轴承。

⑥如果要更换输出轴前后轴承,那么应从变速器前后壳体上分别拆下和压入轴承外座圈,应当平整地压入。

3. 变速器的装配。

(1)变速器变速传动机构的组装(组装时按分解的逆顺序进行)。

①压入输出轴总成。压入输出轴总成时,要将换挡杆与第1、2换挡拨叉和输出轴总成一起装入后壳体,然后再压入后轴承。压入时,请注意第1、2挡换挡滑杆的活动间隙。必要时,轻轻敲击,以免卡住。

②安装1、2挡拨块,压入弹性销,安装倒挡齿轮,压入轴。

③安装输入轴时,要拉回2、4挡拨叉至能够装入滑动齿套为止。同时应位于空挡位置,并用弹性销固定好拨叉。

④放好新的密封环,将输入轴和输出轴及后壳体一起与壳体用M8×45的螺栓来连接。紧固力矩为25N·m。

⑤使用支撑桥将输入轴支撑住。

⑥压入输入轴的向心轴承或组合式轴承。向心轴承保持架密封面对着后壳体,而组合式轴承的滚柱对着后壳体。

⑦安装上3、4挡拨叉轴上的小止动块,拧紧输出轴螺母力矩为100N·m。将换挡叉轴置于空挡位置(注意:变速器不能拉出太远,否则同步器内的止动块可能弹出来,变速滑杆可能不能再压回到空挡位置。这种情况下需重新拆卸变速器,将3个锁块压到同步器齿套内并推入滑动套筒)。

⑧安装差速器。

(2)变速器后盖的安装。

①由于输出轴本身是主减速器的主动齿轮,因此后盖上的垫片要合理选择。

②安装壳体后盖。将所选用的垫片放入后盖,将异型弹簧放到内选挡杆上,将异型弹簧压紧后与内选挡杆一起向内推,直到弹簧的另一端弯头支撑在后盖和调整垫片上为止。再按顺时针方向旋转内选挡杆,直至异型弹簧滑进正确位置为止。

③以 25N·m 力矩拧紧螺钉。

四、技术标准及要求

JV1.8L 发动机配四速变速器技术参数如下表所示。

JV1.8L 发动机配四速变速器技术参数

1挡传动比	38：11＝3.455
2挡传动比	34：19＝1.789
3挡传动比	28：26＝1.077
4挡传动比	30：33＝0.909
倒挡传动比	38：12＝3.167
车速表传动比	12：21＝0.571
齿轮油容量	1.7L
齿轮油规格	API—GL4SAE—80(MIL—L2105)
最高挡总传动比	3.737

五、注意事项

1. 严格拆装程序并注意操作安全。
2. 注意各零部件的清洗和润滑。
3. 分解变速器时不能用手锤直接敲击零件,必须采用铜棒或硬木垫进行冲击。

实训项目三 主减速器的拆装

一、教学目标

1. 能按要求对主减速器进行拆装。
2. 能对主减速器进行熟练正确的调整。

二、教学准备

1. 桑塔纳轿车主减速器1个,主减速器拆装作业台1台。
2. 常用工量具1套,桑塔纳专用工具1套。
3. 相关挂图或图册若干。

三、操作步骤及要点

1. 主减速器的拆卸与检查。

(1)拆下主传动盖的固定螺栓,拆下差速器总成。

(2)用专用拉器拉出主传动盖上的轴承外圈,取下调控垫圈 S_1,并记下 S_1 的厚度。

(3)从齿轮箱壳上拉下另一个轴承外圈,取下调整垫片 S_2,并记下 S_2 的厚度。

2.主减速器的装配。

(1)行星齿轮和半轴齿轮的安装。

①用齿轮油润滑,安装复合式止推垫片。

②通过螺纹套和半轴来安装半轴齿轮,用六角螺栓来拧紧。

③将2个行星齿轮错开180°。转动半轴,使其向内摆动,使行星齿轮、复合式止推垫片和差速器罩壳对准。

④推入行星齿轮轴并用锁销或轴向弹性挡圈锁紧。

⑤检查行星齿轮与半轴齿轮间的间隙,应为 0.5~0.20mm,如超过限度,则应当重新选取复合式止推垫片。

(2)盆形齿轮的安装。将盆形齿轮加热到 100℃ 左右,用定心销为导向,迅速安装好,用螺栓对称进行紧固。

(3)滚柱轴承加热到 100℃ 左右放好并压紧。

(4)压入车速表主动齿轮,压入深度为 1.4mm。其方法为:选好一个厚度和深度(1.4mm)一样尺寸的垫圈,放在压紧套筒上进行下压,压平即可保证规定深度。

(5)用专用工具(VW295 和 30~205)将变速器壳内和主传动器盖上的轴承外座圈及调整垫圈压入。压入前应考虑到其间调整垫圈的厚薄尺寸,尽量使用原装调整垫圈。

(6)差速器总成的安装。将差速器总成和主传动盖一起装入变速器壳内,用拉索进行紧固,将车速表驱动齿轮装入主传动器盖中,装配时要参阅调整部分。

3.主减速器的调整。

(1)主、被动齿轮的标志。

①"K738"表示速比是 7:38。

②"312"表示主动齿轮和盆形齿轮的配对号码。

③"r"表示偏差。

(2)主、被动齿轮的调整项目。

①差速器轴承的预紧度的调整。

②主动齿轮轴承预紧度(本车无需调整)的调整。

③主、被动齿轮间隙(0.08~0.12mm)和印痕的调整。

(3)原厂规定的调整方法。

①求出调整垫片 S_1 和 S_2 的总厚度 $S_总$。

②调整主动齿轮垫片 S(使用专用工具),确定调整垫片 S_3 的厚度并安装好。主动齿轮在轴向上的位置应这样确定,从盆形齿轮的中心到主动齿轮顶的尺寸应与生产时测量出的安装尺寸"R"一致。

③调整齿轮的啮合间隙(改变 S_1 和 S_2,保证 $S_总$ 不变)。这些调整是通过改变调整垫片实现的。

四、技术标准及要求

1. 啮合间隙 0.08～0.12mm，齿轮侧隙 0.08～0.15mm。
2. 调整好的主、被动齿轮，转动扭矩为 1.47～2.45N·m。
3. 输出轴后轴承固定螺母拧紧力矩为 100N·m。

五、注意事项

1. 严格拆装顺序，注意操作安全。
2. 对各调整部位的调整垫片，要点清放好做记号，不能乱换。
3. 对有预紧力规定的螺栓、螺母，要按正确操作方法进行紧固。

第 10 章

行驶系

知识目标

1. 掌握行驶系统的作用和组成。
2. 掌握车轮定位的定义和作用。
3. 掌握行驶系各组成的结构和功用。
4. 了解轮胎规格的表示方法。

技能目标

1. 掌握行驶系各组成的特点。
2. 熟练拆装行驶系各部件及总成。

10.1 概述

10.1.1 行驶系的功用和组成

行驶系的主要作用是接受传动系统传来的发动机转矩并产生驱动力;承受汽车的总重量,传递并承受路面作用于车轮上的各个方向的反力及转矩;缓冲减振,保证汽车行驶的平顺性;与转向系统协调配合工作,控制汽车的行驶方向。行驶系一般由车架、车桥、悬架和车轮等组成。如图10-1所示。

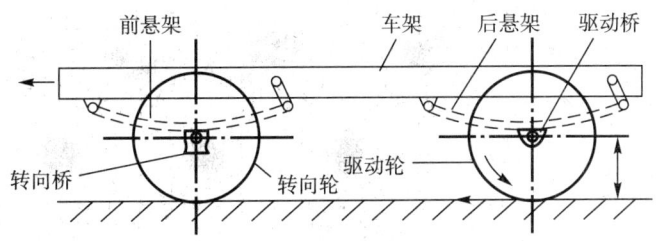

图10-1 行驶系的组成

10.1.2 行驶系的类型

现代汽车绝大部分都采用轮式行驶系统,即行驶系由车架、车桥、悬架和车轮组成。根据车辆适用性能和条件的不同,汽车行驶系还有一些其他的类型。

(1)半履带式 半履带式是指汽车的后桥采用履带式,前桥用车轮。履带可以减少汽车对地面的比压,控制汽车下陷;履刺还能加强履带与土壤间的相互作用,增加汽车的附着力,提高通过性。主要用于在雪地或沼泽地带行驶的汽车。

(2)全履带式 前后桥都用履带称为全履带式。

(3)车轮履带式 前后桥既可装车轮,也可装履带,称为车轮履带式。如图10-2所示。

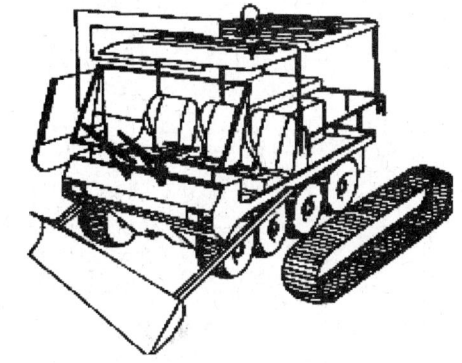

图10-2 车轮履带式

10.2 车架

10.2.1 车架的功用和要求

汽车车架俗称"大梁",它是整个汽车的装配机体,用来支撑、连接汽车的各总成,使各总成保持相对正确的位置,并承受汽车内外各种载荷。车架除了承受静载荷外,还要承受汽车行驶时产生的各种动载荷。因此,车架必须具有足够的强度、合适的刚度;结构简单、重量轻,并尽可能降低汽车的重心和获得较大的前轮转向角,以保证汽车行驶时的稳定性和转向灵活性。

10.2.2 车架的类型和结构

汽车上使用的车架按其结构形式不同可分为边梁式车架、中梁式车架、综合式车架和承载式车身。

1. 边梁式车架

边梁式车架由两根位于两边的纵梁和若干根横梁组成,用铆接法或焊接法将纵梁与横梁连接成坚固的刚性构架。由于边梁式车架便于安装车身和布置总成,有利于改装变形车和发展多品种车型的需要,所以被广泛采用,如图10-3所示。

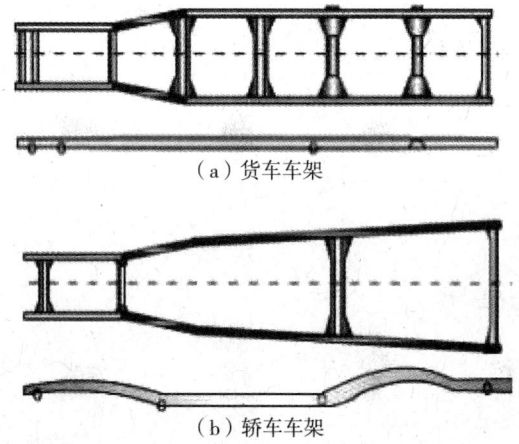

(a) 货车车架

(b) 轿车车架

图 10-3 边梁式车架

边梁式车架的纵梁一般用低碳合金钢板冲压而成。断面一般为槽型,也有的做成"工"字型或箱型等断面,如图10-4所示。

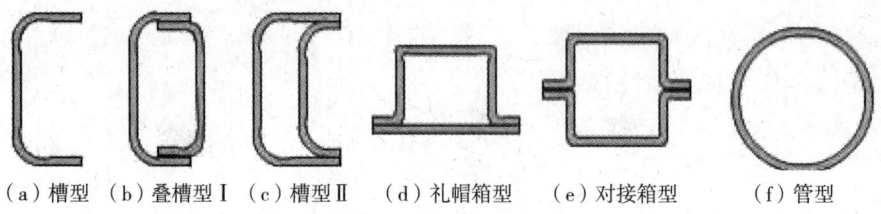

(a) 槽型 (b) 叠槽型Ⅰ (c) 槽型Ⅱ (d) 礼帽箱型 (e) 对接箱型 (f) 管型

图 10-4 边梁式车架纵梁断面

边梁式车架的横梁一般也是用低碳合金钢板冲压而成,以增强车架的抗扭能力和承受纵向载荷。

2. 中梁式车架

中梁式车架只有一根位于中央贯穿前后的纵梁,因此亦称为脊梁式车架。如图10-5所示。它有较好的抗扭刚度和较大的前轮转向角,在结构上容许车轮有较大的跳动空间,便于安装独立悬架,从而提高了汽车的越野性。与同吨位的载货汽车相比,其车架轻,整车质量小,同时质心较低,行驶稳定性好,车架的强度和刚度较大;脊梁还能起到封闭传动轴的防尘罩作用。但这种车架制造工艺复杂,精度要求高,总成安装困难,维修不方便。

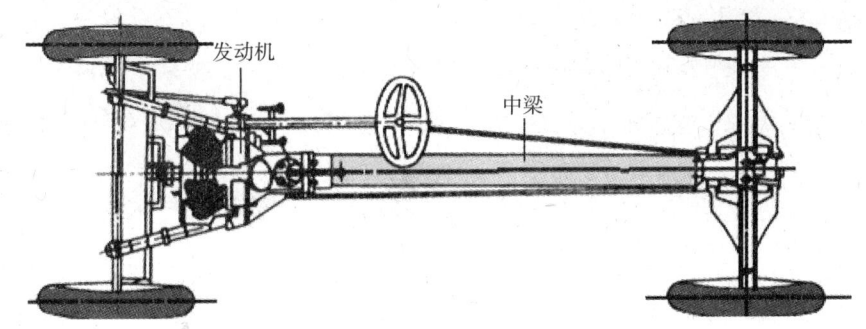

图 10-5 中梁式车架

3. 综合式车架

车架前部是边梁式,而后部是中梁式,这种车架称为综合式车架(也称复合式车架)。它同时具有中梁式和边梁式车架的特点,如图 10-6 所示。

4. 承载式车身(无车架)

大多数轿车和部分大型客车取消了车架,而以车身兼代车架的作用,即将所有部件固定在车身上,所有的力也由车身来承受,这种车身称为承载式车身。承载式车身由于无车架,可以减轻整车质量,使地板高度降低,使上、下车方便。如图 10-7、10-8 所示。

图 10-6 综合式车架

图 10-7 和悦轿车承载式车身

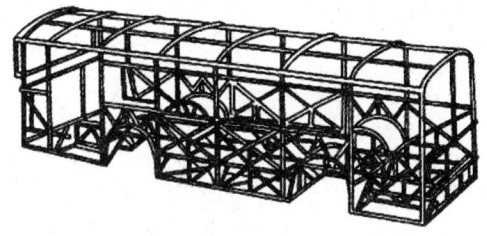

图 10-8 安凯客车承载式车身

10.3 车桥及车轮定位

10.3.1 车桥的功用和类型

车桥通过悬架与车架(或承载式车身)相连,两端安装车轮。其功用是传递车架(或承载式车身)与车轮之间各方向的作用力及其所产生的弯矩和转矩。

车桥按悬架结构的不同可分为整体式和断开式两种。整体式车桥与非独立悬架配用,断开式车桥与独立悬架配用。

按车桥上车轮的运动方式和所起作用的不同可分为转向桥、驱动桥、转向驱动桥和支持桥。其中转向桥和支持桥都属于从动桥。

1. 转向桥

转向桥通常位于汽车的前部，因此也常称为前桥。转向桥利用转向节使车轮偏转一定的角度以实现汽车的转向，同时还承受和传递车轮与车架之间的垂直载荷、纵向力和侧向力以及这些力形成的力矩。转向桥一般由前轴、转向节、主销、轮毂等部分组成。前轴是转向桥的主体，其断面形状采用工字梁和管形两种，如图 10-9 所示。

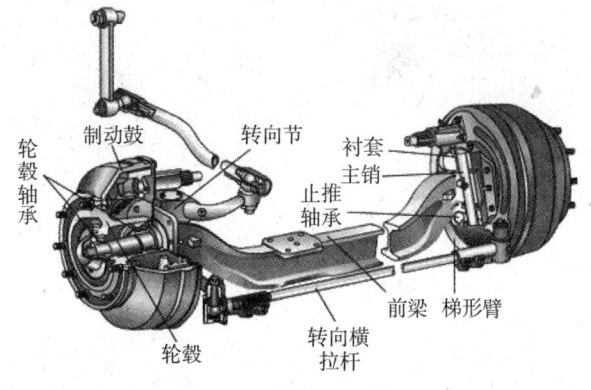

图 10-9 转向桥

2. 转向驱动桥

转向驱动桥结构如图 10-10 所示。在结构上，转向驱动桥既具有一般驱动桥的主减速器、差速器和半轴，也具有一般转向桥所具有的转向桥壳体、主销和轮毂。不同之处是其半轴分为两部分，通过等速万向节连接。转向驱动桥广泛应用在全轮驱动的越野汽车上。

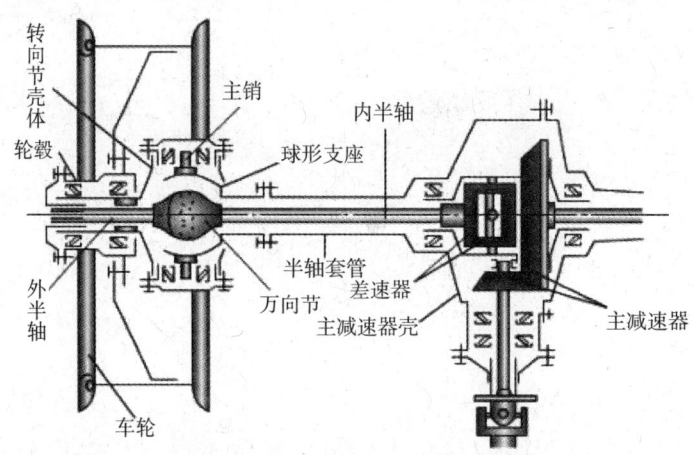

图 10-10 转向驱动桥

3. 支持桥

既无转向功能又无驱动功能的桥称为支持桥，前置前驱轿车的后桥为典型的支持桥，其结构如图 10-11 所示。车桥轮毂、制动鼓以及车轮与车桥的链接方式与转向桥一样，通过轴承支撑，轴向定位。车桥只向其传递横纵向推力或拉力，不传递转矩。

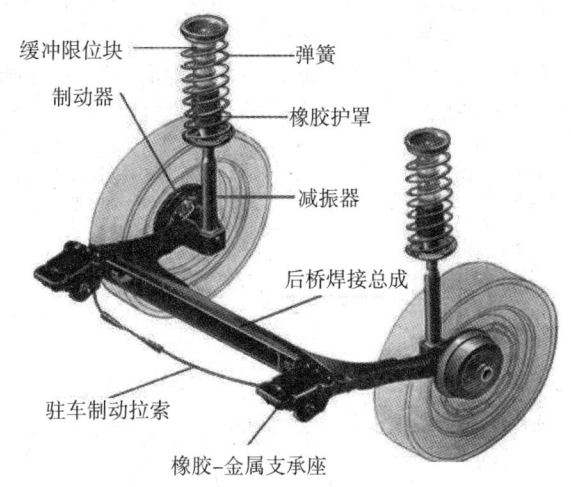

图 10-11　支持桥结构示意图

10.3.2　车轮定位

1. 转向轮定位

为了保持汽车直线行驶的稳定性、转向的轻便性和减少轮胎与机件间的磨损,转向轮、转向节和前轴三者与车架的安装应保持一定的相对位置,称为转向轮定位,也称前轮定位。它包括主销后倾、主销内倾、前轮外倾和前轮前束。

(1) 主销后倾　主销装在前轴上后,在纵向平面内,其上端略向后倾斜,这种现象称为主销后倾。在纵向垂直平面内,主销轴线与垂线之间的夹角 γ 叫主销后倾角,如图 10-12 所示。

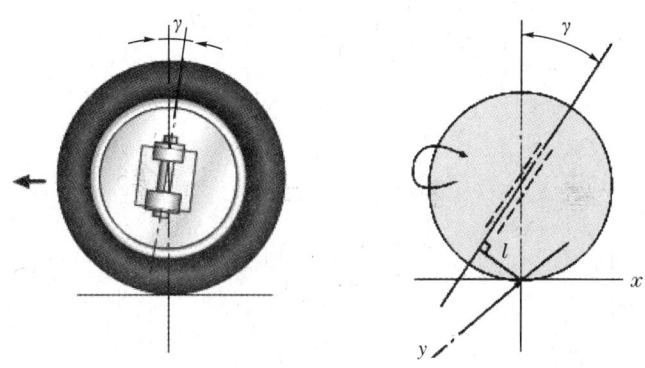

图 10-12　主销后倾示意图

主销后倾的作用是保持汽车直线行驶的稳定性,并力图使转弯后的前轮自动回正。后倾角愈大,车速愈高,前轮的稳定性愈强。但后倾角过大会造成转向盘沉重,一般采用 γ<3°。有些轿车和客车的轮胎气压较低,弹性较大,行驶时由于轮胎与地面的接触面中心向后移动,引起稳定力矩增加,故后倾角可以减少到接近与 0,甚至为负值(主销前倾)。

(2) 主销内倾　主销装在前轴上后,在横向平面内,其上端略向内倾斜,这种现象称为主销内倾。在横向垂直平面内,主销轴线与垂线之间的夹角 β 叫主销内倾角,如图 10-13 所示。

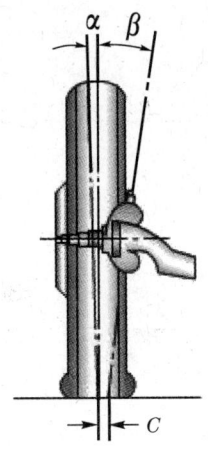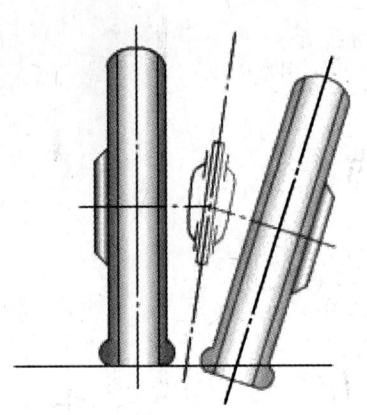

图 10-13 主销内倾示意图

主销内倾的作用是使前轮自动回正,转向轻便。主销内倾角愈大或前轮转角愈大,则汽车前部抬起就愈高,前轮的自动回正作用就愈明显。但转向时转动方向盘费力,转向轮的磨损增加,一般主销内倾角在 $5°\sim8°$ 之间。

主销后倾和主销内倾都起到使汽车转向自动回正、保持直线行驶位置的作用,但主销后倾的回正作用与车速有关,而主销内倾的回正作用几乎与车速无关。因此,高速时主要靠主销后倾起回正作用,而低速时则主要靠主销内倾起回正作用。此外,直行时前轮偶尔遇到冲击而偏转时,也主要靠主销内倾起回正作用。

(3)前轮外倾 前轮安装在车桥上后,其旋转平面上方相对纵向垂直平面略向外倾斜,这种现象称为前轮外倾。前轮旋转平面与垂线平面之间的夹角 α 叫前轮外倾角,如图 10-14 所示。

前轮外倾的作用在于提高前轮工作的安全性和操纵轻便性。前轮外倾角越大对安全和操纵越有利,但是过大的外倾角将使轮胎横向偏磨增加,油耗增多,一般前轮外倾角为 $1°$ 左右。

前轮外倾角是由转向节的结构确定的。当转向节安装到前轴上后,其转向节轴颈相对于水平面向下倾斜,从而使前轮安装后出现前轮外倾。

随着汽车高速化和急转向等工况的出现,许多轿车采用负外倾角。因为汽车转向时,离心力大,车身倾斜产生较大的外倾角,造成外侧悬架系统负载加重,使外侧轮胎表面产生变形,导致轮胎外侧旋转半径比内侧小,轮胎外侧连滚带拖,内侧连滚带揉,加剧轮胎磨损。因此,采用适当的负外倾,以使车轮内外侧磨损均匀,提高轮胎纯滚动转向性能和车身横向稳定性。

(4)前轮前束 汽车两个前轮安装后,在通过车轮轴线而与地面平行的平面内,两车轮前端略向内束,这种现象称为前轮前束。左右两车轮间后方距离 A 与前方距离 B 之差($A-B$)称为前轮前束值,如图 10-15 所示。

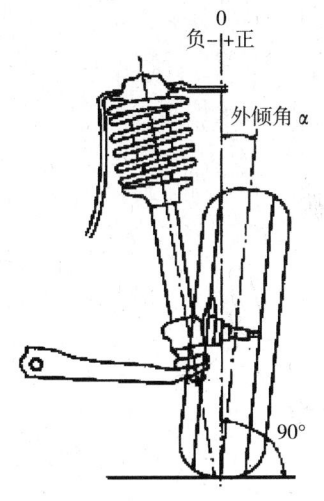

图 10-14 车轮外倾示意图

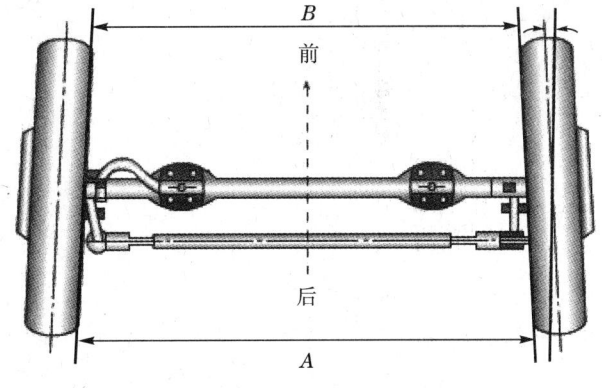

图 10-15 前轮前束示意图

前轮前束的作用是消除汽车行驶过程中因前轮外倾而使两前轮前端向外张开的不利影响,保证车轮不向外滚动,防止车轮侧滑和减轻轮胎的磨损。一般前束值为 0~12mm。现代轿车转向系中,广泛采用齿轮齿条式转向器,系统中球关节较少,车轮向外张开的因素少。另外,有不少轿车采用负外倾,因此前轮前束值需要减小或为负值。

2. 非转向轮定位

后轮与后轴之间的相对安装位置关系称为后轮定位。随着车速的不断提高,为了提高汽车高速行驶的稳定性,在结构设计上应确保汽车具有不足转向特性。为此,转向轮定位的内容已扩展到非转向轮(后轮)。汽车后轮具有一定程度的外倾角和前束。

后轮定位内容主要包括后轮外倾角和后轮前束。

① 后轮外倾角。为了对载荷进行补偿,采用独立后悬架的大多数车辆常带有一个较小的后轮外倾角。

② 后轮前束。后轮前束的作用与前轮前束基本相同。一般对于前驱汽车,前驱动轮宜采用正前束,后从动轮宜采用负前束;对于后驱汽车,前从动轮宜采用负前束,后驱动轮宜采用正前束。

10.4 悬 架

10.4.1 悬架的功用和类型

1. 悬架的功用

悬架是车架(或承载式车身)与车桥(或车轮)之间的所有传力连接装置的总称。其主要作用有:

(1) 把路面作用于车轮上的垂直反力、纵向反力和侧向反力以及这些反力所造成的力矩传递到车架(或承载式车身)上,保证汽车的正常行驶,即起传力作用。

(2) 利用弹性元件和减振器起到缓冲减振的作用，使乘坐舒适，提高汽车的平顺性。

(3) 利用悬架的某些传力构件使车轮按一定轨迹相对于车架或车身跳动，即起导向作用。

(4) 利用悬架中的辅助弹性元件横向稳定器，防止车身在转向等行驶情况下发生过大的侧向倾斜，保证汽车具有良好的操纵稳定性。

2. 悬架的类型

汽车悬架可分为两大类：非独立悬架和独立悬架。如图10-16所示。

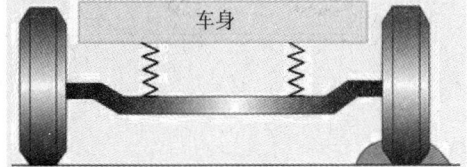 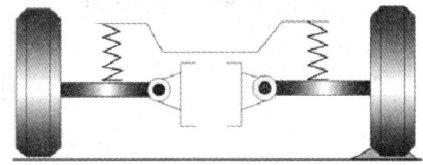

（a）非独立悬架　　　　　　　　（b）独立悬架

图 10-16　悬架示意图

非独立悬架的特点是：两侧车轮通过整体式车桥相连，车桥通过悬架与车架或车身相连。如果行驶中路面不平，一侧车轮被抬高，整体式车桥将迫使另一侧车轮产生运动。独立悬架的特点是：车桥是断开的，每一侧车轮单独地通过悬架与车架（或车身）相连，每一侧车轮可以独立跳动。

独立悬架由于行驶平顺性和操纵稳定性好，在轿车上广泛应用；非独立悬架因结构简单、工作可靠，在中、重型汽车上普遍采用。

10.4.2　悬架的结构

现代汽车的悬架虽然有不同的结构形式，但一般都由弹性元件、减振器、导向机构和横向稳定杆等组成，如图10-17所示。

弹性元件在车架（或车身）与车桥（或车轮）之间做弹性连接，可以缓和由于路面不平带来的冲击，并承受和传递垂直载荷。减振器可以衰减由于路面冲击产生的振动，使振动的振幅迅速减小。导向机构包括纵向推力杆和横向推力杆，用于传递纵向载荷和横向载荷，并保证车轮相对于车架（或车身）的运动关系。横向稳定器可以防止车身在转向等情况下发生过大的横向倾斜。

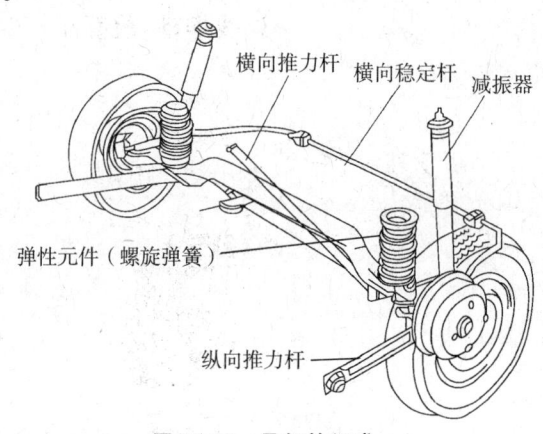

图 10-17　悬架的组成

1. 弹性元件

汽车上常用的弹性元件包括钢板弹簧、螺旋弹簧、扭杆弹簧和气体弹簧等。

(1) 钢板弹簧　钢板弹簧是汽车悬架中应用最广泛的一种弹性元件。如图10-18所示，它由若干片曲率半径不同、长度不等、宽度相等、厚度相等或不等的弹簧钢片叠加而成，所以钢板弹簧也称为叶片弹簧，在整体上近似等强度的弹性梁。其减振原理是：在车桥靠近车架或车身时靠钢板弹簧的弹性形变起缓冲作用,并在车桥靠近和离开车架或车身的整个过程中,通过各片相互之间的滑动摩擦,部分衰减路面的冲击作用。它既起减振作用又起导向作用,因此,利用钢板弹簧作为弹性元件的悬架无需安装导向装置,甚至不需要安装减振器。

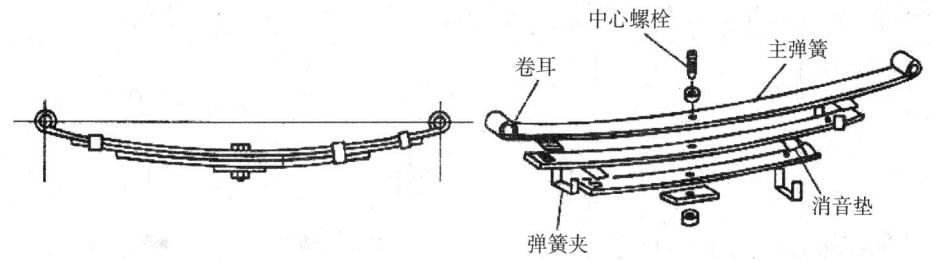

图 10-18 钢板弹簧的结构

(2)螺旋弹簧 螺旋弹簧用弹簧钢棒卷制而成,广泛应用于各种独立悬架。它可以制成圆柱形或圆锥形,也可以制成等螺距或不等螺距。圆柱形等螺距螺旋弹簧的刚度是不变的,圆锥形或不等螺距螺旋弹簧的刚度是可变的。其特点是没有减振和导向功能,只能承受垂直载荷。在螺旋弹簧悬架中必须另装减振器和导向机构,前者起减振作用,后者用以传递垂直力以外的各种力和力矩,并起导向作用。

(3)扭杆弹簧 扭杆弹簧本身是一根由弹簧钢制成的杆。图 10-19 所示扭杆断面通常为圆形,少数为矩形或管形。其两端形状可以做成花键、方形、六角形或带平面的圆柱形等,以便一端固定在车架上,另一端固定在悬架的摆臂上。摆臂还与车轮相连,当车轮跳动时,摆臂便绕着扭杆轴线摆动,使扭杆产生扭转弹性变形,借以保证车轮与车架的弹性联系。

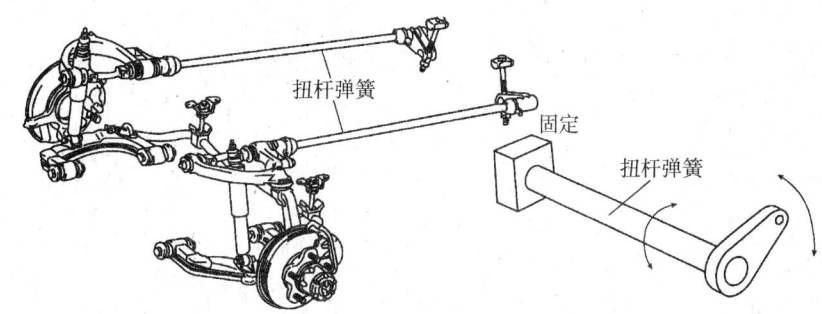

图 10-19 扭杆弹簧示意图

扭杆弹簧在制造时,经热处理后预先施加一定的扭转力矩,使之产生一个永久的扭转变形,从而使其具有一定的预应力。左右扭杆的预加扭转的方向与扭杆安装在车上后承受工作载荷扭转的方向相同,目的是减少工作时的实际应力,以延长使用寿命。如果左右扭杆换位安装,则导致扭杆弹簧的实际工作应力加大,使用寿命缩短。因此,左右扭杆弹簧刻有不同的标记,不可互换。

(4)气体弹簧 气体弹簧是在一个密封的容器中充入压缩气体,利用气体可压缩性实现弹簧的作用。气体弹簧的特点是,作用在弹簧上的载荷增加时,容器中气压升高,弹簧刚度增大;反之,当载荷减小时,气压下降,刚度减小。气体弹簧具有理想的变刚度特性。它主要有油气弹簧和空气弹簧两种。

2. 减振器

减振器在汽车中的作用是迅速衰减由车轮通过悬架弹簧传给车身的冲击和振动,提高汽车行驶的平顺性能。汽车悬架中的减振器与弹性元件并联安装。如图 10-20 所示。

目前,汽车悬架系统中广泛采用液压减振器,其基本原理如图 10-21 所示。当车架与车桥做往复相对运动时,减振器中的活塞在缸筒内也做往复运动,减振器壳体内的油液便反复地从一个内腔通过一些窄小的孔隙流入另一内腔。孔壁与油液间的摩擦及液体分子内的摩擦便形成对振动的阻尼力,使车身和车架的振动能量转化为热能,被油液和减振器壳体所吸收,并散到大气中。减振器阻尼力的大小随车架与车桥(或车轮)间相对速度的变化而增减,并且与油液的黏度有关。

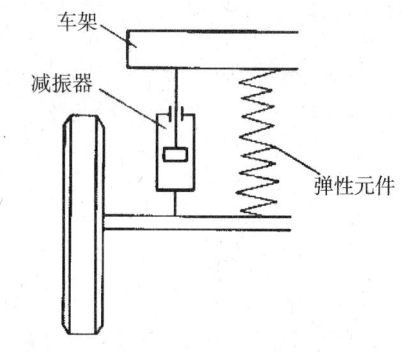

图 10-20　减振器和弹性元件安装示意图

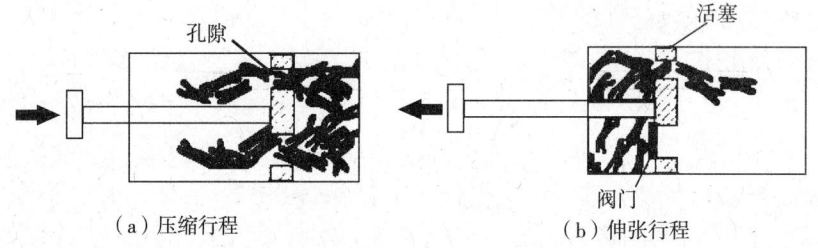

（a）压缩行程　　　　　　（b）伸张行程

图 10-21　减振器基本原理

阀门越大,阻尼力越小,反之亦然。相对运动速度越大,阻尼力越大,反之亦然。阻尼力越大,振动的衰减越快,但悬架弹性元件的缓冲效果不能发挥,乘坐也不舒适。因此弹性元件的刚度与减振器的阻尼力要合理搭配,才能达到乘坐舒适性和操纵稳定性的要求。

目前在汽车上应用最广泛的液力减振器是双向作用式减振器,它在伸张行程和压缩行程都具有阻尼减振作用。双向作用筒式减振器如图 10-22 所示。双向作用筒式减振器在内筒和外筒之间设计了补偿孔,它可以调整油液量以适应活塞杆的移动体积。

如图 10-22a 所示,在节流孔①上设置阀门,节流孔②没有阀门。压缩时,阀门①打开,下腔的油液通过节流孔①和②流到上腔,使活塞容易下行。伸张时,阀门①关闭,上腔的油液只能通过节流孔②流回下腔,使活塞上行阻尼增大。这样就实现了减振效果,它可以很快吸收路面冲击,但汽车在坏路上行驶时的平顺性较差。

如图 10-22b 所示,在节流孔②上设计阀门②,伸张时油液通过节流孔②,压缩时油液通过节流孔①,因此在压缩和伸张时都受到阻尼力。对于激烈的车身振动,下腔的油液在伸张时通过补偿阀上的节流孔流入补偿腔,产生阻尼力;压缩时补偿阀打开,油液无阻尼地通过补偿阀。补偿腔的上部有氮气,可以被油液压缩。

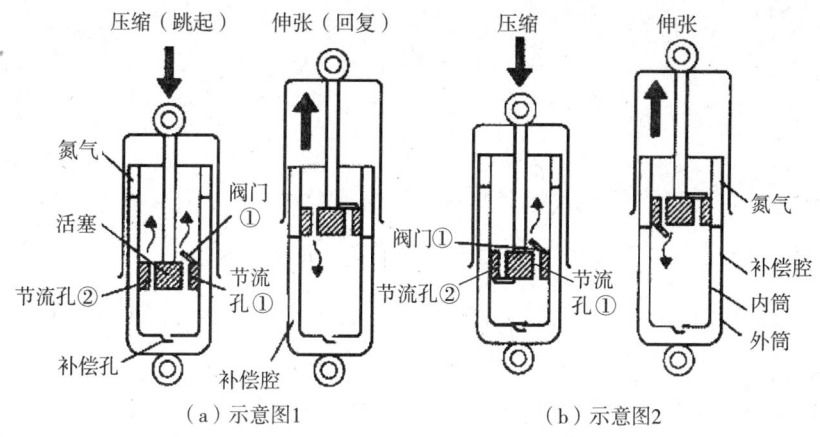

图 10-22 双向作用筒式减振器的结构及工作原理

3. 横向稳定杆

横向稳定杆是一根横贯车身下部的弹性扭杆，由弹簧钢制成，如图 10-23 所示。横向稳定杆利用扭杆弹簧原理，将左右车轮通过横向稳定杆连接起来。在车身倾斜时，稳定杆两边的纵向部分向不同方向偏转，于是横向稳定杆便被扭转。弹性的稳定杆产生的扭转内力矩阻碍了悬架弹簧的变形，从而减少车身的横向倾斜。

图 10-23 横向稳定杆的结构和作用

4. 非独立悬架

非独立悬架结构简单，工作可靠，一些车型的后悬架采用这一结构类型。按照弹性元件的不同，非独立悬架可以分为钢板弹簧式非独立悬架和螺旋弹簧式非独立悬架。

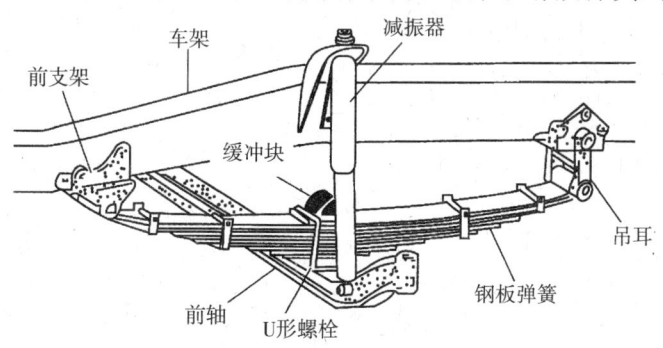

图 10-24 钢板弹簧式非独立悬架

（1）钢板弹簧式非独立悬架　图 10-24 所示为钢板弹簧式非独立悬架。钢板弹簧中部通过U形螺栓(骑马螺栓)固定在前桥上。钢板弹簧的前端卷耳用弹簧销与前支架相连,形成固定式铰链支点,起传力和导向作用;而后端卷耳则用吊耳销与可在车架上摆动的吊耳相连,形成摆动式铰链支点,从而保证了弹簧变形时两卷耳中心线间的距离有可能改变。

减振器的上下两个吊环通过橡胶衬套和连接销分别与车架上的上支架和车桥上的下支架相连接。盖板上装有橡胶缓冲块,以限制弹簧的最大变形,并防止弹簧直接碰撞车架。

(2)螺旋弹簧式非独立悬架　螺旋弹簧非独立悬架由螺旋弹簧、减振器、纵向推力杆和横向推力杆组成。一般只用于汽车的后悬架,如图10-25所示。

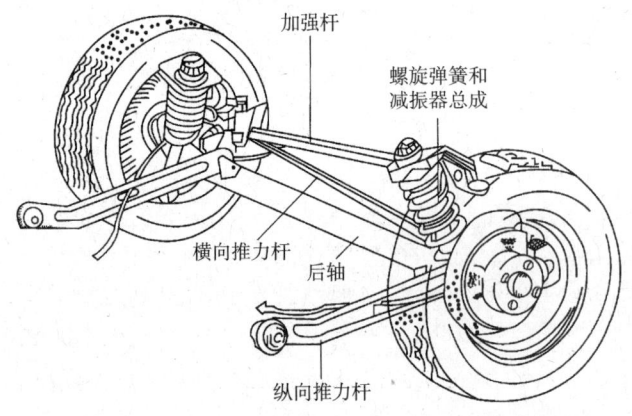

图10-25　螺旋弹簧式非独立悬架

5.独立悬架

(1)横臂式独立悬架　横臂式独立悬架分为单横臂式和双横臂式两种,目前单横臂式独立悬架应用较少。

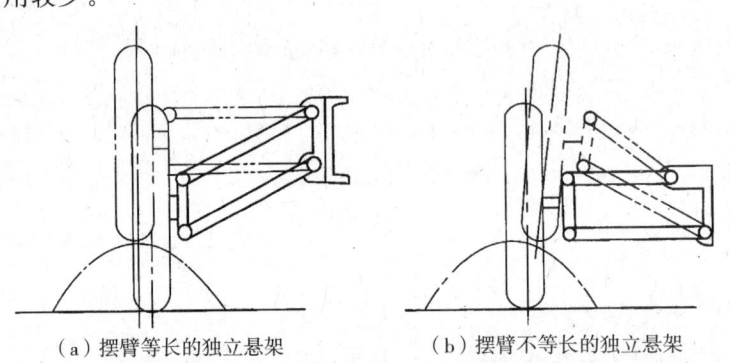

(a)摆臂等长的独立悬架　　　　(b)摆臂不等长的独立悬架

图10-26　双横臂式独立悬架示意图

双横臂式独立悬架的两个横摆臂有等长的和不等长的,如图10-26所示。摆臂等长的独立悬架当车轮上下跳动时,虽然车轮平面不倾斜、主销轴线的方向也不发生变化,但轮距发生较大的变化,这将引起车轮的侧滑和轮胎的磨损。而摆臂不等长的独立悬架当车轮上下跳动时,虽然车轮平面、主销轴线、轮距都发生变化,但如果选择长度比例合适,可使车轮和主销的角度及轮距变化不大,这种独立悬架被广泛用在汽车前轮上。

(2)纵臂式独立悬架　纵臂式独立悬架分为单纵臂式和双纵臂式两种。单纵臂式独立悬架如果用于前轮,车轮上下跳动时会使主销后倾角变化很大,所以单纵臂式独立悬架都用于后轮。双纵臂式独立悬架的两纵摆臂一般长度相等,形成平行四连杆机构,如图10-27所示。这种悬架当车轮上下跳动时,车轮外倾角、轮距和主销后倾角都不发生变化,所以适用于前轮。

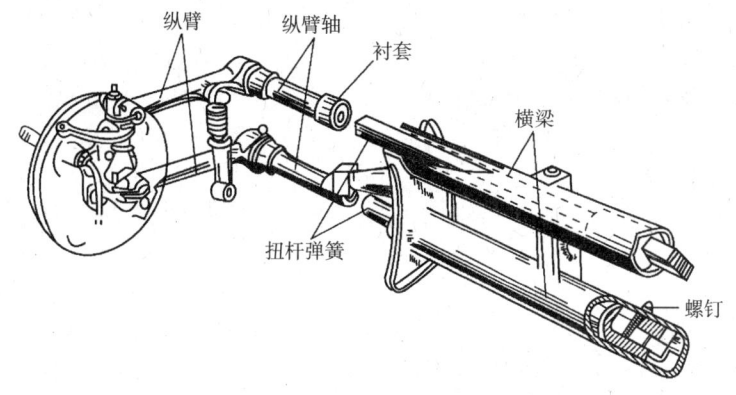

图 10-27　双横臂式独立悬架示意图

(3)烛式独立悬架　图10-28所示为烛式独立悬架,主销的上下两端刚性地固定在车架上。套在主销上的套管固定在转向节上。套管的中部固定装着螺旋弹簧的下支座。筒式减振器的下端与转向节相连,上端与车架相连。悬架的摩擦部分套着防尘罩。通气管与防尘罩内腔相通,以免罩中空气被密封而影响悬架的弹性。

烛式独立悬架的优点是当悬架变形时,主销的定位角不会发生变化,仅轮距、轴距稍有改变;有利于汽车的转向操纵件和行驶稳定性。缺点是侧向力全部由套筒和主销承受,两者间的摩擦阻力大,磨损严重。因此,这种结构形式目前很少采用。

(4)麦弗逊式独立悬架　麦弗逊式独立悬架是目前车型和某些轻型客车应用比较普遍的悬架结构形式。如图10-29所示,筒式减振器为滑动立柱,横摆臂的内端通过铰链与车身相连,外端通过球铰链与转向节相连。减振器的上端与车身相连,下端与转向节相连。车轮所受的侧向力大部分由横摆臂承受,其余

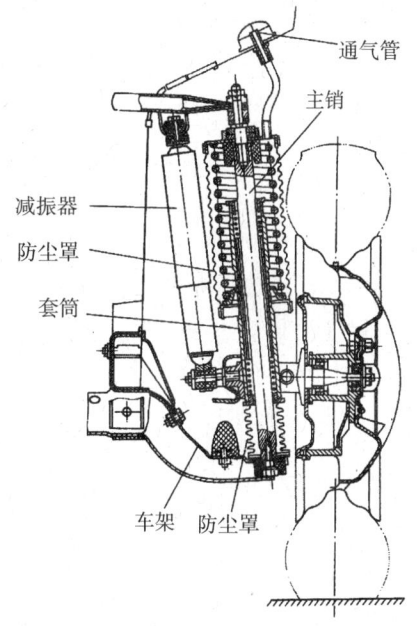

图 10-28　烛式独立悬架

部分由减振器活塞和活塞杆承受。筒式减振器上铰链的中心与横摆臂外端球铰链中心的连线为主销轴线,此结构为无主销结构。当车轮上下跳动时,减振器下支点随前悬架摇臂摆动,故主销轴线角度是变化的,这说明车轮是沿着摆动的主销轴线而运动。

烛式独立悬架和麦弗逊式独立悬架都属于车轮沿主销移动的独立悬架。烛式独立悬架的车轮沿固定不动的主销移动,麦弗逊式独立悬架的车轮沿摆动的主销轴线移动。

汽车构造

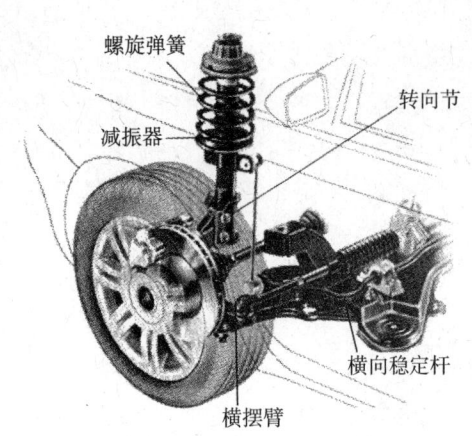

图 10-29　麦弗逊式独立悬架

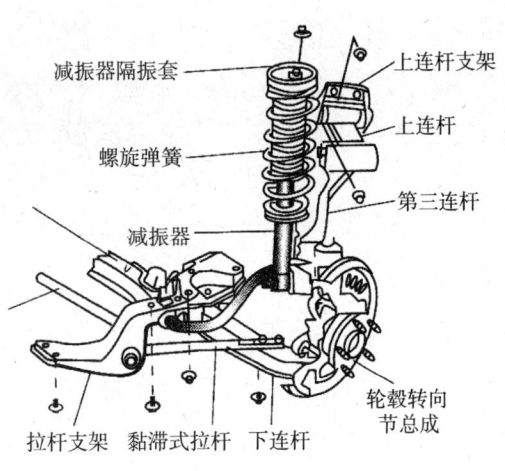

图 10-30　多连杆式独立悬架

（5）多连杆式独立悬架　独立悬架中多采用螺旋弹簧,因此对于侧向力、垂直力以及纵向力需增设导向装置,即采用杆件来承受和传递这些力,故一些车型上为减轻车重和简化结构采用多连杆式悬架,如图 10-30 所示。上连杆用上连杆支架与车身（或车架）相连,上连杆外端与第三连杆相连。上连杆的两端都装有橡胶隔振套。第三连杆的下端通过重型止推轴承与转向节连接。下连杆与普通的下摆臂相同,其内端通过橡胶隔振套与前横梁相连接,球铰将下连杆的外端与转向节相连。多杆前悬架系统的主销轴线从下球铰延伸到上面的轴承,它与上连杆和第三连杆无关。

10.5　车轮和轮胎

车轮与轮胎是汽车行驶系中的主要部件,汽车通过车轮由轮胎与地面接触而在道路上行驶。其主要功用是：支撑汽车总质量；吸收和缓和来自路面的冲击力和振动；产生驱动力、制动力和侧向力；产生回正力矩；承担越障、提高通过性等。车轮与轮胎又称车轮总成,如图 10-31 所示。

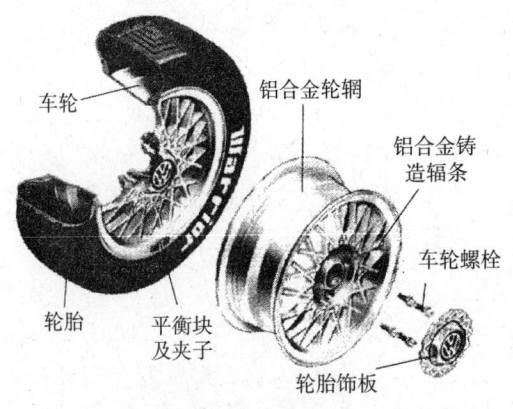

图 10-31　车轮总成

10.5.1 车轮

车轮是介于轮胎和车桥之间承受负荷的旋转组件。其功用是安装轮胎,承受轮胎与车桥之间的各种载荷。车轮一般是由轮毂、轮辋和轮辐组成,如图10-32所示。轮毂通过圆锥滚子轴承装在车桥或转向节轴径上,用于连接车轮与车桥。轮辋用于安装和固定轮胎。轮辐用于将轮毂和轮辋连接起来,并通过螺栓与轮毂连接起来。

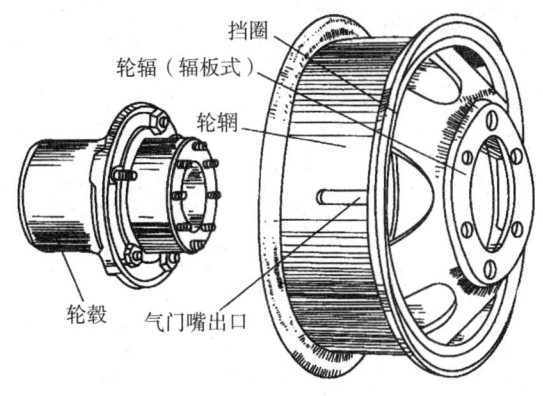

图10-32 车轮的组成

1. 轮辐

按轮辐结构的不同,车轮可以分为两种形式:辐板式车轮和辐条式车轮。普通客车和轻、中型货车普遍采用的辐板式车轮(如图10-32所示)由挡圈、轮辋、辐板和气门嘴伸出口组成。车轮中用以连接轮毂和轮辋的钢质圆盘称为辐板,大多是由冲压制成,少数和轮毂铸成一体,后者主要用于重型汽车。汽车的辐板所用板料较薄,常冲压成起伏多变的形状,以提高其刚度。目前广泛采用的汽车车轮为铝合金车轮,如图10-31所示,且多为整体式,即轮辋和轮辐铸成一体。它具有质量小、尺寸精度高、生产工艺好、美观大方等特点,可以明显改善车轮的空气动力学特性,降低汽车油耗。

辐条式车轮按辐条结构的不同分为钢丝辐条式车轮和铸造辐条式车轮,如图10-33所示。

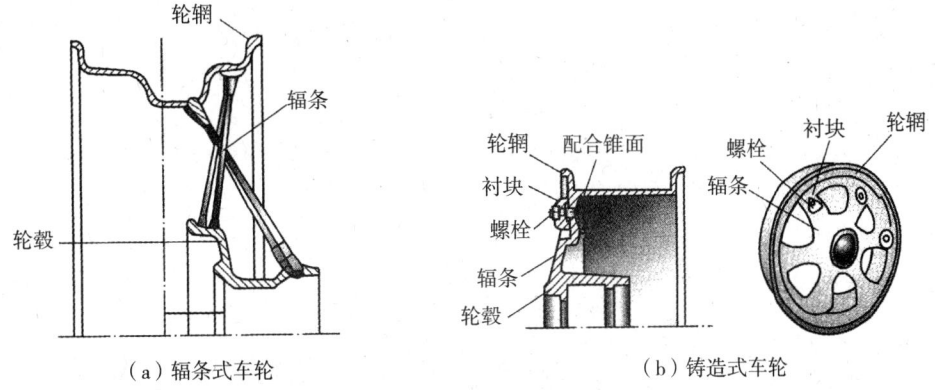

(a) 辐条式车轮　　　　　　　　(b) 铸造式车轮

图10-33 辐条式车轮

2. 轮辋

轮辋用于安装和固定轮胎。按其结构不同,轮辋的常见结构形式有:深槽轮辋、平底轮辋和对开式轮辋,如图 10-34 所示。此外,还有半深槽轮辋、深槽宽轮辋、平底宽轮辋、全斜底轮辋等。

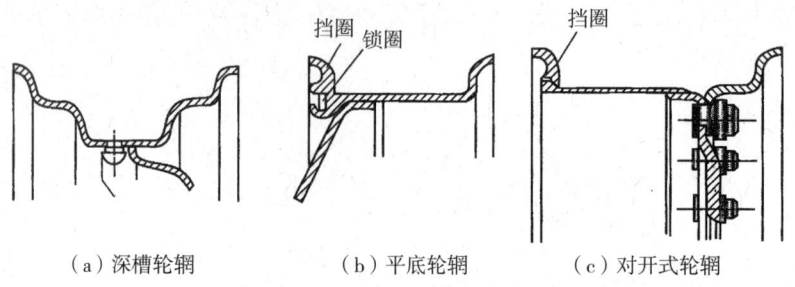

(a) 深槽轮辋　　　　(b) 平底轮辋　　　　(c) 对开式轮辋

图 10-34　轮辋的常见结构形式

10.5.2　轮胎

1. 轮胎的功用和类型

现代汽车都采用充气式轮胎,轮胎安装在轮辋上,直接与路面接触,它的功用是:支撑汽车的质量,承受路面传来的各种载荷;和汽车悬架共同缓和汽车行驶中所受到的冲击,并衰减由此而产生的振动,以保证汽车有良好的乘坐舒适性和行驶平顺性;保证车轮和路面有良好的附着性,以提高汽车的动力性、制动性和通过性。

轮胎按照不同的分类标准可以分为多种类型。

①按轮胎内空气压力的大小,轮胎分为高压胎(0.5~0.7MPa)、低压胎(0.2~0.5MPa)和超低压胎(0.2MPa以下)三种。低压胎弹性好、减振性能强、壁薄散热性好、与地面接触面积大附着性好,因而广泛用于各种车型。超低压胎在松软路面上具有良好的通过能力,多用于越野汽车及部分高级车型。

②按轮胎有无内胎,轮胎分为有内胎轮胎和无内胎轮胎(俗称"真空胎")两种。目前各种车型上普遍采用无内胎轮胎。

③按胎体帘布层结构的不同,轮胎分为斜交轮胎和子午线轮胎。目前子午线胎在汽车上广泛应用。

④根据花纹不同分为普通花纹轮胎、组合花纹轮胎、越野花纹轮胎。

⑤根据帘线材料不同分为人造丝(R)轮胎、棉帘线(M)轮胎、尼龙(N)轮胎、钢丝(G)轮胎。

2. 轮胎的结构

充气的内胎轮胎由外胎、内胎和垫带等组成,使用时安装在汽车车轮的轮辋上。无内胎轮胎俗称"真空胎",在外观上与普通轮胎相似,但是没有内胎及垫带。它的气门嘴用橡胶垫圈和螺母直接固定在轮辋上,空气直接充入外胎中,其密封性由外胎和轮辋来保证。

外胎是轮胎的主要组成部分,它是用耐磨橡胶以及帘线制成的强度较高而又有弹性的外壳。外胎直接与地面接触来保护内胎,使其不受损伤,主要由胎面、胎圈和胎体等组成。

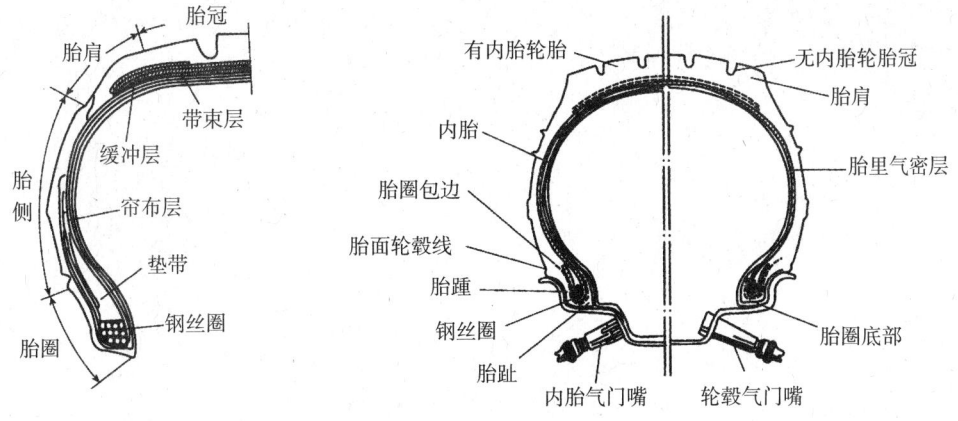

图 10-35　轮胎的结构

胎面是轮胎的外表面,可分为胎冠、胎肩和胎侧三部分。胎冠也称行驶面,它与路面直接接触,直接承受冲击与摩擦,并保护胎体免受机械损伤。为使轮胎与地面有良好的附着性能,防止纵、横向滑移,在胎面上制有各种形状的花纹。如图 10-36 所示,主要有普通花纹、组合花纹和越野花纹等。胎肩是较厚的胎冠和较薄的胎侧间的过渡部分,一般也制有各种花纹,以提高该部位的散热性能。胎侧又称胎壁,它由数层橡胶构成,覆盖轮胎两侧,保护内胎免受外部损坏。胎侧可承受较大的挠曲变形,在行驶过程中,不断地在载荷作用下挠曲变形。胎侧上标有厂家名称、轮胎尺寸及其他资料。

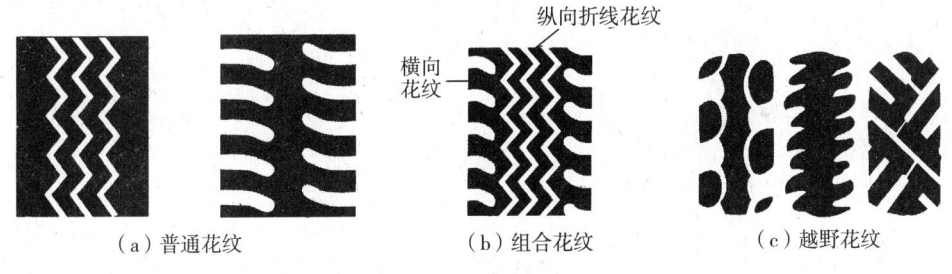

(a) 普通花纹　　　　(b) 组合花纹　　　　(c) 越野花纹

图 10-36　胎面花纹

胎冠部分磨损到磨损标记以下后将非常危险。如图 10-37 所示,胎面磨损标志位于胎面花纹沟底部,当胎面磨损到此处时,花纹沟断开,表明轮胎必须停止使用并送去翻新或报废。为便于用户找到磨损标志,通常在磨损标志对应的胎肩处标出"△"符号。按国家标准规定,每只轮胎的磨损标志应沿圆周等距离设置,不少于 4 个。

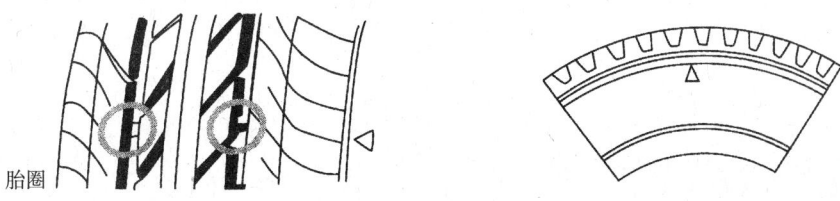

图 10-37　轮胎磨损标记(△所指位置)

胎圈是帘布层的根基,由钢丝圈、帘布层包边和胎圈包布组成,具有很大的刚度和强度,可以使外胎牢固地安装在轮辋上。

胎体由帘布层和缓冲层组成。帘布层是外胎的骨架,用以承受载荷,保持外胎的形状和尺寸,通常由成双数的多层帘布用橡胶贴合而成,相邻层帘线相交排列。帘布层数愈多,强度愈大,但弹性降低。在外胎表面上注有帘布层数。

3. 轮胎的分类

按照帘布层帘线排列方式的不同,外胎可以分为斜交轮胎和子午线轮胎。斜交轮胎帘布层的帘线按一定角度交叉排列,帘布的帘线与轮胎横断面的交角(胎冠角)一般为 52°～54°。子午线轮胎帘布层帘线排列的方向与轮胎横断面一致。图10-38所示即垂直于轮胎胎面中心线,类似于地球仪上的子午线。子午线轮胎帘布层的帘线排列方式使帘线的强度得到充分利用,帘布层数一

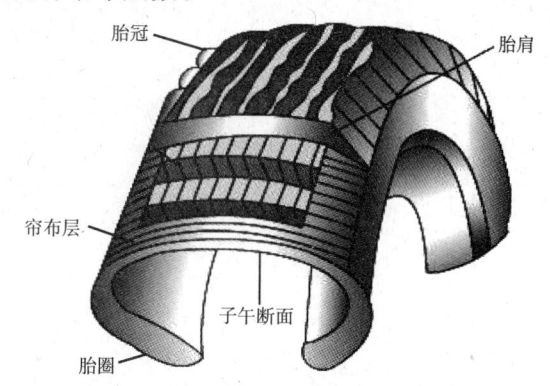

图 10-38　子午线轮胎结构

般比普通斜交胎减少 40%～50%;胎体较柔软,弹性好。子午线轮胎与斜交轮胎相比较具有行驶里程长、滚动阻力小、节约燃料、承载能力大、减振性能好、附着性能强、不易爆胎等优势,目前在汽车上应用广泛。

4. 轮胎规格的表示方法

轮胎规格的表示方法基本上有公制和英制两大系统,目前大多数国家包括我国均采用英制表示法。充气轮胎的尺寸标注如图 10-39 所示。

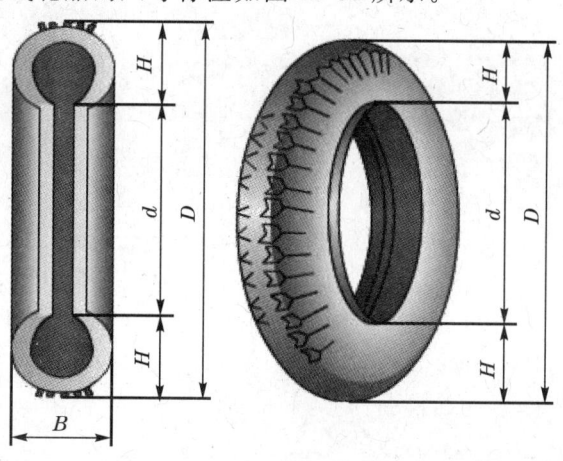

H—胎高;B—胎宽;d—轮辋直径;D—轮胎直径

图 10-39　轮胎的尺寸标注

普通斜交轮胎的规格用 $B-d$ 表示,其中尺寸的大小均以英寸(inch)为单位。例如,子午线轮胎的规格表示如下:

185/70R1388T

①185—轮胎名义断面宽度代号，表示轮胎宽度185mm。

②70—轮胎名义扁平比代号，表示扁平率为70%。轮胎断面高度 H 与宽度 B 之比以百分比表示，称为轮胎的扁平率，有60、65、70、75、80 五个级别。

③R—子午线轮胎结构代号，即"Radial"的第一个字母。

④13—轮胎名义直径代号，表示轮胎内径为13英寸。

⑤88—荷重等级，即最大载荷质量。

⑥H—速度等级代号，表明轮胎能行驶的最高车速。速度等级及对应的最高车速见表10-1。

图 10-40 轮胎的规格

表 10-1 速度等级及对应的最高车速

速度等级	最高车速(km/h)	速度等级	最高车速(km/h)
L	120	T	190
M	130	U	200
N	140	H	210
P	150	V	240
Q	160	Z	240 以上
R	170	W	270 以上
S	180	Y	300 以上

思考与练习

一、填空题

1. 汽车行驶系由_____、_____、_____、_____四部分组成。
2. 载货汽车的车架一般分为_____、_____和_____车架三种。
3. 根据车桥作用的不同，车桥可分为_____、_____、_____、_____四种。
4. 转向桥由_____、_____、_____和_____等主要部分组成。
5. 前轮定位包括_____、_____、_____和_____四个参数。
6. 悬架一般由_____、_____和_____和_____四部分组成。
7. 车轮一般由_____、_____和_____三部分组成。

二、判断题

1. 车架主要承受拉、压应力。　　　　　　　　　　　　　　　　　　（　　）
2. 有的汽车没有车架。　　　　　　　　　　　　　　　　　　　　　（　　）
3. 一般载货汽车的前桥是转向桥，后桥是驱动桥。　　　　　　　　　（　　）
4. 汽车在使用中，一般只调整前轮定位中的前束。　　　　　　　　　（　　）

5. 转向轮偏转时,主销随之转动。 ( )
6. 越野汽车的前桥通常是转向兼驱动。 ( )
7. 主销后倾角度变大,转向操纵力增加。 ( )
8. 所有汽车的悬架组成都包含有弹性元件。 ( )

三、选择题

1. 汽车的装配体是(   )。
   A. 车架   B. 发动机   C. 车身   D. 车轮
2. 解放 CA1092 型汽车的车架类型属于(   )。
   A. 边梁式   B. 周边式   C. 中梁式   D. 综合式
3. 越野汽车的前桥属于(   )。
   A. 转向桥   B. 驱动桥   C. 转向驱动桥   D. 支撑桥
4. 转向轮绕着(   )摆动。
   A. 转向节   B. 主销   C. 前梁   D. 车架
5. 前轮定位中,转向操纵轻便主要是靠(   )。
   A. 主销后倾   B. 主销内倾   C. 前轮外倾   D. 前轮前束
6. 汽车用减振器广泛采用的是(   )。
   A. 单向作用筒式   B. 双向作用筒式
   C. 摆臂式   D. 阻力可调式
7. 外胎结构中,起承受负荷作用的是(   )。
   A. 胎面   B. 胎圈   C. 帘布层   D. 缓冲层

四、问答题

1. 汽车行驶系的作用是什么?
2. 车架的作用是什么?对车架有什么要求?
3. 转向桥的作用是什么?
4. 主销后倾的作用是什么?
5. 前轮外倾的作用是什么?
6. 悬架的作用是什么?

第11章

转向系统

知识目标

1. 能描述转向系统的功用及组成。
2. 能描述转向系统各部件的种类及结构特点。
3. 能描述动力转向系统的种类和工作原理。

技能目标

1. 能识别机械转向机构的主要部件。
2. 掌握转向器的拆装方法和技巧。

11.1 概述

汽车转向系统是由驾驶员操纵,实现转向轮偏转和回位的一套机构。汽车转向系统的功用是保证汽车能按驾驶员的意愿进行直线或转向行驶。

11.1.1 转向系类型和组成

1. 机械转向系

机械转向系统以驾驶员的体力作为转向能源,所有传递力的构件都是机械的,主要由转向操纵机构、转向器和转向传动机构三大部分组成(如图 11-1 所示)。

（1）转向操纵机构　由转向盘、转向万向传动装置(转向万向节和转向传动轴)组成。

（2）转向器　作用是把操纵机构的旋转运动转化为摇摆运动传给传动机构实现转向。

（3）转向传动机构　由转向摇臂、转向直拉杆、转向节臂、左右梯形臂和转向横拉杆组成。

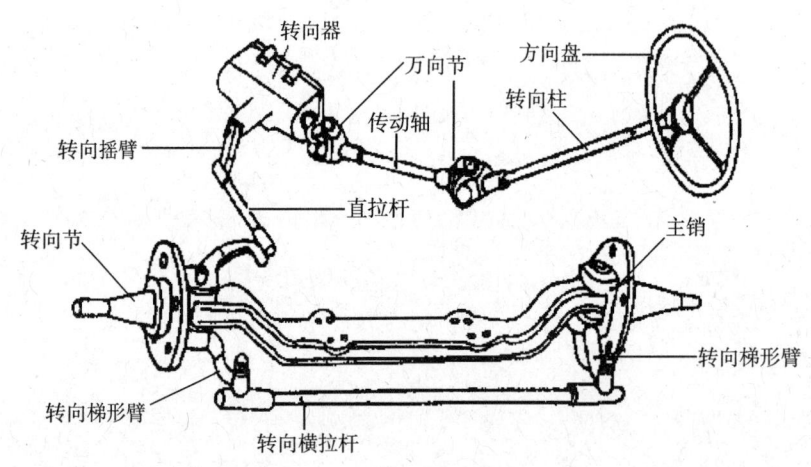

图 11-1　机械式转向系统组成

2. 动力转向系

动力转向系统是兼用驾驶员体力和发动机(或电动机)的动力作为转向能源的转向系统。动力转向系统是在机械转向系统的基础上加设一套转向加力装置而形成的。原理如图 11-2 所示。

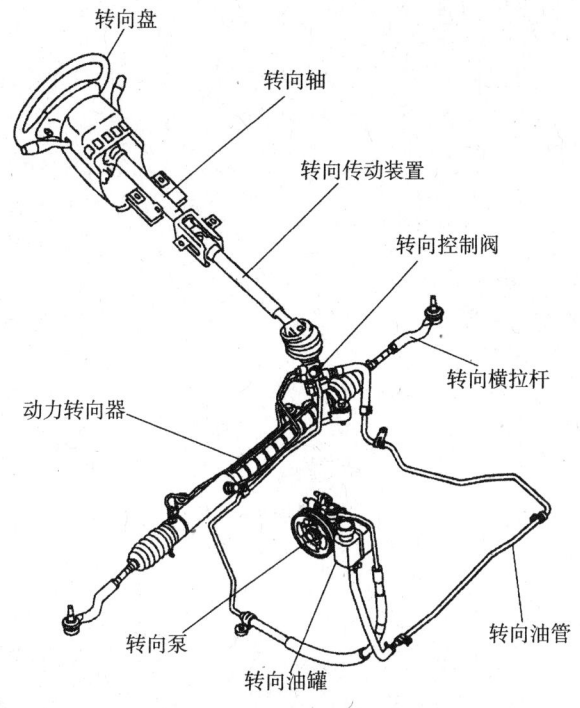

图 11-2 助力转向系统组成

11.1.2 转向理论

1. 转向时车轮运动规律

汽车转向行驶时,为了避免车轮相对地面滑动而产生附加阻力,减轻轮胎磨损,要求转向系统能保证所有车轮均做纯滚动运动,即所有车轮轴线的延长线都要相交于一点。

由图 11-3 中几何关系可见,汽车转向时内转向轮的偏转角 β 大于外偏转角 α。在车体刚体的假设条件下,内、外两转向轮偏转角满足下面的关系式:

$$\cot\alpha = \cot\beta + B/L$$

式中:B——轮距;

L——汽车轴距

转向中心:汽车转向时,所有车轮轴线的相交点。

转弯半径:转向中心 O 到外转向轮与地面接触点之间的距离 R 称为汽车的转弯半径。

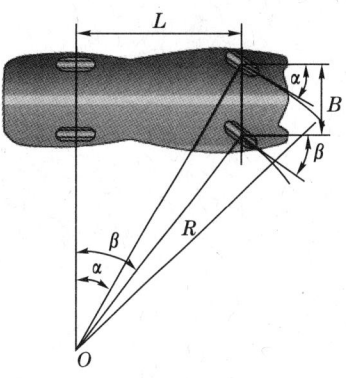

图 11-3 汽车转向示意图

最小转向半径:转向中心 O 到外转向轮与地面接触点之间的最小距离 R_{min} 称为汽车的最小转向半径。

$$R_{min} = L/\sin\alpha_{max}$$

最小转向半径越小,则汽车转向所需场地越小,其机动性越好。

2. 转向系统角传动比

转向盘转角增量与同侧转向节相应转角增量之比为转向系统角传动比；转向盘的转角增量与相应的转向摇臂转角增量之比称为转向器角传动比；转向摇臂的转角增量与转向盘一侧的转向节对应的转角增量之比称为转向传动机构的角传动比。显然，转向系统角传动比等于转向器角传动比乘以转向传动机构的角传动比。

11.2 机械转向系

汽车机械式转向系统由转向操纵系统、机械转向器和转向传动机构三部分组成。在转向系统中，因为各传动件之间存在着装配间隙，所以在转向的开始阶段，存在着一个转向盘空转阶段。此后驾驶员才需要对转向盘施加较大的力矩才能使转向轮偏转。转向盘在空转阶段的角行程叫做转向盘自由行程。转向盘自由行程对于缓和驾驶员过度紧张是有利的，但不宜过大，最好不超过 10°～15°。

11.2.1 转向操纵机构

转向盘到转向器之间的所有零部件总称为转向操纵机构。主要由转向盘、转向轴等组成，它的主要作用是将驾驶员转动转向盘的操纵力矩传给转向器。为了方便不同体型驾驶员的操作及保护驾驶员的安全，现代汽车转向操纵机构还带有各种调整机构和保护装置。

发生车祸时，对驾驶员造成主要威胁的是转向盘及转向柱管等。所以，设计转向操纵机构时应增加安全措施，如采用安全转向柱、安全联轴节及能量吸收装置等。图 11-4 为采用安全转向柱的转向操纵机构。正常行驶时，上下转向轴通过销钉配合来传递转向力矩。当撞车时，上下转向轴及时分开，避免了转向盘随车身后移，从而保证了驾驶员的安全。

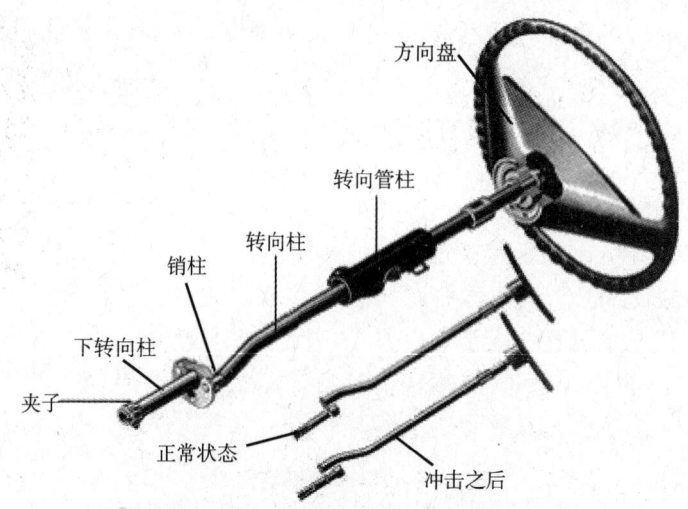

图 11-4 采用安全装置的转向操纵机构

11.2.2 转向器

转向器是转向系统的减速传动装置,它的输入端为转向轴,输出端为转向摇臂。目前广泛采用的有齿轮齿条式和循环球式两种。

转向器的输出功率与输入功率之比称为转向器传动效率。在功率由转向轴输入,由转向摇臂输出求得的传动效率为正效率;在功率由转向摇臂输入,由转向轴输出时求得的传动效率为逆效率。

逆效率很高的转向器很容易把路面反力传到转向盘,故称为可逆式转向器。可逆式转向器有利于转向结束时转向轮和转向盘的自动回正,但也可能将坏路面对车轮的冲击传到转向盘,发生"打手"情况。

逆效率很低的转向器称为不可逆转向器。不平路面对转向轮的冲击载荷输入到这种转向器一般不会传到方向盘,路面作用于转向轮的回正力矩也难以传递到转向盘,使得转向轮不易自动回正。

现代汽车一般不采用不可逆式转向器。经常在良好路面上行驶的汽车,多采用可逆式转向器。

1. 齿轮齿条式转向器

齿轮齿条式转向器是以齿轮和齿条传动作为传动机构,适合与麦弗逊式独立悬架配用,常用于轿车、微型货车和轻型货车。轿车普遍采用的都是齿轮齿条式转向器,其基本组成如图11-5所示。

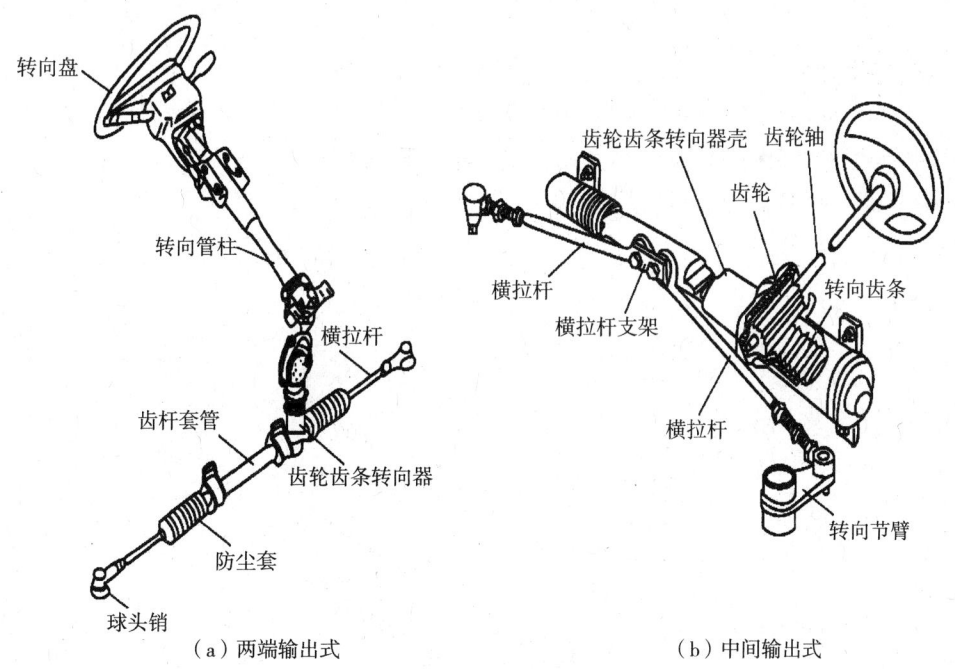

图 11-5 齿轮齿条式转向器

2. 循环球式转向器

循环球式转向器(如图11-6所示)中一般有两级传动副,第一级是螺杆螺母传动副,

第二级是齿条齿扇传动副。常用于各种轻型和中型货车，也用于部分轻型越野汽车。

转向螺杆转动时，通过钢球将力传给转向螺母，使螺母沿轴向移动。同时，在螺杆、螺母和钢球间的摩擦力矩作用下，所有钢球便在螺旋管状通道内滚动，形成"球流"。

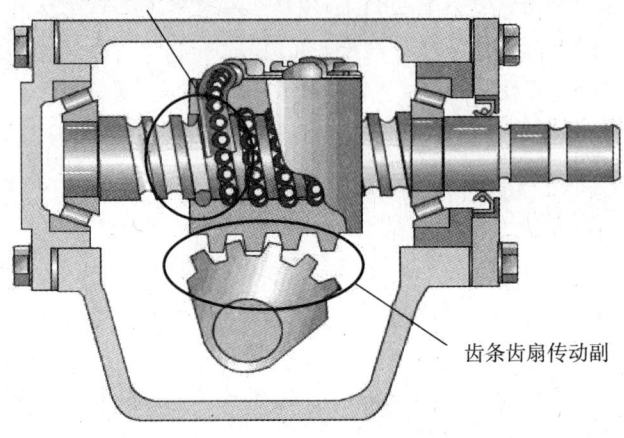

图 11-6　循环球式转向器

11.2.3　转向传动机构

从转向器到转向轮之间的所有传动杆件总称为转向传动机构。转向传动机构的功用是将转向器输出的力和运动传到转向桥两侧的转向节，使转向轮偏转，并使两转向轮偏转角按一定关系变化，以保证汽车转向时车轮与地面的相对滑动尽可能小。

1. 转向摇臂

循环球式转向器和蜗杆曲柄指销式转向器通过转向摇臂与转向直拉杆相连。转向摇臂（如图 11-7 所示）的大端用锥形三角细花键与转向器中摇臂轴的外端连接，小端通过球头销与转向直拉杆作空间铰链连接。

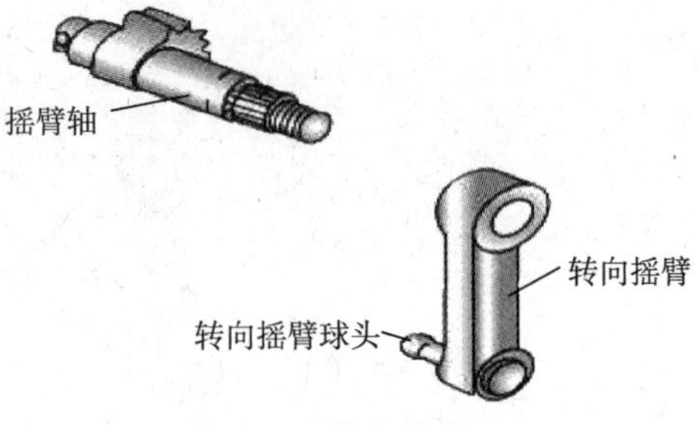

2. 转向直拉杆

转向直拉杆（如图 11-8 所示）是转向摇臂与转向节臂之间的传动杆件，具有传力和缓冲的作用。在转向轮偏转且因悬架弹性变形而相对于车架跳动时，转向直拉杆与转向摇臂及转向节臂的相对运动都是空间运动，为了不发生运动干涉，三者之间的连接件都是球形铰链。

图 11-7　转向摇臂

3. 转向横拉杆

转向横拉杆是转向梯形机构的底边，由横拉杆体和旋装在两端的横拉杆接头组成（如图 11-9 所示）。其特点是长度可调，通过调整横拉杆的长度，可以调整前轮前束。横拉杆分为整体式和断开式两种，图 11-9 所示为整体式横拉杆。横拉杆两端有旋向相反的螺纹，可以通过旋转横拉杆来调整前轮前束。当转向轮采用独立悬架时，为了满足转向轮独立运动的需要，转向桥是断开式的，转向传动机构中的转向梯形也必须断开。图

11-10 所示为断开式转向桥的横拉杆。该转向系统采用齿轮齿条式转向器,转向器齿条两端有内螺纹。转向横拉杆的内端装有带螺纹的球头,并将其旋入齿条中。横拉杆的外端也通过螺纹与横拉杆接头连接,并用螺母锁紧。横拉杆接头外端通过球头销与转向节连接。松开锁紧螺母,转动转向横拉杆(左右两侧横拉杆的转动量应相同)可以调整前轮前束。

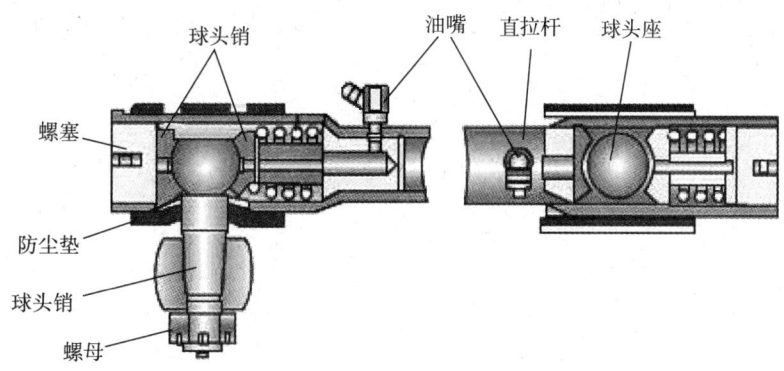

图 11-8 转向直拉杆

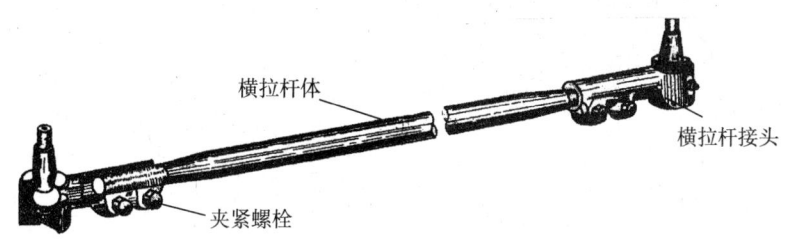

图 11-9 转向横拉杆

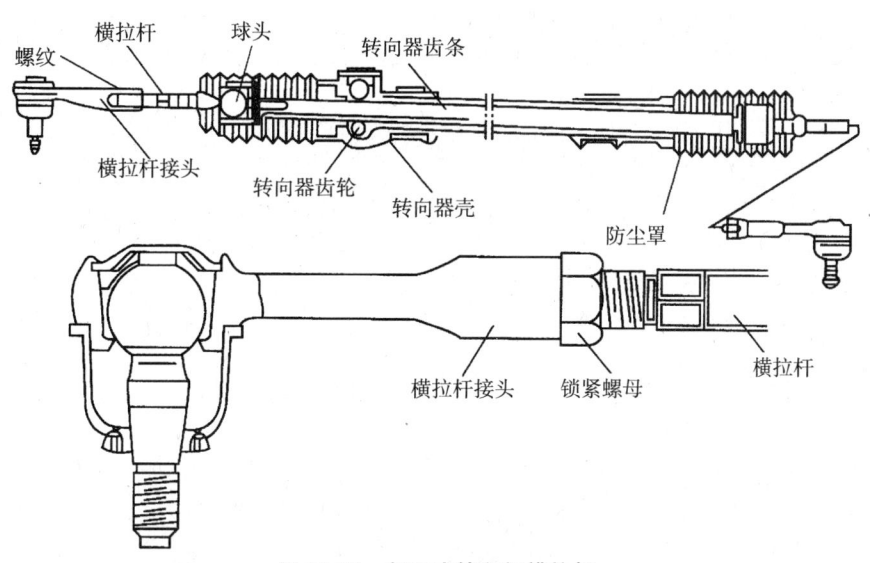

图 11-10 断开式转向桥横拉杆

11.3 动力转向系

动力转向系统是将发动机输出的部分机械能转化为压力能（或电能），并在驾驶员控制下，对转向传动机构或转向器中某一传动件施加辅助作用力，使转向轮偏摆，以实现汽车转向的一系列装置。采用动力转向系统可以减轻驾驶员的转向操纵力。

动力转向系统由机械转向器和转向加力装置组成。根据助力能源形式的不同可以分为液压助力、电动机助力等。其中液压助力转向系统应用较为普遍，近年来电动助力转向也得到了广泛应用。

11.3.1 液力助力转向系统

液力助力转向系统转向时所需的能量只有小部分是驾驶员提供的体能，而大部分是发动机驱动转向油泵，由油泵传输的压力能。

液力动力转向系统由机械转向系统和液力助力系统两部分组成（如图11-11所示），其中机械转向系统与传统机械式转向系统的差别在于，前者能够接受液力助力系统的助力作用来实现转向。液力助力系统由转向控制阀、动力转向器以及转向油泵、转向油罐等组成。其中动力转向器为转向系统液压助力的执行元件；转向油泵由发动机驱动，是助力系统的动力源；而转向油罐则具有储存、冷却、过滤、补充油液等作用。该系统的作用是给机械转向系统提供助力。

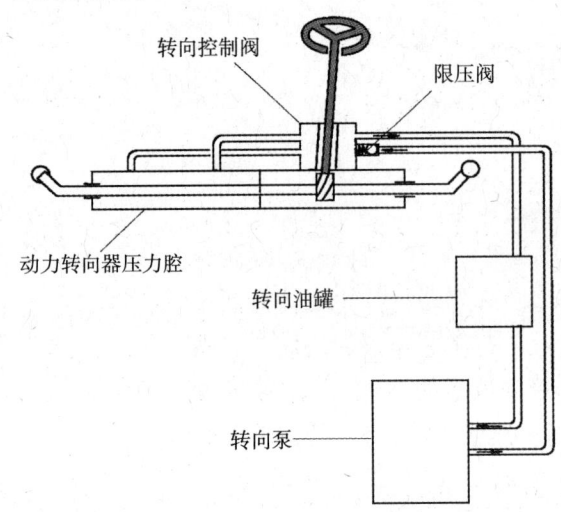

图11-11 液力助力转向系统

1. 转向控制阀

转向控制阀是由扭杆、输入轴、阀套等零件组成的常开式转阀（如图11-12所示）。输入轴与阀套之间的间隙使液压油进入两个动力转向器的左右油腔。旋转控制阀的输入轴（如图11-12部件2所示）安装在转向齿轮轴上，在其中间插入与转向轴相连的控制阀扭杆（如图11-12部件1所示）并固定。在转向齿轮上部有控制阀套（如图11-12部件

3所示),它和控制阀扭杆相连。控制阀体通过进油口和出油口与油泵相通,且在其两端有与转向器左右动力缸相通的两个阀门孔,由控制阀转子所处位置决定是否向动力缸供油。转向盘转动时,根据控制阀转子的旋转量来决定向动力缸供油压力的大小。高压油经过控制阀内的空隙进入动力活塞的两端,通过活塞两端的压力差使得活塞左右运动,从而实现对转向器的助力。

当转向盘不转时(如图11-12所示),控制阀转子处在控制阀体中间的位置,此时阀体进油口与左右油腔均相通,而通向转向器左右两侧油缸的油压压力相同,因而没有助力作用。当方向盘向右转动时,此时进油口与右侧油缸的阀门相通,而左侧油缸的阀门与出油口相通,于是右侧油缸的压力高于左侧油缸,实现向右转向助力。当转向盘向左转动时,进油口与左侧油缸的阀门口相通,而右侧油缸的阀门口与出油口相通,于是左侧油缸的压力高于右侧油缸,实现向左的助力转向。

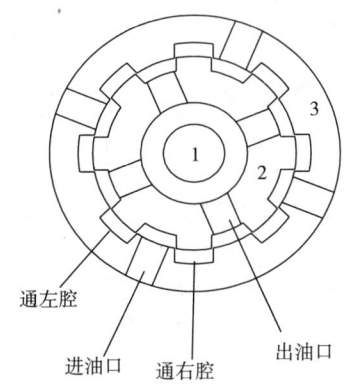

图11-12 液力助力转向系统

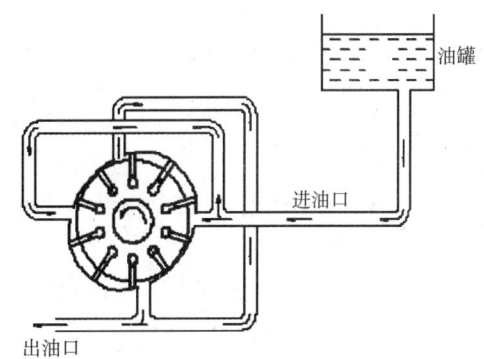

图11-13 双作用叶片式泵原理图

2. 转向油泵

转向油泵是动力转向装置的动力源,其功用是将发动机的机械能转化为驱动转动力缸工作的液压能,驱动汽车转向。转向油泵的结构类型很多,常见的油齿轮式、转子式和叶片式。目前最常用的是双作用叶片式转向油泵,其工作原理如图11-13所示。该助力泵由转子、定子、叶片及前后盖等零件组成。当发动机带动油泵顺时针转动时,叶片在离心力的作用下紧贴在泵体的内表面,工作容积由小变大,从吸油口吸进油液,而后工作容积由大变小,压缩油液,经压油口向外供油(如图11-14所示)。

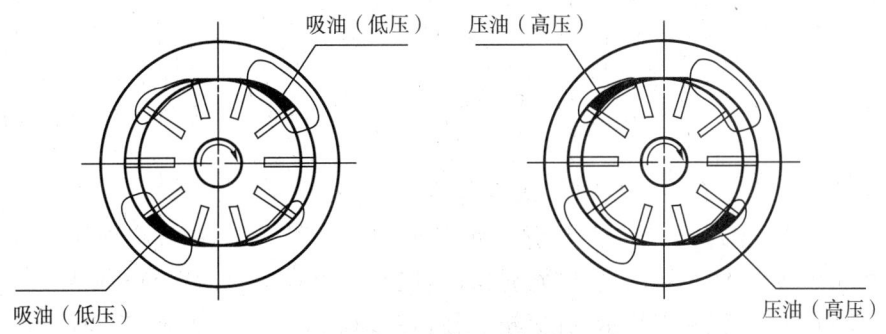

图11-14 叶片泵泵油原理

11.3.2 电控液力助力转向系统

电控液力助力转向系统是在传统的液力动力转向系统的基础上增设了电子控制装置而构成。根据控制方式不同，分为流量控制式和反力控制式两种，下面仅介绍反力控制式。

1. 基本组成

图 11-15 所示为反力控制式转向系统，主要由转向控制阀、电动转向油泵、储油罐、车速传感器和电子控制单元组成。

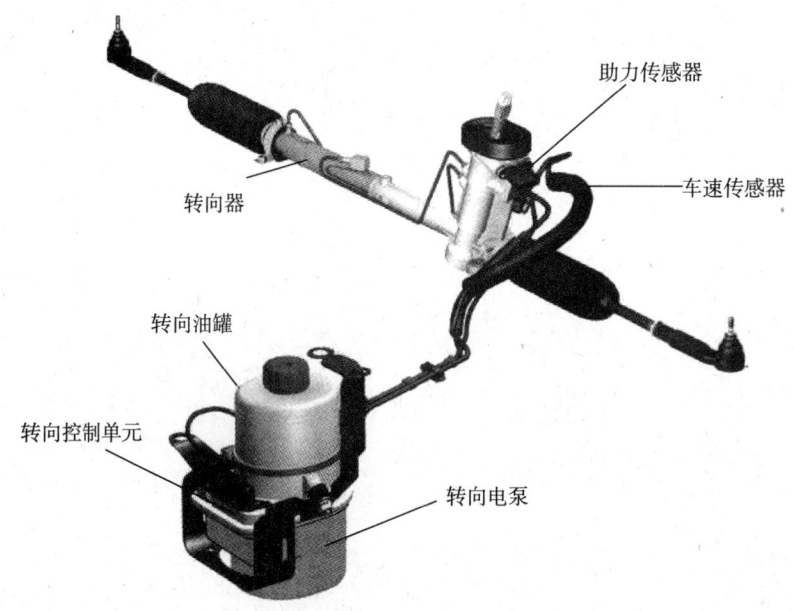

图 11-15　反力控制式转向系统

2. 工作原理

车速变化时，转向所需的力量是不同的，普通液力助力式转向系统低速时转向费力，而高速时转向会"发飘"。反力控制式动力转向系统是按照车速的变化，由电子控制油压反力，调整动力转向器，从而使得汽车在各种条件下转向盘上所需的操纵力达到最佳状态。

当汽车在低速行驶（或静止）发生转向时，电子控制单元（ECU）控制转向油泵以较大的功率工作，使得低速时产生较大的助力。ECU 随着车速的升高不断降低油泵的功率，减小助力。当高速行驶转向时，ECU 控制油泵反向转动，使得转向力矩增大，转向手感增强。

11.3.3 电动助力转向系统

电动助力转向系统（简称 EPS）是一种直接依靠电机提供辅助扭矩的动力转向系统。与传统的液压助力转向系统 HPS 相比，EPS 系统具有很多优点：仅在需要转向时才启动电机产生助力，能减少能量消耗；能在各种行驶工况下提供最佳助力，减小由路面不平所引起电动机的输出转矩通过传动装置的作用而使助力转向系受干扰，改善汽车的转向特性，提高汽车的主动安全性；没有液压回路，调整和检测更容易，装配自动化程度更高,且可通过设置不同的程序,快速与不同车型匹配,缩短生产和开发周期;不存在漏油问题,减小对环境的污染。

1. 基本组成

EPS 主要由扭矩传感器、车速传感器、电动机、减速机构和电子控制单元等组成。通过传感器探测驾驶员在转向操作时方向盘产生的扭矩或转角的大小和方向,并将车速信号输入控制单元,再由控制单元对这些信号进行运算后得到一个与行驶工况相适应的力矩,最后发出指令驱动电动机工作。电动机的输出转矩通过传动装置的作用而助力。电动助力转向系统结构如图 11-16 所示。

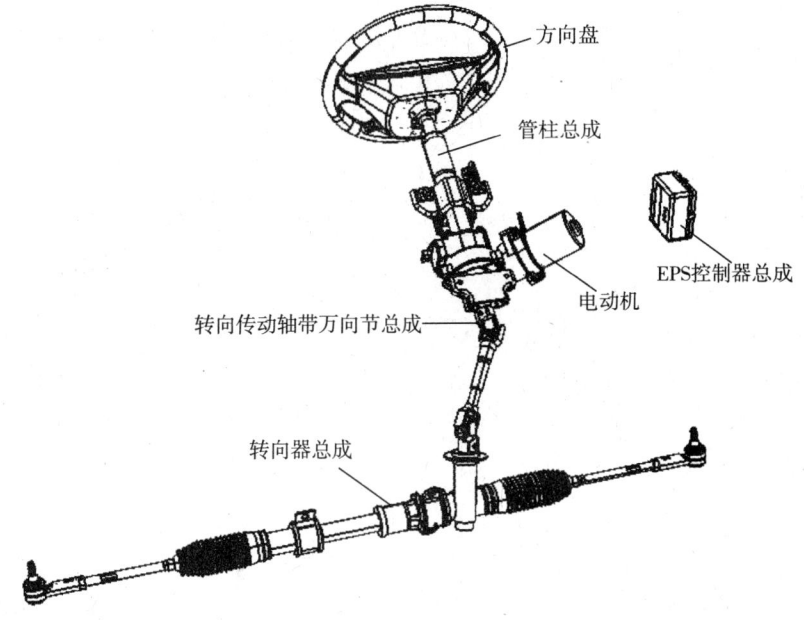

图 11-16　电动助力转向系统结构图

思考与练习

一、判断题

1. 转向系的作用是保证汽车转向。　　　　　　　　　　　　　　　　　(　　)
2. 汽车在转弯时,内转向轮和外转向轮滚过的距离是不相等的。　　　　(　　)
3. 两转向轮偏转时,外轮转角比内轮转角大。　　　　　　　　　　　　(　　)
4. 转向半径 R 愈小,则汽车在转向时所需要的场地面积就愈小。　　　(　　)
5. 为了提高行车的安全性,转向轴可以有少许轴向移动。　　　　　　　(　　)
6. 当转向轮为独立悬架时,转向桥、横拉杆必须是整体式。　　　　　　(　　)
7. 转向横拉杆都是直的。　　　　　　　　　　　　　　　　　　　　　(　　)
8. 汽车在转向时,所遇阻力的大小与转向轮定位角有关。　　　　　　　(　　)
9. 动力缸和转向器分开布置的称为分置式。　　　　　　　　　　　　　(　　)

二、选择题

1. 解放 CA1092 左轮向左和右轮向右均为（　　）。
   A. 38°　　　　　　　B. 37°30′　　　　　　C. 34°

2. 要实现正确的转向，只能有一个转向中心，并满足（　　）关系式。
   A. $\text{ctg}\alpha = \text{ctg}\beta - \dfrac{B}{L}$　　　B. $\text{ctg}\alpha = \text{ctg}\beta + \dfrac{B}{L}$　　　C. $\alpha = \beta$

3. 一般中型载货汽车转向器的传动比为（　　）。
   A. $i=14$　　　　　B. $i=28\sim42$　　　　C. $i=20\sim24$

4. 转向轴一般由一根（　　）制造。
   A. 无缝钢管　　　　B. 实心轴　　　　　　C. 铝制型材

5. 为了适应总布置的要求，有些汽车在转向盘和转向器之间由（　　）连接。
   A. 轴　　　　　　　B. 万向传动装置　　　C. 齿轮结构

6. 转向盘自由行程一般不超过（　　）。
   A. 10°~15°　　　　 B. 25°~30°　　　　　C. 1°~3°

7. 转向盘自由行程过大的原因是（　　）。
   A. 转向器传动副的啮合间隙过大　　　B. 转向传动机构各连接处松旷
   C. 转向节主销与衬套的配合间隙过大

8. 液压式转向助力装置按液流的形式可分为（　　）。
   A. 常流式　　　　　B. 常压式

9. 转向助力装置的安全阀是（　　）。
   A. 限制转向油泵的最大的压力
   B. 保护油泵及装置中其他机构不致过载而损坏
   C. 保护转向油罐不被压破

三、名词解释

1. 转向半径
2. 转向系角传动比
3. 转向盘自由行程
4. EPS

四、简答题

1. 简述机械转向系统的基本组成。
2. 与独立悬架配用的转向传动机构应注意什么？
3. 转向器与转向传动机构是怎样连接的？
4. 液压式转向助力装置的特点是什么？
5. 简述电动助力转向系统的原理。

第11章 转向系统

实训项目 转向器的拆装

一、教学目标
1. 熟悉转向系的构造及工作原理。
2. 掌握转向器的拆装程序及要领。
3. 掌握转向器各调整部位的调整方法。

二、教学准备
(1) CA1091型载货汽车转向器1个。
(2) 常用工量具1套。

三、操作步骤及工作要点

1. 拆卸。

(1) 从车上拆下转向器总成。首先拧下通气塞,放出转向器内的润滑油。

(2) 将转向臂轴转到中间位置(直线行驶位置,即将转向螺杆拧到底后,再返回约3.5圈),再拧下侧盖的4个紧固螺栓,用软匠锤或铜棒轻轻敲打转向臂轴端头,取出侧盖和转向臂轴总成(注意:不要划伤油封)。

(3) 拧下转向器底盖4个紧固螺栓,再用铜棒轻轻敲转向螺杆的一端,取下底盖。

(4) 从壳体中取出转向螺杆及转向螺母总成(注意:不要使转向螺杆花键划伤油封)。

(5) 螺杆及螺母总成如无异常现象尽量不要解体。如必须解体时,可先拆下3个固定导管夹螺钉,拆下导管夹,取出导管,同时握住螺母,缓慢地转动螺杆排出全部钢球(注意:2个循环钢球最好不要混在一起,不要丢失。每个循环有48个钢球,共有2个循环。如果有一个钢球留在螺母里,螺母也不能拆下)。

2. 装配与调整。

(1) 转向螺杆及螺母总成的装配。先将转向螺母套在转向螺杆上,螺母放在螺杆滚道的一端,并使螺母滚道孔对准滚道,再将钢球由螺母滚道孔中放入,边转动螺杆边放入钢球(两滚道可同时进行)。每个滚道约放36个钢球,其余24个钢球分装两个导管里,将导管两端涂以少量润滑脂插入螺母的导管孔中;同时用木榍轻轻敲打导管,使之落到底;然后,用导管夹把导管压在螺母上,用3个螺钉紧固。装配好的螺母、螺杆总成轴向和径向间隙应不大于0.06mm;如果超过规定值时,应成组更换直径较大的钢球。更换的钢球装好后,用手转动螺杆,保证螺母在螺杆滚道全长范围内转动灵活无发卡现象。当螺杆、螺母总成处于垂直位置时,螺母应能从螺杆上端自由匀速地落下。最后,把向心推力球轴承外圈压入底盖和壳体内;同时,将轴承内圈总成压到转向螺杆的两端。

(2) 转向螺杆、螺母总成与壳体的装配。将装有轴承内阁的螺杆、螺母总成放入装有轴承外圈的壳体中,然后把装有轴承外圈的底盖装到壳体上,用手压紧。同时用厚薄规或卡尺测量底盖和壳体之间的间隙,选择一组厚度与此间隙相同的调整垫片,取下底盖,在垫片上涂以密封胶,并套上橡胶"O"型密封圈,再将底盖装到壳体上,并用螺栓紧固。装配后,螺杆应转动自由,并无轴向间隙的感觉。当用扭矩扳手或弹簧秤检查时,转向螺杆的转动力矩(不带油封)应为 0.7~1.2N·m。若力矩小于该值或感觉到有轴向间隙时,应采取减少垫片的方法进行调整;若力矩过大,则应增加垫片。

(3)转向臂轴扇齿与转向螺母齿条的啮合间隙的检查。将转向臂装到转向臂轴花键上,将转向臂轴置于中间位置,使之摆动,用于分别检查摆动量。其摆动量由转向臂端锥孔中心距转向臂轴中心 197mm 处,这时转向螺杆转动力矩应为 1.9~2.3N·m。否则用调整螺栓调整扇齿与齿条的啮合间隙。最后,拧紧锁紧螺母,将调整螺栓锁住。

四、技术标准及要求

CA1091 型载货汽车转向器参数:传动比 25.7,中心距 75mm,滚道螺距 11mm,扇齿模数 6mm,转向臂转角 96°,钢球直径 8mm,转向机效率 75%。

五、注意事项

(1)严格拆装程序,注意操作安全。

(2)注意各装配标记和润滑部位。

第 12 章

制动系

> **知识目标**
>
> 1. 能叙述制动系的功用、组成和工作原理。
> 2. 能叙述制动器的结构组成和特点。
> 3. 能描述液压传动系统的组成和工作原理。
> 4. 能叙述 ABS 的组成和工作原理。
>
> **技能目标**
>
> 能熟练进行车轮制动器的拆装。

12.1 概述

驾驶员能根据道路和交通情况,利用装在汽车上的一系列专门装置,迫使路面在汽车车轮上施加一定的与汽车行驶方向相反的外力,对汽车进行一定程度的强制制动。这种可控制的对汽车进行制动的外力称为制动力,用于产生制动力的一系列专门装置称为制动系统。

12.1.1 制动系的功用

制动系的功用是根据需要使行驶中的汽车减速甚至停车,使下坡行驶的汽车速度保持稳定,以及使已停驶的汽车保持不动。

12.1.2 制动系统的类型

1. 按制动系统的功用分类

(1)行车制动系统 使行驶中的汽车减低速度甚至停车的一套专门装置。

(2)驻车制动系统 使已停驶的汽车驻留原地不动的一套装置。

(3)应急制动系统 在行车制动系统失效的情况下保证汽车仍能实现减速或停车的一套装置。

(4)辅助制动系统 在汽车下长坡时用以稳定车速的一套装置。

2. 按制动系统的制动能源分类

(1)人力制动系统 以驾驶员的肌体作为唯一制动能源的制动系统。

(2)动力制动系统 完全依靠发动机动力转化成的气压或液压进行制动的制动系统。

(3)伺服制动系统 兼用人力和发动机动力进行制动的制动系统。

3. 按照制动能量的传输方式分类

制动系统又可分为机械式、液压式、气压式和电磁式等。同时采用两种传能方式的制动系统可称为组合式制动系统,如气顶液制动系统。

目前所有汽车都采用双回路制动系统。如轿车的左前轮和右后轮共用一条制动回路,右前轮和左后轮共用另一条制动回路,当一个回路失效时,另一个回路仍能工作,这样有效提高了汽车的行车安全。

12.1.3 制动系的组成

不同类型的制动系统的组成是相似的,一般由以下四个部分组成。

(1)供能装置 包括供给、调节制动所需能量以及改善传能介质状态的各种部件。其中产生制动能量的部分称为制动能源。人的肌体也可提供制动能源。

(2)控制装置 包括产生制动动作和控制制动效果的各种部件,如制动踏板、制动阀等。

(3)传动装置 包括将制动能量传输到制动器的各种部件,如制动主缸和制动轮缸等。

(4)制动器 产生制动摩擦力矩的部件。

较为完善的制动系统还具有制动力调节装置、报警装置、压力保护装置等附加装置。

12.1.4 制动系的工作原理

制动系统的一般工作原理是:利用与车身(或车架)相连的非旋转元件和与车轮(或传动轴)相连的旋转元件之间的相互摩擦来阻止车轮的转动或转动的趋势。通过图12-1所示的一种简单液压制动系统图来说明制动系统的工作原理。

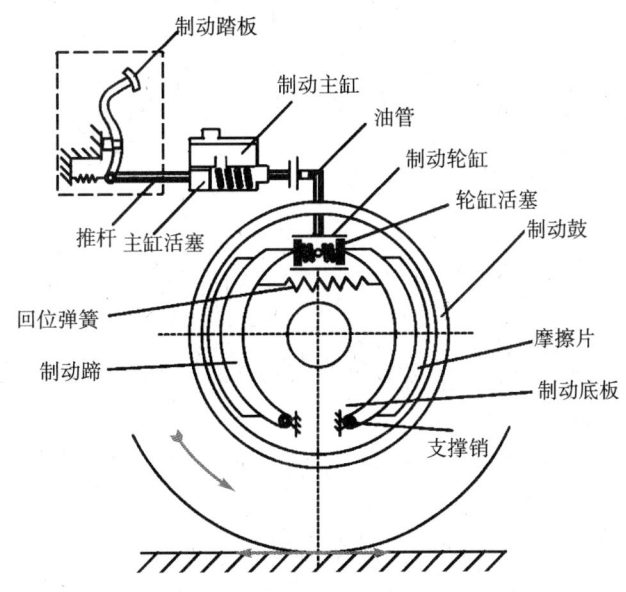

图 12-1 制动系工作原理示意图

一个以内圆面为工作表面的金属制动鼓固定在车轮轮毂上,随车轮一同旋转。在固定不动的制动底板上,有两个支撑销,支撑着两个弧形制动蹄的下端。制动蹄的外圆面上装有摩擦片。制动底板上还装有液压制动轮缸,用油管与装在车架上的液压制动主缸相连通。主缸中的活塞可由驾驶员通过制动踏板机构来操纵。

当驾驶员踏下制动踏板使活塞压缩制动液时,轮缸活塞在液压的作用下将制动蹄片压向制动鼓,使制动鼓减小转动速度或保持不动。

12.1.5 对制动系的要求

为保证汽车能够在安全的条件下发挥出高速行驶的能力,制动系必须满足下列要求。

(1)应具有足够的制动力,工作可靠 一般在水平干燥的混凝土路面上以30km/h的初速度从完全制动到停车时,制动距离应保证:轻型货车及轿车不大于7m;中型货车不大于8m;重型货车不大于12m。停车制动的坡度:轻型汽车不小于25%;中型货车不小于20%。

(2)操纵轻便 一般要求施于踏板上的力不大于200~300N;紧急制动时,不超过700N;施于手制动杆上的力不大于250~350N。

(3)前后桥上的制动力分配应合理,左右车轮上的制动力应相等。

(4)制动应平稳　制动时,制动力应逐渐迅速增加;解除制动时,制动作用应迅速消失。

(5)避免自行制动　在车轮跳动或汽车转向时,不应引起自行制动。

(6)散热性好　摩擦片的抗热衰退能力要好,磨损后的间隙应能调整,并且能防水、防油、防尘。

(7)对于挂车的制动系,要求挂车的制动作用略早于主车,挂车自行脱挂时能自动进行紧急制动。

12.2　车轮制动器

车轮制动器是用以产生制动力矩的部件。车轮制动器由旋转元件和固定元件两大部分组成。旋转元件与车轮相连接,固定元件与车桥相连接。利用旋转元件和固定元件的摩擦,产生制动器制动力。车轮制动器根据结构不同分为鼓式制动器和盘式制动器两大类。

12.2.1　盘式制动器

盘式制动器根据其固定元件的结构形式可分为钳盘式制动器和全盘式制动器。目前轿车和越野车上广泛应用的是钳盘式制动器。钳盘式制动器的旋转元件是制动盘,固定元件是制动钳。根据制动钳的结构形式不同,钳盘式制动器又分为定钳盘式制动器和浮钳盘式制动器两种(如图12-2所示)。

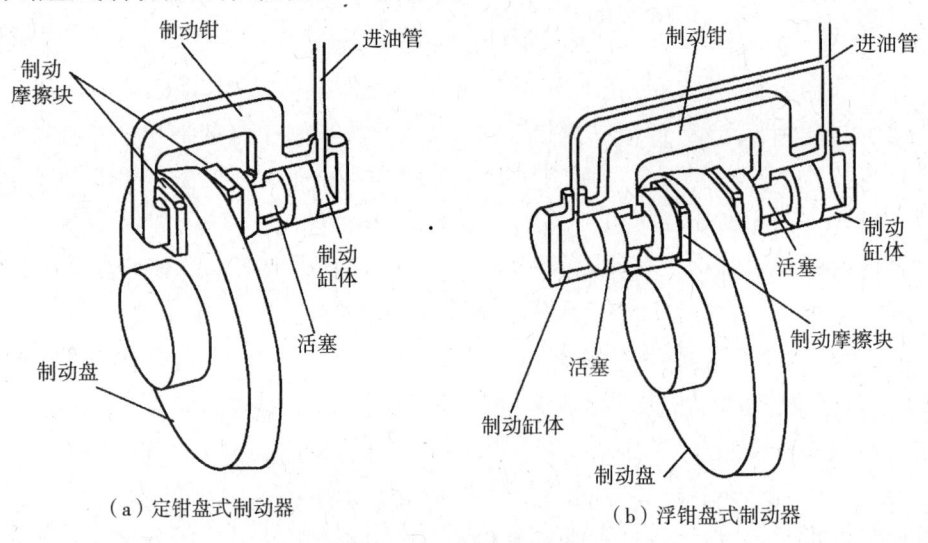

(a)定钳盘式制动器　　　(b)浮钳盘式制动器

图12-2　钳盘式制动器的类型

1.定钳盘式制动器

定钳盘式制动器的结构原理如图12-3所示。制动盘和车轮固装在一起旋转,以其端面为摩擦工作面。制动钳固定安装在车桥上,既不能旋转,也不能沿制动盘轴线方向移动,其内部的两个活塞分别位于制动盘的两侧。制动时,制动油液由制动主缸经进油管进入钳体中两个相同的液压腔中,将两侧的摩擦块压向与车轮固定的制动盘,从而产生制动力。

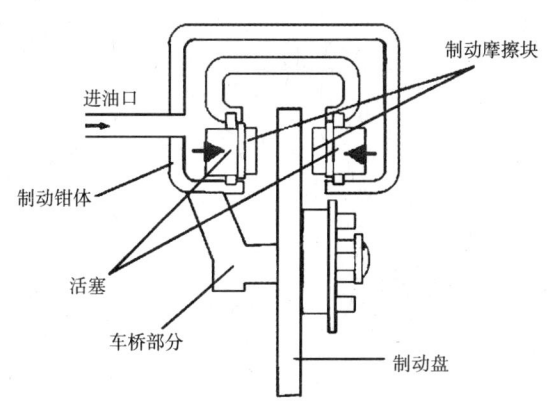

图 12-3 定钳盘式制动器结构

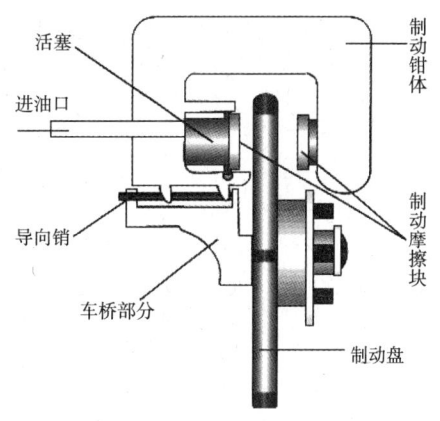

图 12-4 浮钳盘式制动器结构

2. 浮钳盘式制动器

浮钳盘式制动器的结构原理如图 12-4 所示。制动钳通过导向销与车桥相连,可以相对于制动盘轴向移动。制动钳体只在制动盘内侧设置油缸,而外侧的制动块则浮装在钳体上。制动时,液压油通过进油管进入制动轮缸,推动活塞及其上的摩擦块向右移动,压到制动盘上,并使得油缸连同制动钳整体沿导向销向左移动,直到制动盘右侧的摩擦块也压到制动盘上,夹住制动盘并使其制动。

与定钳盘式制动器相反,浮钳盘式制动器轴向和径向尺寸较小,而且制动液受热汽化的机会较少。此外,浮钳盘式制动器在兼充行车和驻车制动器的情况下,只需在行车制动钳油缸附近加装一些用以推动油缸活塞的驻车制动机械传动零件即可。故浮钳盘式制动器逐渐取代了定钳盘式制动器。

12.2.2 鼓式制动器

鼓式制动器的旋转元件是制动鼓,固定元件是制动蹄。制动时制动蹄在促动装置作用下向外旋转,外表面的摩擦片压靠到制动鼓的内圆柱面上,对鼓产生制动摩擦力矩。

凡对蹄端加力使蹄转动的装置统称为制动蹄促动装置,制动蹄促动装置有轮缸、凸轮和楔。以液压制动轮缸作为制动蹄促动装置的制动器称为轮缸式制动器;以凸轮作为促动装置的制动器称为凸轮式制动器;用楔作为促动装置的制动器称为楔式制动器。

鼓式制动器按照其结构与工作特点不同可分为领从蹄式制动器、双领蹄式制动器、双从蹄式制动器、双向双领蹄式制动器和自增力式制动器。目前领从蹄式制动器广泛应用于货车上,部分应用于中低级轿车的后轮。其他类型的鼓式制动器已很少使用。

领从蹄式制动器的结构原理如图 12-5 所示。其特点是两个制动蹄各有一个支点,一个蹄在轮缸促动力作用下张开时的旋转方向与制动鼓的旋转方向一致,称为领蹄;另一个蹄张开时的旋转方向与制动鼓的旋转方向相反,称为从蹄。领蹄在摩擦力的作用下,蹄和鼓之间的正压力较大,制动作用较强。从蹄在摩擦力的作用下,蹄和鼓之间的正压力较小,制动作用较弱。

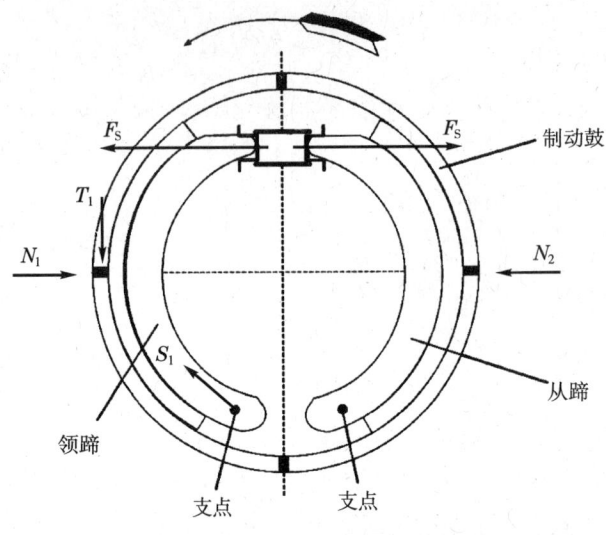

图 12-5　领从蹄式制动器

12.3　液压制动传动装置

在液压式制动传动装置中,传力介质是制动油液。利用制动油液将驾驶员作用于制动踏板上的力转换为油液压力,通过管路传至车轮制动器,再将油液压力转换为使制动蹄张开的机械推力。

12.3.1　液压式制动传动装置的组成及工作原理

目前,轿车的行车制动系统都采用了液压式制动传动装置,主要由制动主缸(制动总泵)、液压管路、制动轮缸等组成,其结构如图 12-6 所示。

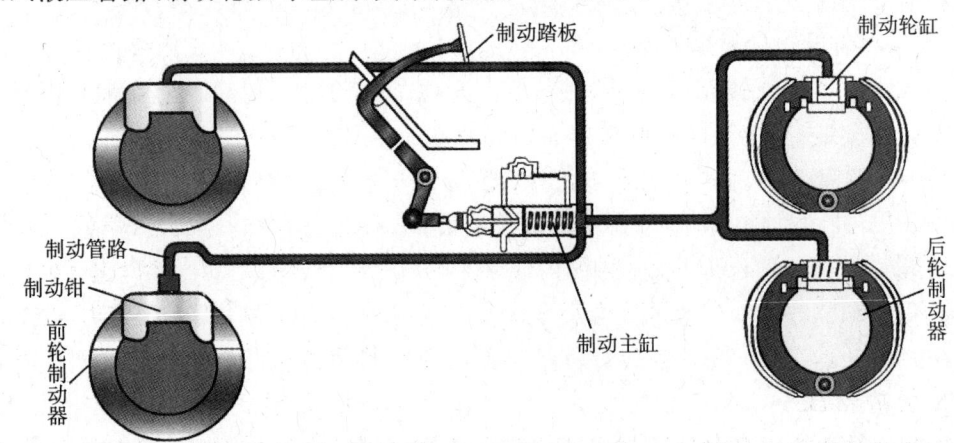

图 12-6　液压制动系统的组成

主缸与轮缸间的连接油管除用金属管外,还采用特制的橡胶制动软管。各液压元件之间及各段油管之间还有各种管接头。制动前,液压系统中充满专门配制的制动液。踩下制动踏板,制动主缸将制动液压入制动轮缸和制动钳,将制动块推向制动鼓和制动盘。在制动器间隙消失并开始产生制动力矩时,液压与踏板力方能继续增长直到完全制动。此过程中,由于在液压作用下,油管的弹性膨胀变形和摩擦元件的弹性压缩变形,踏板和轮缸活塞都可以继续移动一段距离。放开踏板,制动蹄和轮缸活塞在回位弹簧作用下回位,将制动液压回主缸。

12.3.2 液压式制动传动装置的主要部件

1. 制动主缸

制动主缸又称制动总泵。轿车采用串联式双腔制动主缸,以实现对"X"形双制动管路的控制。其制动主缸的结构如图 12-7 所示。其右边与真空助力器推杆连接,上部与储液罐连接,侧面两孔分别与两条对角管路连接。它把整个制动系统分成两个独立的系统,这样可防止部分制动管路或元件偶然发生故障时造成整个制动系统的功能丧失,从而使汽车具有双重安全性。

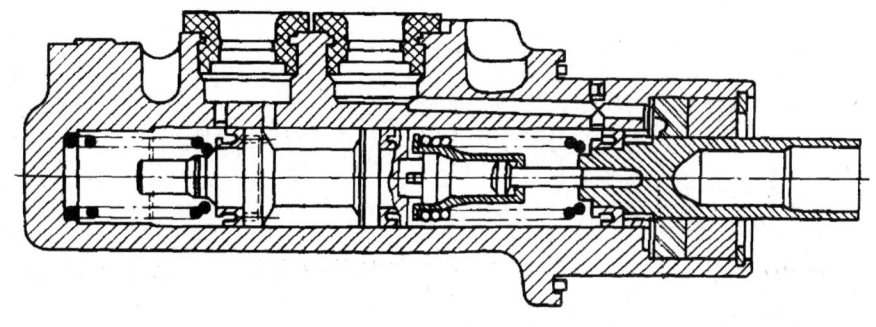

图 12-7 制动主缸的结构

该制动主缸的工作原理如下:

(1)正常制动(如图 12-8a 所示)　在推杆作用下,活塞 P、S 几乎同时关闭旁通孔,从而推动双管路油液,制动油压升高,使前、后轮制动器工作。

(2)第二管路泄漏(如图 12-8b 所示)　此时在推杆作用下,尽管活塞 P 关闭了旁通孔,但由于第二管路泄漏而不能形成压阻,因而第一管路也不能迅速建立油压。但当活塞 S 被推至总泵左底部时,若继续踩下制动踏板,使活塞 P 继续向左推进,则第一管路建立油压。此时的踏板行程比正常制动时的踏板行程长。

(3)第一管路泄漏(如图 12-8c 所示)　此时在推杆作用下,由于第一管路不能形成压阻,活塞 P 将被向左顶靠在活塞 S 右端的钢板冲压垫片上。若继续踩下踏板,则活塞 S 可继续向左推进并在第二管路中建立压力。此时的踏板行程要比正常制动的踏板行程长。

2. 制动轮缸

制动轮缸的功用是将液压转变为使蹄张开(或压紧)的机械促动力。因制动器形式的不同,轮缸的数目和形式各异,常见的有双活塞式、单活塞、阶梯式等。图 12-9 所示为双活塞式制动轮缸的结构。

汽车构造

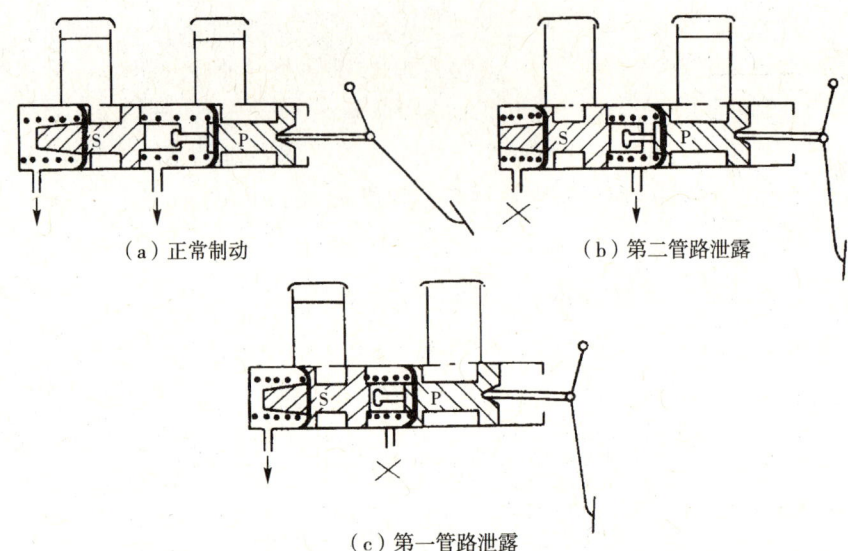

（a）正常制动　　　　　（b）第二管路泄露

（c）第一管路泄露

图 12-8　双腔制动主缸的工作原理

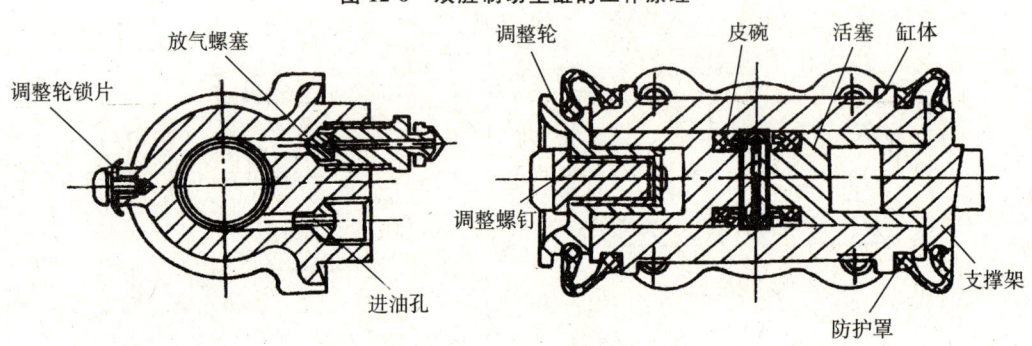

图 12-9　双活塞式制动轮缸的结构

3. 真空助力器

真空助力器安装在制动踏板操纵杆和制动总泵之间，其作用是为汽车制动提供助力。不制动时，助力器中的膜片悬浮的真空中，依靠 A、B 腔的真空及回位弹簧保持平衡。当驾驶员踩制动踏板时，制动踏板操纵杆将推动柱塞向左移动，同时空气阀在弹簧推力下也向左移动，使膜片 A、B 腔通道关闭，空气阀打开。此时，膜片左侧的 A 腔仍为真空，而膜片右侧的 B 腔通大气，膜片两侧产生压力差，迫使膜片活塞左移，并通过推杆将加大的力作用在制动总泵活塞上，这对于驾驶员来说，起到了助力作用。维持制动时，踏板踩下停在某一位置，开始由于膜片两边压力差还在增加而继续左移，但此时阀芯停止向左移动，这时在推盘的反力作用下，空气/真空阀向右位移，结果关闭大气通道，使空气/真空阀处于平衡位置，从而使膜片 A、B 腔压差保持不变，且与总泵已建立的油压平衡，起到制动助力作用。而解除制动时，制动踏板力消失，回位弹簧将膜片压回平衡位置，操纵杆向右运动，此时空气阀关闭，真空阀开启，A、B 腔通道连通，膜片的两侧再次具有相同的真空度。若真空助力器失效或真空管路无真空制动，则制动踏板带动助力器操纵杆通过空气阀座直接推动膜片座及推盘，从而直接推动输出推杆使总泵产生制动压力,此时无助力作用。

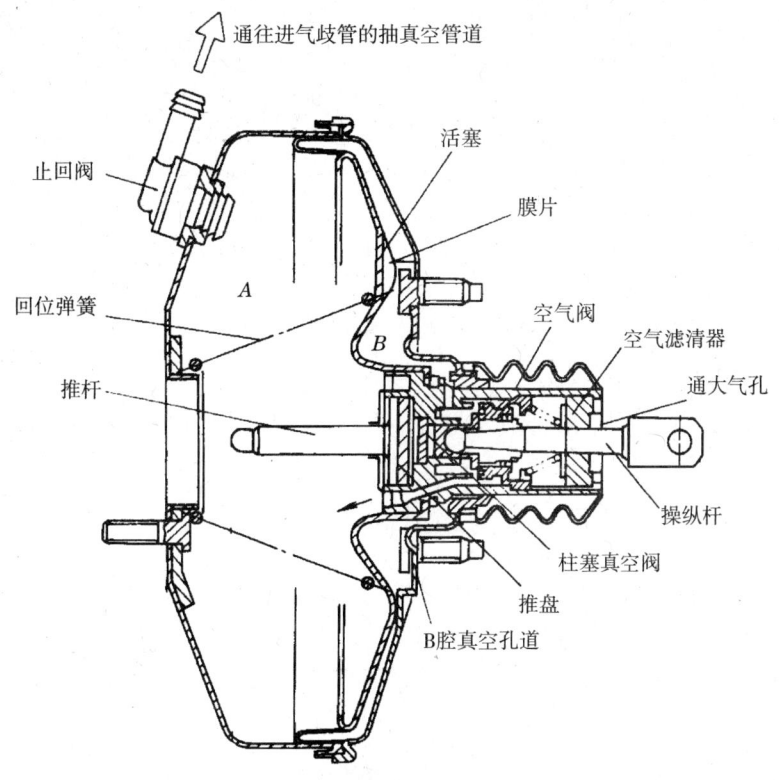

图 12-10 真空助力器结构

12.4 制动防抱死系统

汽车电子控制防抱死制动系统(Anti-Lock Brake System,ABS),是汽车上的一种主动安全装置。其作用是在汽车制动时,防止车轮抱死拖滑,以提高汽车制动过程中的方向稳定性、转向控制力和缩短制动距离,使汽车制动更为安全有效。

12.4.1 附着系数与车轮滑移率的关系

1. 车轮滑移率

汽车在制动过程中,车轮的运动可以划分为三个阶段:纯滚动、边滚边滑、完全拖滑。一般用滑动率 S 表征滑动成分在车轮纵向运动中所占的比例。

$$S = \frac{V - r\omega}{V}$$

式中:S—车轮滑移率

V—车速(车轮中心纵向速度,m/s)

ω—车轮转动角速度(rad/s)

r—车轮半径(m)

2. 附着系数与滑移率的关系

车轮滑移率的大小对车轮与地面附着系数有很大的影响。图 12-11 给出了干燥硬实路面上附着系数与滑移率的一般关系。图中实线为制动时纵向附着系数和车轮滑移率的一般关系，虚线为横向附着系数和车轮滑移率的一般关系。

由图可以看出，当滑动率处于 20% 左右时，纵向附着系数 φ_z 和侧向附着系数 φ_c 的值都较大。纵向附着系数 φ_z 大，可以产生较大的制动力，保证汽车制动距离较短；侧向附着系数 φ_c 大，可以产生较大的侧向力，保证汽车制动时的方向稳定性。

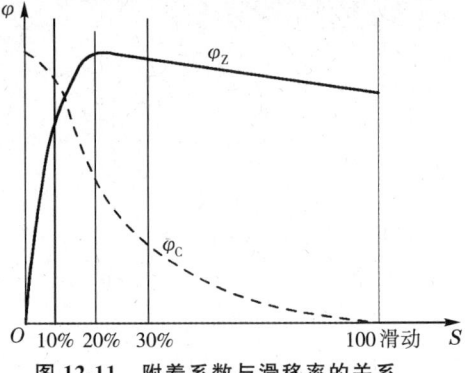

图 12-11 附着系数与滑移率的关系

12.4.2 制动防抱死系统的组成和基本原理

1. 组成

无论是液压制动系统还是气压制动系统，制动防抱死系统均由传感器、电子控制单元(ECU)和执行器三部分组成。如图 12-12 所示，制动防抱死系统主要在普通制动系的基础上加装了轮速传感器、ABS 电控单元、制动压力调节装置。

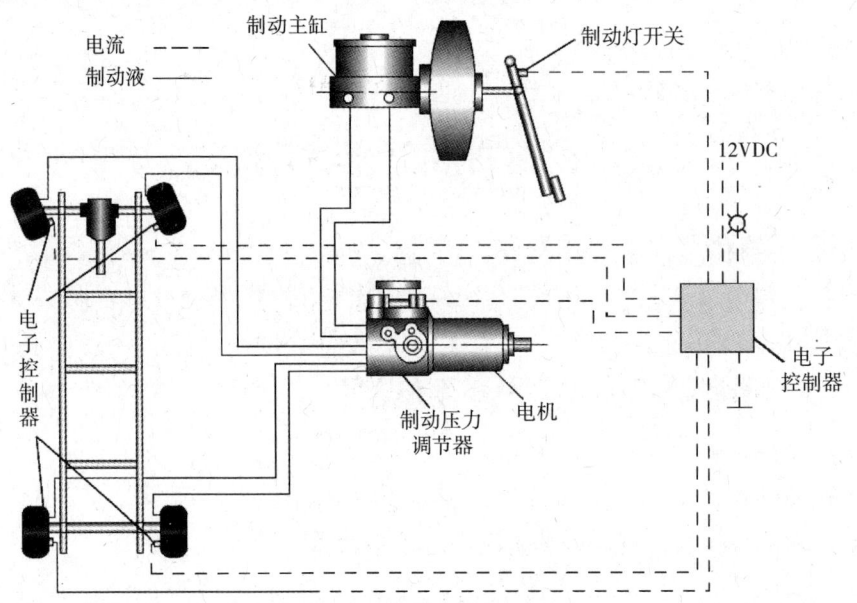

图 12-12 制动防抱死装置的组成

2. 基本原理

其基本工作原理是：汽车制动时，首先由轮速传感器获取车轮转速信号，并将该电压信号送入电子控制器(ECU)。由 ECU 中的运算单元计算出车轮速度、滑动率及车轮的加、减速度，然后再由 ECU 中的控制单元对这些信号加以分析比较后，向压力调节器发出制动压力控制指令。使压力调节器中的电磁阀等直接或间接地控制制动压力的增减，以调节制动力矩，使之与地面附着状况相适应，防止制动车轮被抱死。

12.4.3 ABS 部件的结构及其工作原理

1. 车轮转速传感器

汽车防滑控制系统中都设置有电磁感应式轮速传感器。它可以安装在车轮上，也可以安装在主减速器或变速器中。

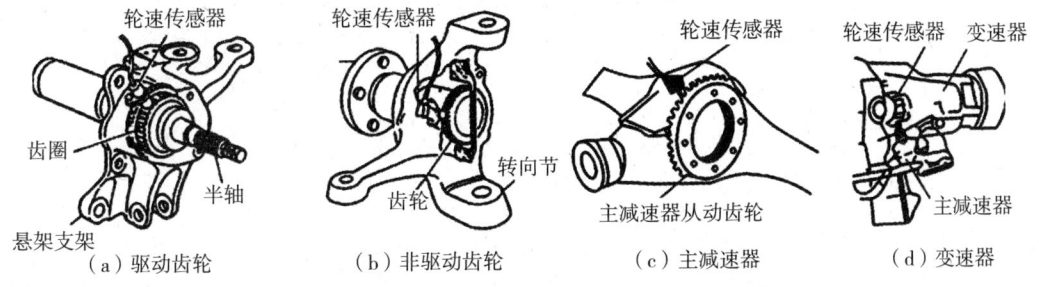

图 12-13 轮速传感器的安装位置

轮速传感器由永久磁铁、磁极、线圈和齿圈组成。齿圈在磁场中旋转时，齿圈齿顶和电极之间的间隙以一定的速度变化，使磁路中的磁阻发生变化，磁通量周期地增减，在线圈的两端产生正比于磁通量增减速度的感应电压，该交流电压信号输送给电子控制器。

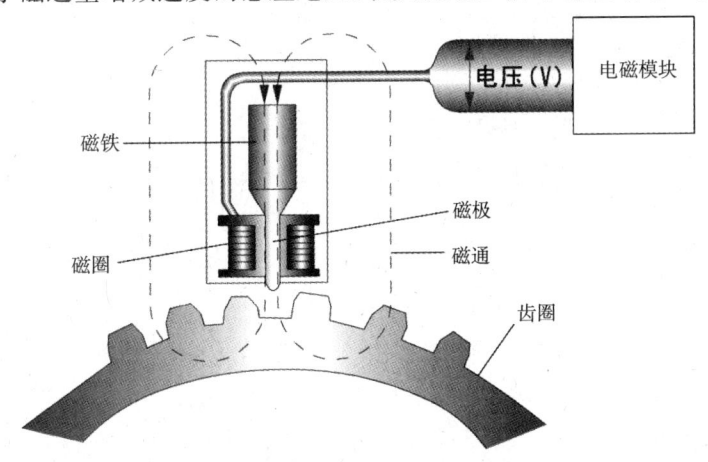

图 12-14 轮速传感器的组成及工作原理

2. 电子控制器(ECU)

电子控制器(ECU)是防滑控制系统的控制中枢。其作用是接收来自轮速传感器的感应电压信号，计算出车轮速度，并与参考车速进行比较，得出滑动率 S 及加减速度，并将这些信号加以分析，对制动压力调节器发出控制指令。

3. ABS 执行器

ABS 执行器是用来调节制动系统压力的装置。它根据 ABS 计算机传送的指令，通过增压、减压、保压来调整作用在每个制动分泵的油压，从而控制车轮的速度。ABS 执行器主要由电磁阀、储液器、缓冲器、泵和电动机组成，如图 11-15 所示。

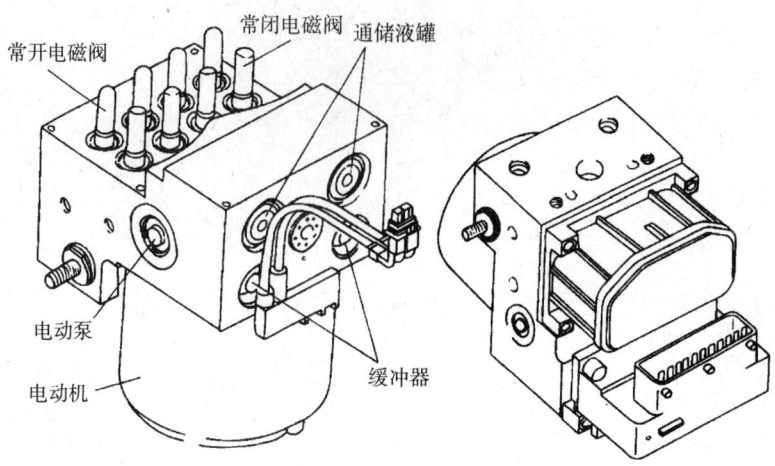

图 12-15　ABS 执行器

电磁阀的作用是当防抱死制动系统工作时,根据 ABS 计算机的指令选择增压、保压和减压三种状态来关闭或接通有关油路。共有 8 个电磁阀,每个车轮有 2 个控制电磁阀,其中一个为常开电磁阀,一个为常闭电磁阀。常开电磁阀如图 12-16 所示。当电磁阀电压等于 0 时,电磁阀断电而打开(如图 12-16a 所示);当电磁阀电压等于 12V 时,电磁阀通电而关闭(如图 12-16b 所示)。常闭电磁阀如图 12-17 所示。当该电磁阀电压等于 0 时,电磁阀断电而关闭(如图 12-17a 所示);当电磁阀电压等于 12V 时,电磁阀通电而打开(如图 12-17b 所示)。

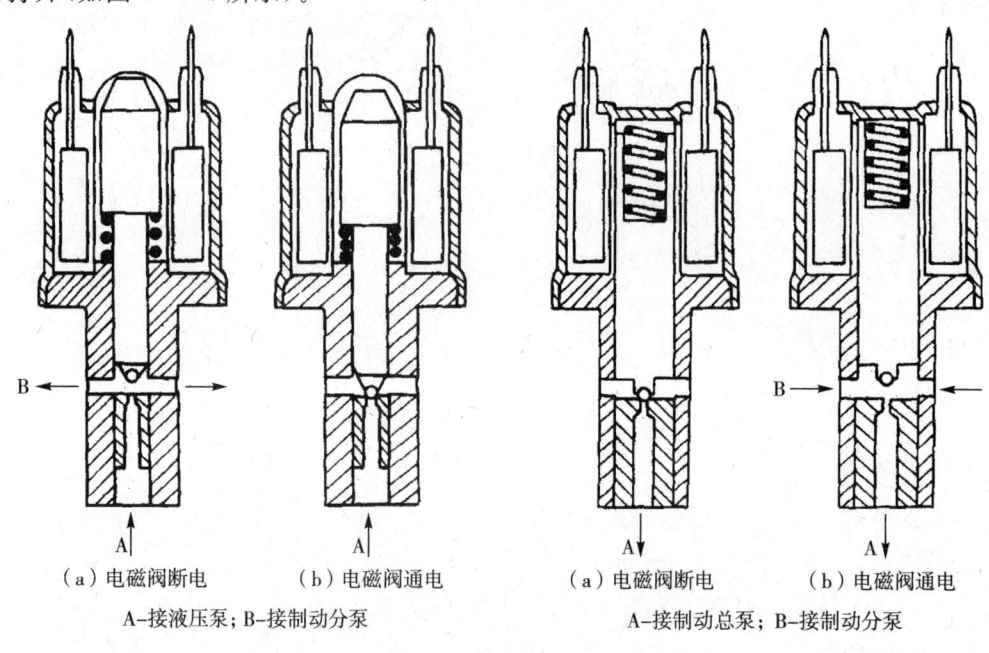

(a)电磁阀断电　(b)电磁阀通电	(a)电磁阀断电　(b)电磁阀通电
A-接液压泵;B-接制动分泵	A-接制动总泵;B-接制动分泵
图 12-16　常开电磁阀	图 12-17　常闭电磁阀

储液器是一个包括活塞和弹簧的缓冲容器,它暂时存储压力降低时突然流回的制动液,并起液压缓冲作用,保证在电动泵达到最大速度和流量前,在制动分泵中使压力

迅速降低。共有两个储液器，"X"形管路布置中的每个对角线各有一个储液器。

缓冲器的作用是当 ABS 系统工作时缓冲由电动泵压力上升所产生的脉冲，减少压力变化对制动踏板产生的脉冲振动。缓冲器有两个，每个对角线管路各一个。

电动机带动液压泵工作，泵在 ABS 系统工作时，通过泵制动液，控制系统的压力。液压泵在整个 ABS 工作阶段连续工作以保持各制动器压力正常。当计算机决定降低制动压力时，多余的制动液充入两个储液器之中；同时计算机控制液压泵，由液压泵吸入储液器和相应管路中的制动液，并压入制动总泵。在环境温度下，液压泵的流量为 $1.8\sim 2.3 \text{cm}^3/\text{s}$，电动机转速为 3000r/min。

ABS 执行器设计成两个相同的调节部分，每个部分负责"X"形双管路中一个对角线管路的调节。

思考与练习

一、填空题

1. 制动系统按照功用不同可以分为＿＿＿＿、＿＿＿＿、＿＿＿＿和辅助制动系统四种。
2. 车轮制动器按旋转原件不同可以分为＿＿＿＿和＿＿＿＿两种。
3. 按制动传动机构的布置形式，通常可分为＿＿＿＿和＿＿＿＿两类，其中双回路制动系提高了汽车制动的＿＿＿＿。
4. 车轮制动器主要由＿＿＿＿、＿＿＿＿、＿＿＿＿和＿＿＿＿四部分组成。
5. 当挂车与主车意外脱挂后，要求＿＿＿＿。
6. 串联双腔式制动主缸的前腔与＿＿＿＿相通，后腔与＿＿＿＿相通。在正常工作情况下，前活塞＿＿＿＿推动，后活塞由＿＿＿＿推动。
7. 制动轮缸的功用是＿＿＿＿，通常将其分为＿＿＿＿和＿＿＿＿两类。
8. 气压制动传动机构按其制动管路的布置形式可分为＿＿＿＿和＿＿＿＿两种。
9. 鼓式驻车制动器的基本结构与＿＿＿＿相同，常用的有＿＿＿＿和＿＿＿＿两种。
10. 近代汽车防抱制动系统一般包括＿＿＿＿、＿＿＿＿和＿＿＿＿三部分。

二、判断题

1. 最佳的制动状态是车轮完全被抱死而发生滑移。（　　）
2. 简单非平衡式车轮制动器在汽车前进或后退时，制动力几乎相等。（　　）
3. 单向双缸平衡式车轮制动器在汽车前进和后退时，制动力大小相等。（　　）
4. 双向双缸平衡式车轮制动器在汽车前进和后退时，制动力大小相等。（　　）
5. 液压制动主缸出油阀损坏，会使制动不灵。（　　）
6. 液压制动主缸的补偿孔和通气孔堵塞，会造成制动不灵。（　　）
7. 制动踏板自由行程过大，会造成制动不灵。（　　）

8. 双腔制动主缸在后制动管路失效时前活塞仍由液压推动。　　　　（　）
9. 气压制动储气筒气压不足,会使制动不灵。　　　　　　　　　　（　）
10. 真空增压器失效时,制动主缸也将随之失效。　　　　　　　　　（　）

三、选择题

1. 自动增力式车轮制动器的两制动蹄摩擦片的长度是（　　）。
   A. 前长后短　　　　　　B. 前后等长
   C. 前短后长

2. 在不制动时,液力制动系中制动主缸与制动轮缸的油压是（　　）。
   A. 主缸高于轮缸　　　　B. 主缸与轮缸相等
   C. 轮缸高于主缸

3. 在解除制动时,液压制动主缸的出油阀和回油阀的开闭情况是（　　）。
   A. 先关出油阀再开回油阀　　B. 先开回油阀再关出油阀
   C. 两阀都打开

4. 单腔式气压制动控制阀在维持制动时,进、排气阀的开闭情况是（　　）。
   A. 进、排气阀均关闭　　B. 进气阀开启排气阀关闭
   C. 进气阀关闭排气阀开启

5. 在不制动时,气压制动控制阀的进、排气阀门的开闭情况是（　　）。
   A. 进气阀开启排气阀关闭　　B. 进气阀关闭排气阀开启
   C. 进、排气阀均关闭

四、问答题

1. 简述盘式车轮制动器的工作过程。
2. 试叙述液力制动在加强制动时的工作情况。
3. 液力制动主缸活塞回位弹簧的预紧力过小（过软）对制动性能有何影响？
4. 试述汽车上装用防抱死装置对制动性能和操纵性能的意义。

实训项目　车轮制动器的拆装

一、实训课时

2课时。

二、主要内容及目的

1. 能够熟练进行车轮制动器的拆装。
2. 对车轮制动器进行检测和调整。

三、教学准备

1. 整车1辆。
2. 常用工具1套。

四、操作步骤及工作要点

1. 按操作规程拆解前轮制动器,具体顺序为:

(1)旋出制动轮缸的导向螺栓,取下轮缸妥善放置。

(2)取下消声弹簧片和制动钳块。

(3)旋下钳块支架固定螺栓,取下支架。

(4)旋出制动盘定位螺钉,取下制动盘。

(5)旋下防尘罩的3颗固定螺钉,取下防尘罩。

2. 零部件检查,检查内容主要有:

(1)对制动钳的检查:重点检查活塞与缸筒的间隙,如果间隙大于 0.15mm 时或缸筒壁有较深的划痕时,应更换制动钳总成。对制动盘的检查:制动盘不应有裂纹或凹凸平现象,断面跳动不得大于 0.06mm。

(2)对制动轮缸的检查:检查橡胶皮碗是否良好、制动轮缸有无泄漏。

(3)检查前悬架下端与横摆臂连接调整部分零件的润滑情况、有无破裂或松动。

(4)检查前悬架中端与转向横拉杆连接部分零件的润滑情况、有无破裂或松动。

五、注意事项

1. 正确操作,注意人身及机件安全。

2. 注意拆装顺序,保持场地整洁及零部件、工量具清洁。

第13章

汽车性能与使用

知识目标

1. 了解整车的主要性能及其评价指标。
2. 了解整车的合理使用方法。
3. 了解整车的维护与保养。

技能目标

掌握整车保养的方法和技巧。

第13章 汽车性能与使用

13.1 汽车性能

汽车整车性能是指汽车在各种条件下发挥最大工作效率并能安全行驶的能力。主要包括汽车动力性、汽车经济性、汽车制动性、汽车操纵稳定性、汽车平顺性、汽车通过性以及汽车排放性能。

13.1.1 汽车动力性

汽车动力性是指汽车在良好的路面上直线行驶所能达到的平均行驶速度。汽车运行效率很大程度取决于汽车的动力性。所以,汽车动力性是汽车性能中最重要、最基本的性能。汽车动力性常用的评价指标有最高车速、加速能力和爬坡性能。

1. 最高车速

最高车速是指汽车行驶在无风雨的平直良好路面上时能达到的最高行驶速度。一般轿车最高车速为 150～220km/h,客车最高车速为 90～130km/h,货车最高车速为 80～110km/h。

2. 加速能力

加速能力是指汽车在各种条件下迅速增加行驶速度的能力。加速过程中加速用的时间越短、加速度越大和加速距离越短的汽车,加速能力就越好。汽车加速能力分为原地起步加速能力和超车加速能力。

(1)原地起步加速能力　原地起步加速能力是指汽车以最低挡起步,并以最大的加速度且选择最佳换挡时刻逐步换至最高挡,加速到 100km/h 时所用的时间与距离。原地起步加速能力是评价轿车动力性的重要指标。一般轿车 0～100km/h 的加速所用的时间在 10s 左右,高级跑车的加速时间可达到 4s 以内。

(2)超车加速能力　超车加速能力是由汽车用最高挡或次高挡从某一预定的速度全力加速至另一预定高速时所经过的时间或距离来评定。这段时间越短,则超车加速能力越强,从而可以减少超车过程中的并行时间,有利于保障行车安全。

3. 爬坡性能

爬坡性能是用汽车在满载时在良好的路面上的最大爬坡度来评定。它对于山区行驶车辆的平均行驶速度有很大影响。

不同类型的汽车对上述三项指标的要求各有不同。轿车与客车偏重于最高车速和加速能力,载货汽车和越野汽车对最大爬坡度有更高要求。但不论何种汽车,为了能在公路上正常行驶,必须满足并超过国家规定的最小范围。

13.1.2 汽车经济性

汽车经济性作为汽车的主要性能之一,是指汽车以最小的燃油消耗量完成行驶里程的能力。在汽车行驶成本中,燃油费用占有很大比重。2009 年 1 月 1 日燃油附加税在我国正式实施,这就意味着燃油消耗量将成为用车成本的决定性因素,燃油消耗量越多,成本越高。这就使大众对汽车经济性更加关注。在国内,汽车燃油经济性常用汽车行驶100km的燃油消耗量(单位为L)来衡量。

13.1.3 汽车的制动性

汽车行驶时能在尽可能短的距离内停车且在制动过程中能维持行驶方向稳定性和在下长坡时能维持车速稳定的能力,称为汽车制动性。汽车具有良好的制动性是安全行驶的保证,也是汽车制动性得以很好发挥的前提。汽车制动性评价指标包括制动效能、制动效能的恒定性和制动时方向的稳定性。

1. 制动效能

制动效能是指汽车迅速减速直至停车的能力,常用制动过程中的制动时间、制动减速度和制动距离来评价。汽车的制动效能除和汽车技术状况有关外,还与汽车制动时的速度以及轮胎和路面状况有关。

2. 制动效能的恒定性

在短时间内连续制动后,制动器温度升高导致制动效能下降,称为制动器的热衰退。连续制动后制动效能的稳定程度称为制动效能的恒定性。

3. 制动时方向的稳定性

制动时方向的稳定性是指汽车在制动过程中不发生跑偏、侧滑和失去转向的能力。当左右侧制动力不一样时,容易发生跑偏;当车轮"抱死"时易发生侧滑或者失去转向能力。为防止上述现象发生,现代汽车设备有电子防抱死装置,防止紧急制动时车轮抱死而发生危险。

13.1.4 汽车操纵稳定性

汽车操纵稳定性是汽车的重要性能之一,直接影响到汽车驾驶的操纵方便程度,同时也决定着汽车的行驶安全。在驾驶员不感觉过分紧张、疲劳的条件下,汽车能按照驾驶员通过操纵方向盘所给定的方向转弯或保持直线行驶,同时能抵抗干扰而保持稳定行驶的性能,称为汽车操纵稳定性。汽车操纵稳定性包括密切相关的两个部分,即操纵性和稳定性。

汽车的操纵性是指汽车对驾驶员转向指令的响应能力,直接影响到行车安全。轮胎的气压和弹性、悬架装置的刚度以及汽车重心的位置都对该性能有重要的影响。

汽车的稳定性是指汽车在外界扰动后,恢复原来运动状态的能力,以及抵御发生倾覆和侧滑的能力。对于汽车来说,侧向稳定性尤为重要。当汽车在横向坡道上行驶、转弯以及受其他侧向力时,容易发生侧滑或者侧翻。汽车重心的高度越低,稳定性越好。合适的前轮定位角度使汽车具有自动回正和保持直线行驶的能力,提高了汽车直线行驶的稳定性。装载超高、超重、转弯时车速过快、横向坡道角过大以及偏载等都容易造成汽车侧滑或侧翻。

13.1.5 汽车平顺性

汽车平顺性是指保持汽车行驶过程中,乘员所处的振动环境具有一定舒适度的性能。汽车在行驶过程中由于路面不平的冲击,会造成汽车的振动,使乘员感到疲劳和不

舒适,同时振动还会影响汽车的使用寿命。因此必须提高汽车的平顺性,才能保证驾驶员在驾驶汽车的过程中始终保证良好的心理状态和准确灵敏的反应。由于汽车平顺性是根据乘员感觉的舒适程度来评价的,所以又称为乘坐舒适性。它是现代汽车的一项重要性能。

一般采用"舒适降低界限"来作为汽车平顺性的评价指标。当汽车速度超过"舒适降低界限"时就会降低乘坐舒适性,使人感到疲劳。该界限越高,说明平顺性越好。

汽车车身的固有频率也可作为平顺性的评价指标。从舒适性出发,车身的固有频率在 600~850Hz 的范围内较好。合适的轮胎弹性、性能优越的悬架系统、良好的座椅减振性能以及尽可能小的非簧载质量,都可以提高汽车平顺性。

13.1.6　汽车通过性

汽车满载的条件下,能顺利起步并以较高的车速通过各种坏路及无路地带和通过各种障碍物的能力,称为汽车通过性。各种汽车的通过能力是不一样的。轿车和客车由于经常在市内或高速公路上行驶,故对通过能力要求较低。而越野汽车、军用车辆或矿山车辆就必须有较强的通过能力。

采用宽断面的轮胎、多个轮胎可以增大驱动能力,并可以减轻对路面的破坏;较深的轮胎花纹可以增大坏路的地面附着系数,使其不易打滑;全轮驱动的方式可使汽车动力性得以充分地发挥;在汽车设计过程中,合理选择结构参数,可使汽车具有优良的通过障碍的能力,如较大的离地间隙、接近角、离去角、车轮半径,较小的转弯半径、横向和纵向通过半径等,都可以提高汽车通过能力。

13.1.7　汽车排放性能

汽车行驶过程中尾气排放对环境造成的污染程度,称为汽车排放性能。汽车发动机排出的各种有害物质目前已成为空气污染的主要来源。大气环境污染问题已引起世界各国的普遍关注。为了保护大气环境,欧洲各国和美国都制定了严格的车辆排放标准。随着我国汽车保有量的迅猛增长,尾气排放也受到很大重视。

汽车排放是指从汽车中排放出的 CO(一氧化碳)、HC(碳氢化合物)、NO_x(氮氧化物)和 PM(微粒,炭烟)等有害气体。这些气体主要是发动机在燃烧过程中产生的有害气体。CO 是燃油氧化不完全的中间产物。当氧气不充足时会产生 CO,混合气浓度大及混合气不均匀都会使排气中的 CO 增加。HC 是燃料中未燃烧的物质。由于混合气不均匀、燃烧室温度低等原因导致混合气雾化效果差,部分燃油没有来得及燃烧就被排放出去。NO_x 是燃油在燃烧过程中产生的一种物质。PM 是燃油在燃烧时缺氧产生的一种物质,其中以柴油机最明显。因为柴油机采用压燃方式,柴油在高温下裂解更容易产生大量肉眼看得见的炭烟。

为了抑制这些有害气体的产生,促使汽车生产厂家改进产品以降低这些有害气体的产生源头,欧洲各国和美国都制定了相关的汽车排放标准。其中欧洲标准是我国借鉴的汽车排放标准。目前国产新车都会标明发动机废气排放达到的国标等级。

欧洲从 1992 年起开始实施欧Ⅰ标准,1996 年起开始实施欧Ⅱ标准,2000 年起开始实施欧Ⅲ标准，2005年起开始实施欧Ⅳ标准。

汽车排放的欧洲标准的计量是以汽车发动机单位行驶距离的排污量(g/km)计算的，因为这对研究汽车对环境的污染程度比较合理。

13.2 汽车的合理使用

13.2.1 汽车在一般条件下合理使用

在一般的行驶条件下，正确合理地使用汽车，能最大限度地发挥汽车的潜能，提高运行效率，降低行驶成本。汽车在一般条件下使用的过程中应做到以下几点。

1. 合理确定装载质量

汽车的装载质量应按制造厂规定的额定标准装载质量。同时也不能超过行驶证上核定的装载质量，因为行驶证上核定的装载质量是根据发动机、底盘、轮胎负荷三者中最薄弱部分来确定的。汽车只有在规定的装载负荷下运行，各零部件技术状况才能得到良好的保持和发挥。如果车辆超载，会使车辆发动机及轮胎负荷增大，加剧零部件损坏，缩短车辆的使用寿命，使车辆的转向、制动等安全性能受到很大影响，容易造成交通事故。

2. 正确控制行车速度

汽车行驶速度对发动机磨损有很大的影响。当汽车行驶速度过高时，发动机活塞的平均运动速度增大，汽缸磨损也随着增大。当汽车低速行驶时，由于润滑条件不良，导致磨损同样加剧。汽车的高速行驶还会造成轮胎发热，影响安全行驶。高速行驶时汽车需要紧急制动，会加剧制动器的磨损。如果速度过快，制动距离较大，往往会引发交通事故。

3. 按要求选择燃油

汽车在正常行驶的过程中应该合理地选用品质合格的燃油。汽油机的燃油应保证发动机不易发生爆燃；在储存和使用的过程中不会变质；燃烧后无沉积物，无机械杂质和水分，对环境的污染小。柴油应具有良好的流动性，保证在各种使用条件下燃料能顺利地供给；容易喷散、蒸发，形成良好的混合气；保证柴油机工作柔和，喷油器不结焦，不含机械杂质和水分。

4. 行车前后要进行必要检查

随着汽车行驶里程的增加，各零部件将产生磨损、变形、松动、疲劳和老化，会导致车辆技术状况变差，使汽车动力性降低，经济性变差，安全性和可靠性降低。因此，应坚持平时注意观察，驾驶过程中合理运用挡位、控制行驶车速、及时补充燃油、润滑脂及工作液。

汽车行驶一定里程后，应停车检查，主要项目如下：

(1) 检查各种仪表工作情况。

(2) 检查有无三漏：漏油、漏水和漏气。

(3)检查轮毂、制动鼓、制动盘、变速器和驱动桥的温度。

(4)检查离合器、转向器和驻车制动器的工作是否可靠。

(5)检查汽车轮胎气压的大小,清除轮胎花纹中的夹杂物。

(6)检查汽车各部位螺栓和螺母的紧固情况及汽车各部件有无异常。

13.2.2 汽车在特殊条件下合理使用

汽车使用的条件是随着时间和空间的不同而变化的,这使得汽车运行的运行效果,即汽车主要技术、经济指标也随外界条件的变化而变化。因此,必须根据不同的运行条件,采取相应的技术措施,以保证汽车发挥最大的潜能,充分提高运行效率。

1. 汽车在磨合期内的合理使用

汽车磨合期是指新车或刚刚经历大修的车辆。磨合期的汽车正处于磨合状态,还无法满足全负荷行驶的需要。在这个期间,零件表面不平的部分被磨去,逐渐形成了比较光滑、耐磨而可靠的工作表面,以承受正常的工作负荷。通过磨合期的磨合可以使汽车在正常使用阶段时的故障率趋于较低水平。

汽车在磨合期内具有磨损速度快、油耗高、行驶故障多、润滑油易变质等几个特点。汽车在磨合期内为减少磨损,延长机件的使用寿命,必须遵循的主要规定有:减轻装载质量,限制行车速度,选择优质燃料、润滑材料和正确驾驶等。

(1)减轻装载质量 汽车装载质量的大小直接影响机件寿命。装载质量越大,发动机和底盘各部分受力也越大,还会引起润滑条件变坏,影响磨合质量。所以,在磨合期内必须适当地减载。各种车型均有减载的具体规定,一般装载质量不应超过额定载荷的75%。磨合期内汽车不允许拖挂或牵引其他机械和车辆。

(2)限制行车速度 当装载质量一定时,车速越高,发动机和传动机件的负荷也越大。因此,在磨合期内,起步和行驶不允许发动机转速过高。变速换挡时要及时合理,各挡位应按汽车使用说明书的规定控制车速。

(3)选择优质燃料和润滑材料 为了防止汽车在磨合期中产生爆燃以及机件的加速磨损,应采用优质燃料。另外,由于部分机件配合间隙较小,应选择低黏度的优质润滑油使磨损表面得到良好润滑,按磨合期规定维护并及时更换润滑油。

(4)正确驾驶 新车初期的磨合效果很大程度取决于1500km磨合期内的驾驶方式。启动发动机时不要猛踏加速踏板,严格控制加速踏板冲程,以免发动机起步过快而产生较大的冲击载荷。发动机启动后应低速运转,待水温升高到50~60℃时再起步。为减少传动机件的冲击,行驶时要正确换挡。要注意选择良好的路面行驶,尽量减少振动和冲击。要避免紧急制动、长时间持续制动和使用发动机制动。

2. 汽车在高温条件下的合理使用

在炎热的夏季,由于气温高、雨量多、灰尘大和热辐射强,使发动机技术状况受到一定程度的影响,导致出现发动机温度过高、充气系数下降、燃烧不正常、润滑油变质、磨损加剧、供油系产生气阻等现象。为了保障汽车正常运行的需要,在夏季来临之际,应对汽车进行一次必要的换季检查与调整。为了保证汽车在高温环境下的正常使用,至少应做到如下几点。

(1)加强对冷却系统的维护,确保其散热效能的正常发挥。

(2)采用黏度高牌号的润滑油并适当缩短换油周期。

(3)制动液在高温下也可能产生气阻,应选用沸点较高的制动液。

(4)防止气阻　对于使用中的汽车,防止气阻的主要措施是在原车的基础上改善发动机的散热通风状况,以及隔开供油系统的受热部分。

(5)行车时轮胎防爆　长时间在高温条件下行驶的汽车,极易出现爆胎事故,必须给予充分地重视。要严格做到:在运行中随时注意轮胎的温度和气压,经常检查,保持规定的标准气压;在中午酷热地区行车时,应适当降低行车速度。

(6)在高温、强烈的阳光、多尘、多雨的条件下长期行车,劳动强度大,驾驶员容易感到疲劳,同时也影响乘客的舒适性。因此应采用相应的措施,如在车内装设空调设备,加装遮阳板,同时应保证驾驶室的通风和防雨。

3. 汽车在低温条件下的合理使用

汽车在低温条件下使用的特点是:发动机启动困难、总成磨损严重;燃油、润滑油消耗量增加;橡胶制品强度减弱;行车条件变坏。

汽车在冬季低温条件正常使用的注意事项如下。

(1)冬季低温条件下应合理使用润滑油,润滑油质量是影响发动机可靠性及使用寿命的关键因素。轿车出厂时,发动机内已加好优质多标号润滑油。但夏季保养时使用的是单标号润滑油,因黏度范围限制,不能全年通用。在冬季来临之际,要及时更换为适用于冬季或全年使用的润滑油。

(2)使用长效冷却液。长效冷却液也称为防冻液,可全年使用。若在冬季低温条件下,需提高冷却液防冻能力,可适当提高添加剂的比例,但冷却浓度切不可超过60%(防冻能力达-40℃),否则反而会降低防冻能力,削弱冷却效果。

(3)冬季清洗车辆时,切勿把水溅到发动机前段轮系上。

(4)电喷发动机不建议停车预热发动机。怠速状态下,预热发动机不仅费时,还容易形成汽缸积炭,恶化废气排放。因此,建议起步后发动机低转速运行,车辆低速行驶,直至发动机水温提高。

(5)轿车在冬季停放数周不用,应拆下蓄电池,存放在无霜冻的房间内,以防蓄电池结冰损坏。放完电的蓄电池在温差较大的环境下,容易出现极板硫化,缩短蓄电池的使用寿命。

(6)冬季气温特别低的情况下,晚上停车时建议挂1挡停车,不用手刹驻车。防止制动液结冰,早上不能释放手刹,影响正常行车。

13.3　整车的维护与保养

我国的汽车整车维护与保养制度是伴随着我国汽车制造业和维修业的不断发展而逐步建立和完善起来的。目前汽车保养总体上可分为三大类,分别是:一级保养、二级保养、三级保养。

13.3.1 汽车一级保养

1. 发动机部分

(1)起动发动机,倾听发动机在怠速、中速和高速运转时有无杂音异响。

(2)检查风扇皮带的松紧度,并进行调整。

(3)检查、清洗节气门、汽油泵,更换机油滤清器、空气滤清器(视需要更换机油)。

(4)检查气缸盖,进、排气歧管及消声器的连接紧固情况,检查并紧固发动机固定螺栓、螺母及飞轮壳螺栓。

(5)检查散热器、水泵固定情况及水管有无渗漏、百叶窗的效能及水泵轴加润滑脂的情况。

2. 离合器和传动部分

(1)检查离合器效能及底盖螺栓、踏板轴加润滑脂。

(2)检查变速器紧固情况、油平面及有无漏油现象,根据需要添加齿轮油。

(3)检查万向节、传动轴、伸缩套、中间轴承及支架、拖车钩等紧固及润滑情况。

(4)检查手制动器工作情况,必要时调整工作行程,制动蹄销加注润滑脂。

(5)检查主减速器壳有无漏油现象,检查油面,必要时加齿轮油。

3. 前桥部分

(1)检查前制动鼓有无漏油现象,检查并调整前轮毂轴承的松紧度,检查转向节和主销工作情况,并加注润滑脂,紧固轮胎螺栓、螺母。

(2)检查转向器,加注润滑油,检查、调整方向盘的转动量和游隙,检查转向横、直拉杆,直拉杆臂转向臂各接头的衔接和紧固情况,并加注润滑脂。

(3)检查减振器固定情况,钢板弹簧有无折断,钢板销加注润滑脂,检查骑马螺栓与螺母的紧固情况。

(4)紧固前保险杠、翼板、发动机罩、脚踏板、驾驶室螺栓、螺母,检查制动器室连接情况并紧固螺栓、螺母,制动凸轮轴加注润滑脂。

(5)检查前轴(工字梁)有无弯曲、断裂现象,检查和调整前束。

4. 后桥部分

(1)检查后制动鼓有无漏油现象,检查、调整后轮毂轴承松紧度,检查轴距,检查紧固半轴突缘、轮胎和制动室的螺栓、螺母,制动凸轮轴加润滑脂。

(2)检查钢板弹簧有无折断,吊耳是否良好,钢板销加注润滑脂,检查骑马螺栓、螺母的紧固情况。

(3)检查、紧固油箱架和挡泥板的螺栓、螺母等。

(4)检查、紧固备胎架、工具箱。

5. 电气设备

(1)检查蓄电池电解液液面,不足时加蒸馏水,冬季加水后需充电,以防冻结。电柱头涂凡士林,以防腐蚀,疏通盖上的通气口。紧固蓄电池架。

(2) 检查喇叭、指示灯、制动灯、转向灯、大灯以及电气仪表的工作状况。

(3) 检查发动机、起动机的工作状况是否良好,并润滑轴承。

6. 轮胎部分

(1) 检查轮胎外表及气压情况,按标准充足气压并配齐胎嘴帽。

(2) 除去胎纹里的石子,发现油眼用生胶塞补,检查轮胎供配是否合理。

(3) 检查轮胎与钢板弹簧、车厢、挡泥板或其他部分有无摩擦碰挂现象。

7. 整车检验项目

检查汽车全部外表完好状态以及油漆情况,检查车架有无裂缝、铆钉有无松动现象,检查制动系统的工作效能及管路密封情况,检查转向系统的工作情况以及信号、照明设备的工作情况。按照全车润滑图中的规定检查润滑情况,如发现故障,应由有关工种调整修理。

13.3.2 汽车二级保养

1. 发动机部分

(1) 起动发动机,倾听发动机的怠速、中速和高速运转时有无杂音异响。

(2) 检验气缸压力或真空度,必要时清除燃烧室积炭,调整气门脚间隙,检查油封及曲轴后轴承有无漏油现象。

(3) 根据情况拆检汽油泵,必要时在试验台上试验、调整,使其符合标准;拆洗空气滤清器和更换机油,清理汽油滤清器,检查管道和接头。

(4) 检查紧固气缸盖,进、排气歧管及消声器的螺栓、螺母;检查发动机固定情况,飞轮壳与缸体的连接和紧固情况。

(5) 清理机油粗、细滤清器(更换细滤芯),拆洗油底壳,清洗机油泵和机油集滤器;擦拭和检查气缸壁,检查轴瓦(必要时进行调整),装上油底壳并紧固,按规定加注对号的新机油至规定油面。

(6) 检查空气压缩机工作情况及管道密封性,调整皮带松紧度,排除贮气筒内的油水及污物,检查刮水器及其气道。

(7) 检查散热器及罩盖的固定情况、水泵工作情况,有无漏水;水泵轴加润滑脂,检查百叶窗工作效能。

2. 离合器及传动部分

(1) 检查离合器效能及底盖螺栓,调整跳板自由行程,向跳板轴加注润滑脂。

(2) 检查变速器,放出齿轮油,清洗变速箱及齿轮,检查齿轮、轴及变速机构的磨损和飞轮壳螺栓的紧固情况,装复变速器盖,加注对号的齿轮油至规定高度。

(3) 检查万向节,根据情况调换十字轴的方向,检查传动轴、伸缩套的松旷情况,检查中间支撑架及轴承,加注润滑脂,紧固拖车钩螺母。

(4) 检查手制动器工作情况,调整手制动部分,制动蹄销加注润滑脂。

(5) 根据情况拆检主减速器和差速器,检查齿轮的啮合情况,调整轴承的松紧度,添加或更换齿轮油,疏通通气孔,检查是否漏油,紧固螺丝栓、螺母。

3. 前桥部分

(1)拆检前制动鼓、制动蹄片、弹簧、轴承、油封、蹄片轴、凸轮的磨损情况,调整制动蹄片间隙及前轮毂轴承的松紧度,补充或更换润滑脂,紧固轮胎螺栓、螺母。

(2)检查调整转向器,加注润滑脂,检查调整方向盘的转动量及游隙,紧固固定螺栓、螺母,拆检转向横、直拉杆,直拉杆臂、转向臂球头及弹簧等,调整松紧度,紧固并加注润滑脂。

(3)检查减振器固定情况及作用,根据情况补充减振液,拆检钢板弹簧、钢板销、支架和吊耳、夹子、骑马螺栓、螺母的技术状况,加注润滑脂,装复并紧固。

(4)紧固前保险杠、前拖钩、翼板、发动机罩、脚踏板、驾驶室的固定螺栓、螺母等,检查制动器室的工作情况并紧固螺栓、螺母,制动凸轮轴加注润滑脂。

(5)检查前轴(工字梁)有无弯曲、断裂现象,检查和调整前束,拆检转向横拉杆球头,加注润滑脂,并调整紧固。

4. 后桥部分

(1)拆检后制动鼓、制动蹄片、弹簧、轴承、油封、蹄片轴、凸轮的磨损情况,调整制动蹄片间隙及后轮毂轴承松紧度,补充或更换润滑脂;检查轴距,根据情况进行半轴换位,紧固半轴突缘螺栓、螺母,紧固轮胎螺栓、螺丝母和制动室螺栓、螺母,制动凸轮轴加注润滑脂。

(2)拆检主、副钢板弹簧、钢板销、支架和吊耳、夹子、骑马螺栓、螺丝母的技术状况,加注润滑脂,装复并紧固。

(3)检查紧固油箱架螺栓、螺母,车厢挡板、后门挡板,车厢固定螺栓、螺母,挡泥板螺栓、螺母等。

(4)检查和紧固备胎架、工具箱。

5. 电气设备

(1)检查蓄电池电解液比重,加注电解液,加注蒸馏水并充电,电桩头涂凡士林,以防腐蚀,疏通盖上的通气孔,检查起动线路,紧固蓄电池支架。

(2)检查汽车全部电气设备及完好状况,检查调整喇叭、指示灯、制动灯、转向灯、大灯等以及电气仪表的工作状况,拆检、清理和润滑分电器,检验离心块弹簧拉力和真空调节器的工作情况,检验电容器和点火线圈的工作性能。

(3)检查、清理、润滑发电机、调节器、起动机,试验其工作性能,每行驶 6000～8000km(可根据具体情况适当增减)进行二级保养时,必须对发电机、起动机解体,进行预防性检查,消除隐患。

6. 轮胎部分

(1)清除胎纹里的石子等夹杂物,检查外胎有无鼓泡、脱层、裂伤、老化等故障。

(2)拆卸轮胎,对轮辋进行除锈,检查内胎和垫带有无损伤或拆摺现象,按规定气压充气,进行轮胎翻边或换位。

(3)检查轮胎与翼板、车厢底板、钢板弹簧、挡泥板等有无摩擦碰挂现象。

7.整车检验项目

检查汽车全部外表完好状况及油漆情况,检查车架有无裂缝、铆钉有无松动,检查制动系统工作效能及管路密封情况,检查转向系统的工作情况以及信号、照明设备的工作情况,按照全车润滑图中的规定检查润滑情况,如发现有故障或不合要求时,分别由有关工种调整修理。

进行汽车路试,倾听发动机在加速、减速时的运转情况,有无异常的响声,底盘部分有无异常的响声。在不同速度下试验制动器的制动性能,应无跑偏、拦颤及制动不灵现象和不正常的响声,汽车停在陡坡上,将手制动器拉紧,应停住不动。路试一段距离后,检查变速器壳、后桥主减速器壳、各制动鼓等处是否过热。路试后,发现有不正常现象,应立即予以检查、调整、排除。

13.3.3 汽车三级保养

1.发动机部分

(1)起动发动机,倾听发动机在怠速、中速和高速运转时有无杂音异响,拆下发动机总成。

(2)清洗、拆卸发动机,清除积炭、油污和结胶,清理水垢、主油道、油底壳;检查各机件的技术状况,检验气门弹簧,收校轴承衬瓦,根据情况更换活塞环,检查油封,根据情况进行更换。

(3)拆检、清洗汽油泵,在试验台上进行试验和调整使其符合标准,更换空气滤清器机油和汽油滤清器及其管道。

(4)检验气缸盖,根据情况更换气缸盖衬垫,清洗进、排气歧管及消声器,紧固其螺栓、螺母,检查并紧固飞轮壳与缸体的螺栓。

(5)清理机油粗、细滤清器(更换细滤芯),拆洗机油泵、机油集滤器,装上油底壳并紧固,发动机装配后,按规定加注对号的新机油至规定高度。

(6)检查空气压缩机工作情况及管道密封性,根据情况进行拆修,调整皮带松紧度,排除贮气筒内的油水及污物,检查刮水器及其气道。

(7)拆检水泵,根据情况更换密封皮碗和垫圈,水泵轴加注润滑脂,检查节温器,疏通水道及分水管。

2.离合器及传动部分

(1)分解、清洗、检查和调整离合器(根据情况更换被动盘摩擦片和分离轴承),调整离合器跳板的自由行程,向跳板轴加注润滑脂。

(2)分解、清洗、检查和调整变速器,根据情况进行修整或更换,按规定加注对号的齿轮油至所需高度,运转后检验质量,检查并紧固变速器壳与飞轮壳螺栓。

(3)拆检万向节,根据情况进行更换,检查传动轴的弯曲并进行校正,检查传动轴与伸缩套的松旷程度,拆检中间轴承及支架,加注传动系统润滑脂,检查并紧固拖车挂钩及螺母。

(4)拆检、清洗、调整手制动器(根据情况更换制动摩擦片),向制动蹄销加注润滑脂。

(5)拆检、清洗、调整主减速器和差速器(根据情况更换垫片),更换齿轮油,疏通通气孔,检查其紧固情况和有无漏油现象。

3. 前桥部分

(1)拆卸、清洗、检查前制动鼓、制动蹄片(根据情况更换制动摩擦片)、弹簧、轴承、油封(根据情况更换)、蹄片轴、凸轮的磨损情况,调整制动蹄片与制动鼓之间的间隙,调整前轮毂轴承的松紧度,更换润滑脂,拆检转向节和主销磨损情况,根据需要更换衬垫圈或止推轴承,加注润滑脂,紧固轮胎螺母。

(2)拆检、清洗、调整转向器,加注润滑脂,检查调整方向盘的转动量和游隙,拆检、清洗、润滑横、直拉杆、直拉杆臂转向臂球头及弹簧、钢碗(根据情况更换),调整松紧度,紧固并加锁销。

(3)拆卸、清洗、检查减振器,更换减振液,试验其减振效果,拆检、清洗、润滑钢板弹簧、钢板销、支架和吊耳(根据情况更换钢板销或衬套),检查、清洗夹子、骑马螺栓、螺母,装复并紧固。

(4)紧固前保险杠、前拖钩、翼板、发动机罩、脚踏板、倒车镜、驾驶室的固定螺栓、螺母等,拆检制动器气室、软管(根据情况更换橡皮膜片或软管),拆检制动凸轮调整臂,向凸轮轴加润滑脂。

(5)检查前轴(工字梁)有无弯曲、断裂现象,拆检转向横拉杆球头,加注润滑脂,并调整其松紧度,调整前轮的定位及转向角。

4. 后桥部分

(1)拆卸、清洗、检查后制动鼓、制动蹄片(根据情况更换制动摩擦片)、弹簧、轴承、油封(根据情况更换)、蹄片轴、凸轮的磨损情况,调整制动蹄片与制动鼓的间隙,高速运转后检测轮毂轴承的松紧度,更换润滑脂,检查轴距,检查半轴,紧固半轴突缘螺栓、螺母和轮胎螺栓、螺母,拆卸制动器气室(根据情况更换橡皮膜片和软管),检查通气管道,拆检制动凸轮轴,向制动凸轮轴加润滑脂。

(2)拆检、清洗、润滑主、副钢板弹簧、钢板销、支架和吊耳(根据情况更换钢板销和衬套),检查和清洗夹子、骑马螺栓、螺母。

(3)检查、紧固油箱架螺栓、螺母,车厢挡板、后门挡板、车厢挡泥板的螺栓、螺母等。

(4)检查、紧固备胎架、工具箱。

5. 电气设备

(1)检查蓄电池,如110h放电容量小于40%额定容量时,可根据具体情况进行充电或解体修理,检查或修整起动导线。

(2)检查汽车全部电气设备,检查各仪表及传感器,清理各开关和线路,拆检、清理和润滑分电器,检验离心块弹簧拉力、真空调节器的作用,检验电容器点火线圈、火花塞、灯光、喇叭、转向开关及闪光灯等,必要时进行拆修或调整。

(3)清理、检查、调整发电机、起动机及调节器,根据情况进行拆检修整。

6. 轮胎部分

(1)清除胎纹里的石子等夹杂物,检查外胎有无鼓泡、脱层、断线、裂伤、老化等。

(2)拆检轮胎,检查钢圈有无变形,清除轮辋锈污和补漆,检查内胎和垫带有无损伤或折摺,按规定充足气压,配齐胎嘴帽,进行轮胎翻边或换位。

(3)检查轮胎与翼板、车厢底板、钢板弹簧、挡泥板等有无摩擦碰挂现象。

7. 车架部分

(1)检修保险杠,检查车架有无断裂、扭曲或变形,铆钉有无松动,并根据情况进行修整。

(2)清洗散热器水垢,焊修渗漏,清洗油箱,焊修渗漏。

(3)修整车头面、翼板、驾驶室等裂缝及不平整缺陷。

(4)检查全车门窗是否完整,开关是否灵活合适,门锁是否良好,并根据情况进行修整。

(5)检修坐垫、篷布。

(6)检修车厢、工具箱等。

(7)检查车头面、翼板、驾驶室、车门、车厢等油漆情况,根据情况进行补漆。

8. 整车检验项目

检查汽车全部外表完好状态及油漆情况,检查制动系统的工作效能及管路密封情况,调整制动阀拉臂自由行程和最大气压,调整制动跳板自由行程,按照全车润滑图中的规定检查润滑情况,如发现故障或不合技术要求时,应由有关工种调整修理。

进行路试,倾听发动机的加速、减速时的运转情况,有无异常的响声,底盘部分有无异常的响声,在不同速度下试验制动器的制动性能,应无跑偏、拦颤及制动不灵现象。汽车停在陡坡上,将手制动器拉紧,应停止不动。检查变速器壳、后桥主减速器壳、各制动鼓处是否过热。路试发现有不正常现象,应予以消除。

思考与练习

一、填空题

1. 汽车的整车性能主要包括＿＿＿＿、＿＿＿＿、＿＿＿＿、＿＿＿＿、汽车平顺性以及汽车通过性。

2. 汽车动力性常用的评价指标为＿＿＿＿、＿＿＿＿和＿＿＿＿。

3. 汽车的制动性的评价指标包括＿＿＿＿、＿＿＿＿和＿＿＿＿。

4. 汽车排放物主要有＿＿＿＿、＿＿＿＿、＿＿＿＿和＿＿＿＿等有害气体。

5. 汽车磨合期内具有磨损快、＿＿＿＿、＿＿＿＿、＿＿＿＿等几个特点。

6. 目前汽车保养总体上可分为三大类,分别是:＿＿＿＿、＿＿＿＿、＿＿＿＿。

二、简答题

1. 什么是汽车的经济性?评价指标是什么?

2. 什么是汽车的动力性？评价指标有哪些？
3. 什么是汽车的制动性？评价指标有哪些？
4. 汽车排放的有害气体主要有哪些？
5. 汽车在磨合期运行要注意哪些方面？
6. 汽车在低温条件下使用的特点有哪些？
7. 汽车的一级保养有哪些方面？

实训项目　汽车首次保养

一、实训课时
2课时。

二、主要内容及目的
1. 掌握汽车首保的项目。
2. 掌握首保的操作方法。

三、教学准备
1. 整车2台。
2. 常用工具2套，机油滤清器扳手2个，机油滤清器2个，机油2桶。

四、操作步骤及工作要点
1. 发动机。
(1)检查润滑系、冷却系及燃油系是否渗漏。
(2)更换机油及机油滤清器。
(3)检查冷却液面及冷却液的防冻能力，必要时添加冷却液。
(4)检查发电机及空调压缩机V带张紧度，必要时进行调整。
2. 传动系。
(1)检查变速器是否渗漏。
(2)检查等速万向节防尘套是否损坏。
(3)检查转向横拉杆防尘套是否损坏。
3. 制动系和车轮。
(1)检查制动系是否渗漏。
(2)检查制动摩擦片的厚度。
(3)家畜轮胎气压是否符合规定。
(4)检查、调整车轮前束。
4. 车身。
(1)润滑发动机罩铰链及锁舌。
(2)润滑车门铰链及车门限位条。

5.空调系统和电气系统。

(1)检查空调系统是否渗漏。

(2)检查、清洗蓄电池接线柱。

五、注意事项

1. 在更换完机油后要检查放油螺栓是否拧紧,防止渗油。

2. 润滑发动机罩锁舌时润滑油不宜加注过多。

参考文献

[1] 刘艳莉.汽车构造与使用[M].北京:人民邮电出版社,2009.
[2] 解云.汽车构造[M].北京:中国劳动社会保障出版社,2004.
[3] 鲁民巧.汽车构造[M].北京:高等教育出版社,2008.
[4] 陈家瑞.汽车构造[M].北京:机械工业出版社,2009.
[5] 张明,顾江.汽车构造电子课件.2008.
[6] 郭新华.汽车构造[M].北京:高等教育出版社,2008.
[7] 崔树平,赵彬.汽车构造[M].北京:机械工业出版社,2007.
[8] 张邢磊.汽车构造[M].湖南:国防科技大学出版社,2010.
[9] 杨信.汽车构造[M].北京:人民交通出版社,1994.